油料作物加工技术

YOU
LIAO
ZUOWU
JIAGONG JISHU

主　编／顾　欣
副主编／肖国生　王兆丹　唐华丽
参　编／张　华　杜慧慧　曲留柱
陈　林　李　迪　侯雅坤
张　彭

四川大学出版社

责任编辑:唐　飞
责任校对:蒋　玙
封面设计:墨创文化
责任印制:王　炜

图书在版编目(CIP)数据

油料作物加工技术 / 顾欣主编. —成都：四川大学出版社，2019.4
ISBN 978-7-5690-2871-3

Ⅰ.①油…　Ⅱ.①顾…　Ⅲ.①油料作物—食品加工　Ⅳ.①S565.09

中国版本图书馆 CIP 数据核字（2019）第 079999 号

书名　**油料作物加工技术**

主　　编　顾　欣
出　　版　四川大学出版社
地　　址　成都市一环路南一段 24 号 (610065)
发　　行　四川大学出版社
书　　号　ISBN 978-7-5690-2871-3
印　　刷　四川盛图彩色印刷有限公司
成品尺寸　185 mm×260 mm
印　　张　13.5
字　　数　325 千字
版　　次　2019 年 8 月第 1 版
印　　次　2019 年 8 月第 1 次印刷
定　　价　45.00 元

◆读者邮购本书,请与本社发行科联系。
电话:(028)85408408/(028)85401670/
(028)85408023　邮政编码:610065
◆本社图书如有印装质量问题,请寄回出版社调换。
◆网址:http://press.scu.edu.cn

前　言

油料是制取植物油脂所用原料的统称，是人们基本的食物来源之一，是关系国计民生的重要作物，与人民生活密切相关，与农业、农村和农民问题密切相关。在我国油料作物生产中，以大豆、花生、芝麻、油菜籽等作物产量较大，是食用油加工的主要原料来源。重视油料生产及其综合加工，对于提高人民生活质量、调整优化农业产业结构、促进农民增收等具有十分重要的意义。

本书系统介绍了各种油料类食品生产的新技术，重点介绍芝麻、花生、大豆、油菜籽、玉米、核桃、向日葵加工技术等内容。在编写过程中结合了科研实践与经验，将传统工艺与现代加工技术相结合，内容全面具体，条理清楚，通俗易懂，是一本可操作性强的油料类生产实用技术书。

本书可供从事油料类食品开发的科研技术人员、企业管理人员和生产人员学习参考使用，也可作为大中专院校食品科学、农产品贮藏与加工、食品质量与安全、农学等相关专业的实践教学参考用书。

由于编者水平有限，书中难免有不当甚至谬误之处，恳请使用本教材的师生和读者批评指正。

编　者

2019 年 3 月

目　录

第一章　概　述

第一节　我国油料产地概况

油料是制取植物油脂所用原料的统称，是人们基本的食物来源，是关系国计民生的重要作物，与人民生活密切相关，与农业、农村和农民问题密切相关。高度重视油料生产、产地加工与贮藏业，对于提高人民生活质量、调整优化农业产业结构、促进农民增收等具有十分重要的意义。我国是世界油料生产大国，油料种类繁多，资源丰富。按植物学属性可分为草本油料和木本油料，按产量大小可分为大宗油料和野生油料，按含油率高低可分为高含油料和低含油料。各种油料最基本的共同点就是脂肪含量高，且又多为不饱和脂肪酸所构成的甘油酯。在我国油料作物生产中，以大豆、油菜籽、花生、葵花籽和芝麻等作物产量较大，是食用油加工的主要原料来源。其产地生产情况如下。

一、大豆产地

我国大豆主产区主要在黑龙江、吉林、内蒙古、安徽、河南等地，这五个省（自治区）的大豆产量占全国总产量的65.2%，形成了以黑龙江、吉林、辽宁、内蒙古四省（自治区）为特色的东北高油大豆产业带。在目前国产大豆中，约有58%用于榨油。近几年大豆进口量很大，已超过国产大豆量1倍以上，几乎全部用于榨油。

二、油菜籽产地

我国油菜籽主产区为长江中下游地区的湖北、安徽、江苏、四川、重庆、河南、贵州和西北地区的陕西、甘肃和青海等地。其中，湖北、安徽、江苏、四川四省的产量占全国总产量的56.9%。油菜的发展重点是“双低”油菜（低芥酸、低硫苷），形成了以四川、贵州、重庆和云南为特色的长江上游优势区，以湖北、湖南、江西、安徽、河南为特色的长江中游优势区，以江苏、浙江为特色的长江下游优势区。

三、花生产地

我国花生生产主要有七个作区，包括黄河流域花生作区、长江流域花生作区、东南沿海花生作区、云贵高原花生作区、黄土高原花生作区、东北花生作区、西北花生作区。其产量主要集中在山东、河南、河北、广东、广西、四川、安徽、江苏、江西、湖南、福建、辽宁、湖北 13 个省（自治区）。其中，山东、河南、河北三省的产量占全国总产量的 60.5%。我国花生约有 50%用于榨油，30%用于食用，其他用途占 20%。

四、葵花籽产地

我国葵花籽主产区以内蒙古、黑龙江、新疆、山西、吉林等地为主，这五省（自治区）的产量占全国总产量的 82.4%。我国葵花籽种植分布最集中的地区是内蒙古的河套地区、新疆的塔城地区、吉林的白城地区、甘肃的张掖地区以及山西西部地区。我国葵花籽产量以内蒙古为最多，黑龙江第二位，新疆第三位。

五、芝麻产地

我国芝麻主产区分为三大区域：一是淮河流域的豫东南和皖北，重点集中在洪河和南汝河流域；二是汉水流域及江汉平原，重点集中在陕西安康以下的汉水中下游及江汉之间的平原地带；三是江西鄱阳湖及赣江下游的平原地带。产量较大的省有河南、湖北、安徽等地，这三个省的产量占全国总产量的 73.5%。

第二节　油料产地加工与贮藏区域布局

近年来，农产品加工业的发展和人民生活水平的提高，极大地促进了油料加工业的发展。油料加工企业的生产规模大致可分为 200 吨/天以下、200～1 000 吨/天和1 000 吨/天以上三大部分，外资的投资企业基本都有大于 200 吨/天的加工能力，超过1 000 吨/天的外资企业占外资企业的 28.3%，占我国相应处理能力企业的 27.7%。我国油料产地加工与贮藏区域的具体布局如下。

一、豆油加工区域布局

我国豆油加工企业主要分布在东北三省、内蒙古东部等大豆主产地区，主要加工非转基因大豆；南方沿海地区主要加工从美洲国家进口的大豆，目前多以转基因大豆为主；在山东、河南和陕西等省既加工转基因大豆，也加工非转基因大豆。

二、菜籽油加工区域布局

我国菜籽油加工企业主要分布在湖北、安徽、浙江、四川、湖南、江西等地，以加工国产优质油菜籽为主。日加工油菜籽千吨以上的企业主要分布在湖北、重庆、安徽和浙江等地，而在陕西、青海、云南、贵州等地分布着一些日处理200～300吨的加工企业。

三、花生油加工区域布局

我国花生油加工企业主要分布在山东、河南、河北等地，企业年生产花生油规模为10万～30万吨不等。广东、福建、广西等地也有花生油生产，但规模不大，一般日加工花生油100～200吨。陕西也有花生油加工，但规模较小。花生加工企业基本以国内民营企业投资为主。

四、葵花籽油加工区域布局

我国葵花籽油加工企业主要分布在内蒙古、吉林、新疆等地，一些加工厂的加工能力达每年十几万吨、几十万吨不等，还有一些集团具有日加工葵花籽250吨的生产能力。其中，内蒙古葵花籽油加工能力较强，加工企业地处葵花籽主产区的中心。

五、芝麻油加工区域布局

我国芝麻油加工企业主要分布在河南、湖北、安徽、山东、河北、陕西、北京、天津等地。既有机器制作芝麻油生产，也有手工作坊式芝麻油生产。大部分芝麻油生产企业规模较小，生产工艺简单、设备简陋。具有一定生产规模的企业，其芝麻油加工能力也只有年产几千吨至几万吨的生产规模。

第三节 油料作物加工存在问题

一、油料大量进口对国内市场带来严重冲击

近年来，我国大豆进口激增，进口量已超过国产大豆产量的1倍以上，已经严重挤压了国产大豆的市场空间，并导致国产大豆库存积压，在一些大豆主产区也出现了“卖豆难”问题。进口大豆明显打压了国产大豆的价格，严重影响了大豆主产区农民增收。目前，我国大豆油加工业总的情况是原料在外、资金在外、技术在外，这对我国食用油

工业的发展是十分不利的。其后果体现在以下几个方面：

（1）大量进口大豆将冲击国内大豆产业，影响我国大豆产业振兴战略的实施。

（2）大量进口大豆将冲击国内农业，使国产大豆价格长期低迷，严重影响豆农的生计，给社会稳定带来隐患。

（3）大豆过多进口，大豆行业被外资垄断不利于国家宏观调控和保持市场稳定，也对国家粮食安全构成威胁。

（4）大豆作为重要的农产品，长期依赖进口，容易受到外国牵制。

二、资源短缺对油料加工业的挑战

我国作为农业大国和全球第一人口大国，尤其是人多地少、水土资源匮乏、农业生产力水平低、农民科技与文化素质差的基本国情，导致“耕地密集型”的油料生产缺乏竞争优势。从我国多年的油料生产情况看，由于土地面积的限制，想通过增加种植面积来大幅度提高产量的可能性不大；唯一可能的途径，就是通过加大科技投入来提高单位面积产量。国内产量不足是我国大量进口大豆的原因之一。从总体来看，我国人均耕地仅是全球平均水平的45％，粮食生产尚属土地密集型产业，因而导致我国油料加工业面临资源短缺的挑战。

三、外资垄断格局对油料加工业的挑战

目前，一些外国跨国企业已经控制了我国较大份额的油料加工能力，对我国油料加工的民族工业造成严重冲击。例如大豆加工业，仅ADM（美国阿彻丹尼尔斯米德兰公司，世界上最大的油菜籽、玉米和小麦加工企业之一）、邦基和嘉吉三大跨国企业已经掌握我国近1/3的大豆加工能力，如果加上金光、正大等企业，外资就已控制我国40％的大豆加工能力。若按有效加工能力计算，国内大豆加工实际被外资控制50％以上。

随着国内中小企业逐渐停产关闭，外资进一步加快了扩张的步伐。此外，我国大豆进口供应也主要由少数外国跨国企业所控制，如ADM、邦基、嘉吉、路易达孚（Louis Dreyfus）四家公司就垄断了我国80％的进口大豆货源。与此同时，发达国家在我国粮食加工的高技术、深加工领域也实施了技术垄断和封锁。如果这些高技术长期掌握在国外跨国公司手中，无疑会对我国形成技术垄断，从而垄断我国的产品市场并掠取大量利润。如果外资垄断格局继续发展下去，几年内将会形成外国跨国企业垄断我国油料加工主要行业的局面。

四、土地资源缺乏，油料生产与粮食争地矛盾突出

据有关部门分析，近期我国粮食种植面积的预警区间为1.0亿～1.1亿公顷，而2007年我国粮食种植面积为1.1亿公顷，目前我国粮食种植面积已进入预警红线。我国耕地面积的70％必须种植粮食作物，其他经济作物种植面积只能在30％左右的耕地

上发展。我国油料作物除油菜为冬季作物外，其他均为夏季作物。想要通过扩大夏季油料作物种植面积填补我国食用油60%左右的缺口，需要增加占用耕地700万公顷（以生产含油量最高的花生计算），即需要占用7%的粮食种植面积，这样的发展方式是不现实的。

五、科技研究滞后，成果转化率低

我国油料生产应用技术的研究相对滞后，品种、栽培、机械化和加工等技术储备不足，不能满足当前生产形势需要，导致我国生产成本偏高，劳动力投入多，劳动强度大，加工效益差，生产效益较低，农民生产积极性较低，生产规模难以突破。与国外发达国家相比，单产和品质还有很大差距，主要表现为突破性高产品种和技术少，单项技术创新更少，突出的是缺少解决季节矛盾的早熟高产油菜品种和机械化生产发展滞缓，大豆等抗病性和丰产性还有待提高，花生抗病性和抗逆性急需改善。

六、机械化程度低，用工量大

除东北大豆产区外，我国其他油料作物的播种、移栽、施肥、收获等配套的机械设备和技术缺乏，适合机械化生产的油料作物品种研究才刚起步，油料机械化生产程度低，我国油料生产目前基本以手工为主。与水稻、小麦等作物相比，我国油料生产需要投入大量的劳动力，而且收获等环节的劳动强度很大，一般劳动力成本占生产成本60%以上，大大降低了生产效益。例如，油菜用工每亩达11.4个，比同季的小麦多3个；花生为13.9个，比同季旱地作物玉米多3个。

七、国际市场冲击严重，外资对我国油脂加工业有很强的控制

在国际竞争中，我国油料在价格上明显处于劣势，受到国际市场的严重冲击。国内大豆和油菜籽的价格高于国际市场，花生价格优势正在逐步丧失。2000年以后，由于国内大豆生产成本较高、我国大豆均为非转基因大豆、美国等国家对出口大豆进行高额出口补贴等，我国大豆价格一直高于世界大豆主要出口国的平均价格，2002年以后差距在逐年增加。外国企业掌握了世界上大多数的油料资源，取得了进口油料的定价权。外资在美国和南美地区的大豆收购、储存和运输上拥有完整链条，在国际大豆贸易中具有优势定价权。以美国公司为主的国际粮商控制着国际大豆市场90%的贸易量，同时在美国和南美地区采取公司加农户的方式控制着30%的大豆生产，因此掌握了第一手生产和贸易信息，可以提前判断市场价格走势，在经营中占据先机。另外，国际粮商可以利用期货市场的“套保”手段（所谓的“套保”，指的是机构在买入现货做多的同时在对应标的物的金融衍生品上开空仓，以便锁定未来的风险）规避原料市场价格大幅波动的风险，并能利用手中掌握的原料资源和资金优势影响期货市场价格，从而间接影响现货市场价格，挤压国内油脂加工企业的生存空间。

2004年以来，我国油脂产业受外资垄断程度增加，本土油脂加工业相对衰落。这突出表现在大豆进口及加工方面。随着中国大豆市场的开放，跨国公司加紧了对中国大豆行业的控制。大型跨国公司通过大豆价格巨幅波动使大量国内大豆压榨企业亏损、负债甚至破产后，跨国集团通过兼并、收购等方式，实现了对我国大豆行业的重新整合。目前，A（ADM）、B（邦基）、C（嘉吉）、D（路易达孚）及益海嘉里等跨国公司已垄断了我国80%的进口大豆货源。我国约70%油脂加工厂是外资或合资企业。外资企业已实实在在地垄断了我国大豆进口及加工行业，我国大豆行业在贸易中处于被动地位。

八、对油料产业的支持和保护政策不足

（1）对油料的支持和保护程度偏低。我国油料产业在生产支持政策上还是处于边缘化地位，油料与其他农产品相比，在保护上并不占优势。

（2）支持方式单一，支持范围狭窄。发达国家的油料支持政策体系，涵盖了收入支持、金融支持、基础设施支持、生产技术支持、生态环境支持、农村生活条件支持、灾害防范和救助支持、税收支持、贸易支持和法律支持等方面。而我国目前的支持政策还仅仅是小范围内的点状支持，政策手段以补贴和收入支持为主，而且主要集中在生产领域，加工、流通、贸易领域少。

（3）政策支持重点与比较优势产品脱节。定量研究结果表明，已经丧失比较优势的大豆和油菜籽作为净进口油料，在大多数年份得到了政策支持，而且政策对大豆生产者的支持比油菜籽生产者支持水平高。在国际市场中具有竞争优势，并一直处于净出口地位的花生以及其他木本植物油却得不到应有的支持，生产者平均销售价格远低于边境价格和国际市场平均价格。

第四节　促进油料产业健康发展的对策

基于对国际及国内油料供求形势的分析，我国发展油料生产及油脂加工业的总体思路是：依靠科技手段、加强政策扶持，在不与粮争地情况下提高油料播种面积，油料主产区集中力量做强主要品种，其他地区因地制宜地开发潜力品种，充分挖掘我国油料生产能力，发挥优势油料作物潜力，开发木本油料作物潜力，有效利用现有油料资源，适当利用国际市场和国外供给，稳步提高我国油料及食用油的自给率，增强我国企业对油料和食用油行业的控制力。我国亟须制定综合性油料扶持政策，建议整体规划未来我国油料产业发展目标和任务，从产业布局、生产、内外贸、税收、科技研发等方面加强对油料产业的政策性支持。

一、增加对油料生产的财政补贴和奖励力度

调动农民和地方政府种植油料的积极性，国家财政增加对油料生产的财政补贴和奖励力度，从油料良种补贴、种植补贴、农机具购置补贴、农资综合直补以及油料生产大县奖励政策方面加大支持力度。在良种补贴方面，要继续扩大对大豆、油菜的良种补贴规模，在花生优势区新增花生良种补贴项目。在不与粮争地的情况下，考虑从复种、套种、利用冬闲田等方面对油料种植给予直接补贴，补贴方式可以比照并不同于粮食直补。要设立对大豆、油菜、花生等各类油料生产大县的奖励政策，增加对这些地区的财政奖励力度，鼓励这些地区政府抓油料生产的积极性，提高它们支持和服务油料生产的综合能力。

二、完善市场调控政策，保持油料价格合理水平

（1）要完善油料临时收储和中央储备收购调控政策，以及油脂企业代储制度，通过收储及投放来稳定油料市场价格，保护农民、企业及消费者利益。在油料对外依赖度已经较高的情况下，国家以高于市场价的价格进行临时收储，顺价销售，对压榨企业来说形成了较大的成本压力，这使得出现了国家收购本地大豆或油菜籽。而加工企业使用进口大豆或油菜籽的现象，油料市场产生“梗阻”现象，形成政策收储“独家唱戏”的局面。在政策性收购执行过程当中，采取配套措施，妥善解决托市收购与加工之间的矛盾。短期内实行“政策价收购、市价销售、财政补贴”具有较大的可操作性，但从长期来看，应探讨更为合理的油料价格形成机制。

（2）由于油料市场的国际化程度很高，国内油料价格已直接受国际市场影响，大豆、油菜籽等进口量日益加大，因此更要健全高效灵活的油料进出口调控机制，仍要充分利用符合世界贸易组织（WTO）承诺的各种贸易手段，保障国家油料安全，维护国内生产者利益。

三、稳定发展常规油料作物生产，充分发挥优势油料作物潜力

巩固并提高大豆、油菜籽、花生、葵花籽及棉籽五大常规油料作物的种植面积和产量。重点扶持东北地区大豆、华北黄淮地区花生和长江中下游地区油菜籽生产，在上述地区分别建立相应品种的生产基地，大力发展国内生产，提高自给率。在东北地区提高大豆种植补贴，促进和保护大豆生产。在不与粮食争地的情况下，积极利用长江流域各省区丰富的冬季闲田资源种植油菜，充分发挥我国优势油料作物的生产潜力；在油菜、花生等优势品种上，充分发挥比较优势，扩大生产、提高效益；在单产和品质上，增加科研投入和推广力度，确保优势地位，进一步挖掘生产潜力。针对我国花生生产种植规模大、经济效益高、生产区域集中的情况，通过合理轮作、优化布局，稳定花生种植面积。重点支持黄淮、长江中上游、华南三个花生主产区加快生产与产业发展，积极扩大

西部地区花生种植面积。在黄淮海花生主产区重点发展花生面积超过1万公顷的县市。

四、利用我国林业资源优势，开发木本油料作物潜力

木本油料作物具有巨大的开发潜力和广阔的发展前景。我国未利用的山地和丘陵地区较多，荒山、荒地不少，而木本油料恰恰就适合在这些地方生长，避免了与粮棉争地。要逐步引导林农种植木本油料作物，充分利用山地、丘陵等非农业用地，大力开发木本油料资源。

五、有效利用米糠炼油，补充我国油源不足

稻谷加工后废弃的米糠是潜在的大宗油源。米糠油在美国、日本都有生产。据估计，我国水稻总产量1.87亿吨，米糠的产量占8%，米糠的出油率约5%，按此粗算，如完全利用可产220多万吨米糠油，相当于1 300多万吨大豆含油，等于增加了1.1亿亩大豆的面积。当前，应有效利用这种潜力大、见效快的油料品种，在较大程度上补充我国油源供应。

六、加大科技研发投入力度，推广高产优质高效品种

（1）增加油料生产的科研投入，提高科技水平。重点研发种子技术，加大对大豆、油菜、花生等专门油料科研机构的科技支持力度，培育高产、优质、高效的品种。

（2）推广优良品种和配套栽培技术，促进良种、良法走向千家万户的田间地头。开展转基因油料作物研发，推广安全、实用的转基因技术和品种。

七、加强油料生产机械化支持力度，提升油料机械化水平

油菜籽、花生等油料生产的机械化对于扩大油料种植面积、降低油料生产劳动强度和生产成本、提高油料生产能力非常重要。而油料耕种、收获等生产方式与粮食生产方式有很大不同，对于油料生产的农机具补贴也应特别对待、特殊重视，不仅应给予农民购置油料生产农机具补贴，而且更应对油料农机具的研发和生产企业给予补贴或奖励，积极推动油料机械化进程，增加专项资金鼓励油菜籽机械收割方式推广，降低成本，调动农民生产积极性，促进油菜籽生产发展。

八、建立海外油料基地，增加外部油料供给

（1）建议将南美的大豆和东南亚的棕榈油作为开拓海外油料来源的重点，制订发展规划，实施“走出去”战略，支持企业建立稳定可靠的进口大豆保障体系；鼓励我国企业在这些国家购买或租种土地，参股这些国家的油料生产、加工或流通企业。

（2）建立与巴西、阿根廷等主要油料进口国的直接贸易渠道。

九、完善油脂油料期货市场，主导油料及食用油定价权

应进一步重视期货市场的作用，逐步增加油料及食用油期货品种，健全期货市场规则，稳定期货市场秩序，维护参与者利益，建立与最大消费大国、进口大国相匹配的油料及食用油期货市场，增强我国对油料及食用油现货市场和期货市场的控制力量，主导油料及食用油定价权，维持油料及食用油市场稳定。

十、支持国内油脂产业发展，支持本土油脂加工企业做大做强

应将支持国内油脂产业发展作为政策和资金支持的重点行业，从资金支持、奖励、税收减免等各个角度支持本土油脂产业发展。尤其是重点支持一批国有、民营油脂企业做大做强，加强加工技术改造，扩大企业生产规模，提升产品档次，拓展企业经营广度和深度，通过资产重组和制度创新，整合国有、民营等各类企业，组建大型油脂产业集团，达到与跨国大型油脂企业相抗衡的地位和能力，增强我国本土企业对国内油脂产业的控制能力，逐步恢复我国企业对国内油料和食用油市场的主导地位。

十一、规范外资并购投资行为，严格审核外资新建项目

（1）要对已经进入的外资从安全角度进行调查、规范和调整。要按照《关于外国投资者并购境内企业的规定》的相关规定对外资并购事件进行调查，全面评估外资并购对就业、市场、产业安全和公共利益的影响。

（2）把好市场准入关。鉴于目前我国大豆加工能力严重过剩和外资已形成行业控制的现实，应严格规范各地的招商引资行为，严格控制外资对国内油脂企业尤其是国有企业的并购。

第二章　油料作物营养学基础

第一节　脂类

一、脂类的分类

（一）油脂

油脂即甘油三酯，或称为脂酰甘油，是油和脂肪的统称。一般将常温下呈液态的油脂称为油，呈固态的称为脂肪。

脂肪是由甘油和脂肪酸脱水合成而形成的。脂肪酸的羧基中的—OH 与甘油羟基中的—H 结合而失去一分子水，于是甘油与脂肪酸之间形成酯键，变成了脂肪分子。

脂肪中的三个酰基（无机或有机含氧酸除去羟基后所余下的原子团）一般是不同的，来源有碳十六、碳十八或其他脂肪酸。有双键的脂肪酸称为不饱和脂肪酸，没有双键的则称为饱和脂肪酸。

动物的脂肪中，不饱和脂肪酸很少，植物油中则比较多。膳食中饱和脂肪太多会引起动脉粥样硬化，因为脂肪和胆固醇均会在血管内壁上沉积而形成斑块，这样就会妨碍血流，引发心血管疾病。由于血管壁上有沉淀物，会使血管变窄，所以肥胖症患者更容易患上高血压等疾病。

油脂分布十分广泛，各种植物的种子、动物的组织和器官中都存有一定数量的油脂，特别是油料作物的种子和动物皮下的脂肪组织，油脂含量丰富。人体内的脂肪占体重的 10%～20%。人体内脂肪酸种类很多，生成甘油三酯时有不同的排列组合方式，因此，甘油三酯具有多种存在形式。储存能量和供给能量是脂肪最重要的生理功能。1 g 脂肪在体内完全氧化时可释放出 38 kJ 的能量，比 1 g 糖或蛋白质所释放的能量多 2 倍以上。脂肪组织是体内专门用于储存脂肪的组织，当机体需要能量时，脂肪组织细胞中储存的脂肪可被动员分解以供给机体的需要。此外，高等动物和人体内的脂肪还有减少身体热量损失、维持体温恒定、减少内部器官之间摩擦和缓冲外界压力的作用。

（二）类脂

类脂主要是指在结构或性质上与油脂相似的天然化合物，包括磷脂、糖脂、胆固醇及类固醇三大类。

（1）磷脂是含有磷酸的脂类，包括由甘油构成的甘油磷脂与由鞘氨醇构成的鞘磷脂。动物的脑和卵、大豆的种子中磷脂的含量较高。

（2）糖脂是含有糖基的脂类。

（3）胆固醇及类固醇等物质主要包括胆固醇、胆酸、性激素及维生素D等。这些物质对于生物体维持正常的新陈代谢和生殖过程，起着重要的调节作用。

另外，胆固醇还是脂肪酸盐、维生素D以及类固醇激素等的合成原料，对于调节机体脂类物质的吸收，尤其是脂溶性维生素（A、D、E、K）的吸收以及钙、磷代谢等均起着重要作用。这三大类类脂是生物膜的重要组成成分，构成疏水性的“屏障”，分隔细胞水溶性成分并将细胞划分为细胞器、细胞核等小的区室，保证细胞内同时进行多种代谢活动而互不干扰，维持细胞正常结构与功能等。

二、脂肪酸和必需脂肪酸

（一）脂肪酸

脂肪酸按碳链长度（链上所含碳原子数目）的不同，可分成短链（含4～6个碳原子）脂肪酸、中链（含8～14个碳原子）脂肪酸、长链（含16～18个碳原子）脂肪酸和超长链（含20个或更多碳原子）脂肪酸四类。人体内主要含有长链脂肪酸组成的脂类。自然界中的脂肪酸几乎都是由偶数碳原子脂肪酸组成，奇数碳原子脂肪酸是由微生物产生的，一般很少见。能被人体吸收的只有偶数碳原子脂肪酸。

脂肪酸按饱和度分类可分为饱和脂肪酸与不饱和脂肪酸两大类。饱和脂肪酸的分子结构中不含双键，动植物脂肪中所含的饱和脂肪酸主要有硬脂酸、软脂酸、花生酸和月桂酸等。不饱和脂肪酸按不饱和程度可分为单不饱和脂肪酸与多不饱和脂肪酸。单不饱和脂肪酸在分子结构中仅有一个双键，如油酸，普遍存在于动植物脂肪中，没有气味和滋味，但容易与空气中的氧气作用发生氧化酸败而引起食物的变质。多不饱和脂肪酸在分子结构中含两个或两个以上的双键，主要有亚油酸、亚麻酸、花生四烯酸等。

血浆中胆固醇的含量可受食物中饱和脂肪酸的影响。饱和脂肪酸可增加肝脏合成胆固醇的速度，提高血浆中胆固醇的浓度。饱和脂肪酸摄入量高是导致血浆中胆固醇、甘油三酯和低密度脂蛋白胆固醇升高的主要原因，过多摄入将增大患动脉粥样硬化和冠心病的概率。单不饱和脂肪酸在体内可转变为重要衍生物，几乎参与所有的细胞代谢活动，具有特殊的营养功能。因此，在考虑脂肪需要量时，必须同时考虑饱和脂肪酸、单不饱和脂肪酸和多不饱和脂肪酸三者之间的比例。不饱和脂肪酸含量高的油脂，其营养价值相对较高。最理想的膳食构成中，饱和脂肪酸、单不饱和脂肪酸和多不饱和脂肪酸三者之间的比例为1∶1∶1。

天然食物中含有各种脂肪酸，多以甘油三酯的形式存在。脂肪酸的饱和程度越高、碳链越长，其熔点也越高。一般来说，动物性脂肪（如牛油、奶油和猪油）比植物性脂肪含饱和脂肪酸多，一般含40％～60％的饱和脂肪酸、30％～50％的单不饱和脂肪酸，含多不饱和脂肪酸含量极少，在常温下呈固态，酶解的速度慢，消化吸收的速度较慢。

植物油含10%～20%的饱和脂肪酸和80%～90%的不饱和脂肪酸，而多数含多不饱和脂肪酸比较多，在常温下呈液态，酶解的速度快，消化吸收的速度较快。但椰子油仅含5%的单不饱和脂肪酸和1%～2%的多不饱和脂肪酸，这种情况在植物油中较少。

（二）必需脂肪酸

一类维持生命活动所必需的、体内不能合成或合成速度不能满足需要而必须从外界摄取的脂肪酸，称为必需脂肪酸。亚油酸和α－亚麻酸是人体必需脂肪酸，这两种必需脂肪酸还可在体内分别合成花生四烯酸、二十碳五烯酸（EPA）、二十二碳六烯酸（DHA）等人体不可缺少的脂肪酸。花生四烯酸由亚油酸衍生而来，当合成不足时，必须由食物供给，也可列入必需脂肪酸。花生四烯酸对预防心血管疾病、糖尿病和肿瘤等具有重要功效。EPA有助于降低胆固醇和甘油三酯的含量，促进体内饱和脂肪酸的代谢，从而起到降低血液黏稠度，增进血液循环，提高组织供氧而消除疲劳，防止脂肪在血管壁的沉积，预防动脉粥样硬化的形成和发展，预防脑血栓、脑出血、高血压等心血管疾病的作用。DHA能影响胎儿大脑发育以及促进视网膜光感细胞的成熟。

必需脂肪酸在人体内具有重要的生理功能，主要表现在以下几个方面：

（1）构成人体组织。脂肪中的磷脂和胆固醇是人体细胞的主要成分，脑细胞和神经细胞中含量最多。一些胆固醇则是制造体内固醇类激素的必需物质，如肾上腺皮质激素、性激素等。

（2）与胆固醇代谢有密切关系。胆固醇只有与必需脂肪酸结合后，才能在体内转运，进行正常的代谢，防止动脉粥样硬化。

（3）具抗氧化作用，对射线引起的一些皮肤损害有保护作用。

（4）它是前列腺素在体内合成的原料。前列腺素广泛存在于许多组织中，由花生四烯酸转化而成。

（5）维持正常的视觉功能。亚麻酸可在体内转变成DHA，DHA在视网膜光受体中含量丰富，是维持视紫红质正常功能的必需物质。

（6）动物精子的形成也与必需脂肪酸有关。膳食中长期缺乏必需脂肪酸，动物可出现不育症。

必需脂肪酸最好的食物来源是植物油类，特别是棉籽油、大豆油、玉米油和芝麻油。小麦胚芽油中亚油酸的含量很高。豆油和紫苏子油中有较多亚麻酸。动物油脂中必需脂肪酸的含量比一般植物油中的要低。一般认为，必需脂肪酸应占每日膳食能量的3%～5%。婴儿对必需脂肪酸的需求量较成人大，对它的缺乏也较敏感。

三、磷脂与胆固醇

磷脂不仅是生物膜的重要组成成分，而且对脂肪的吸收和转运以及储存脂肪酸，特别是不饱和脂肪酸起着重要作用。磷脂主要存在于蛋黄、瘦肉、脑、肝和肾中，机体自身也能合成所需要的磷脂。磷脂按其组成结构可以分为两类：磷酸甘油酯和神经鞘磷脂。前者以甘油为基础，后者以神经鞘氨醇为基础。人体除自身能合成磷脂外，每天从食物中也可以得到一定量的磷脂。磷脂的缺乏会造成细胞膜结构受损，使毛细血管的脆性和通透性增加，皮肤细胞对水的通透性增高，引起水代谢紊乱，产生皮疹等。

胆固醇是人体中主要的固醇类化合物。人体各组织中皆含有胆固醇，它是许多生物膜的重要组成成分（在细胞内除线粒体膜及内质网膜中含量较少）。人体内90%的胆固醇存在于细胞中。胆固醇还是合成维生素D、肾上腺皮质激素、性激素等重要活性物质的重要原料，是制造体内固醇类激素的必需物质。肝脏是胆固醇代谢的中心，合成胆固醇的能力最强，人体每天合成胆固醇1～1.2 g，而在肝脏中合成的量则占总合成量的80%。同时，肝脏还能促使胆固醇形成胆汁酸，人体内约有80%的胆固醇是在肝脏内转变成胆汁酸的。植物中不含胆固醇，但存在与胆固醇十分相似的物质植物固醇。植物固醇不但不被人体吸收，还有抑制小肠吸收胆固醇的作用，而且还可在人体内转变成胆汁酸和性激素，参与人体代谢。

胆固醇广泛存在于动物性食物之中，如肉类、内脏、脑、蛋黄和奶油等，人体自身也可以利用内源性胆固醇，所以一般不存在胆固醇缺乏。相反，由于它与高脂血症、动脉粥样硬化、心脏病等相关，人们往往关注体内胆固醇过多所带来的危害。

胆固醇可直接被人体吸收。如果食物中的胆固醇和其他脂类呈结合状态，则先被胆固醇酯酶水解成游离的胆固醇，再被吸收。体内胆固醇由肝脏排出胆汁，随胆汁进入肠道，一部分在小肠被重新吸收，未吸收的部分在小肠下段经细菌作用后转变为类固醇，随类固醇排出体外。影响胆固醇吸收的因素有以下几个方面：

（1）胆汁酸是促进胆固醇吸收的重要因素，胆汁酸缺乏时，会明显降低胆固醇的吸收。

（2）当食物中脂肪不足时，也会影响胆固醇的吸收。

（3）胆固醇在肠道中的吸收率随食物胆固醇含量的增加而下降。

（4）膳食中含饱和脂肪酸过高，可使血浆胆固醇升高，摄入较多不饱和脂肪酸，如亚油酸，血浆胆固醇即降低。

（5）植物性食物中的谷固醇和膳食纤维可减少胆固醇的吸收，从而可降低血胆固醇。

四、脂类的生理功能

（一）供给与储存能量

脂肪是体内供应能量和储存能量的重要物质。正常人能量的60%～70%来源于糖类，只有20%～25%来源于脂肪。但在空腹时50%以上的能量需要通过脂肪氧化分解获得。禁食1～3天，所需能量85%来自脂肪的氧化，脂肪是饥饿时体内能量的主要来源。脂肪除能在体内供能外，还是能量储存的主要形式。当机体摄入糖、脂肪、蛋白质过多时，不能被完全消耗，都会以脂肪的形式储存于体内。

（二）构成组织结构

脂类是维持细胞正常结构和功能的重要成分，如生物膜是由磷脂、糖脂和胆固醇组成的类脂层，脑和外周神经含有鞘磷脂等。

（三）提供必需脂肪酸

必需脂肪酸对人体有许多重要的生理功能。它是细胞重要的构成物质，尤其是对线粒体和细胞膜结构特别重要。必需脂肪酸缺乏时，细胞对水的通透性增加，毛细血管脆性增高，皮肤发生湿疹性改变并可发生血尿；它是合成磷脂和前列腺素的必需原料，还与精细胞生成等发育有关；它能与胆固醇结合成酯，从而促进胆固醇代谢，防止胆固醇在肝脏和血管壁上沉积，故对预防心血管疾病有着重要的意义。

（四）提供脂溶性维生素

脂肪还可提供脂溶性维生素，并对食物的营养价值有一定的保护作用。如果食物中缺少脂肪，将影响脂溶性维生素的吸收和利用。

（五）调节体温和保护内脏器官

脂肪大部分储存在皮下，用于调节体温，保护对温度敏感的组织，防止热能散失。

（六）增加饱腹感及摄食的口感

由于脂肪在人体胃内停留的时间较长，因此摄入含脂肪高的食物，可使人有饱腹感，不易饥饿。脂肪可以增加食物的烹饪效果，增加食物的香味，使人感到可口。另外，脂肪还能刺激消化液的分泌。

五、脂肪营养价值的评价

在营养学上，主要通过脂肪的消化率、脂肪酸的种类与含量、脂溶性维生素的含量三个方面对脂肪的营养价值进行评价。

（一）脂肪的消化率

食物脂肪的消化率与熔点成反比，熔点在50℃以上的脂肪不易消化吸收，熔点接近体温或低于体温的脂肪的消化率则较高。食物脂肪的消化率还与其所含的不饱和脂肪酸有关，双键数目越多，消化率也就越高。人体对动物脂肪的消化吸收较差，而对植物油的消化吸收较好；在畜肉中饱和脂肪酸含量多，而在鱼油中不饱和脂肪酸多，因此，鱼油的营养价值大于畜肉脂肪。

（二）脂肪酸的种类和含量

不饱和脂肪酸含量较高的油脂，必需脂肪酸的含量较高，营养价值相对较高。因此，植物油的营养价值高。

（三）脂溶性维生素的含量

脂溶性维生素包括维生素A、维生素D、维生素E和维生素K，脂溶性维生素含量高的脂肪，营养价值也高。肝脏中的维生素A和维生素D含量丰富，特别是某些海产鱼的肝脏中含量较高；乳、蛋黄中维生素A和维生素D的含量比较丰富；植物油中含有丰富的维生素E，特别是谷类种子的胚油中维生素E更多，所以这些食物脂肪的营养价值很高。

六、脂类的供给量及食物来源

在一般情况下，脂肪的摄入量以占总热能的20%～30%为宜，儿童、青少年则应高于此比例。一般认为，必需脂肪酸的摄入量应不少于总热能的3%，饱和脂肪酸在热能中的比例应不超过10%，每日胆固醇的摄入量应在300 mg以下。

膳食中的脂肪主要来源于食用油脂、动物性食物和坚果类食物。食用油脂中含有约100%的脂肪，日常膳食中的植物油主要有豆油、花生油、菜籽油、芝麻油、玉米油、棉籽油等，主要含不饱和脂肪酸，并且是人体必需脂肪酸的良好来源。动物性食物中以畜肉类脂肪含量最为丰富，在水产品、奶油等中也较多，动物脂肪相对含饱和脂肪酸和单不饱和脂肪酸多，多不饱和脂肪酸含量较少。猪肉的脂肪含量为30%～90%，但不同部位中的含量差异很大（只在腿肉和瘦肉中脂肪含量较少，约10%）。牛肉、羊肉中的脂肪含量要比猪肉低很多，如瘦牛肉中的脂肪含量仅为2%～5%，瘦羊肉中的脂肪含量只有2%～4%。动物内脏（除大肠外）中的脂肪含量皆较低，但胆固醇的含量较高。禽肉一般脂肪含量较低，大多在10%以下。鱼类脂肪含量也基本低于10%，多数在5%左右，且其脂肪含不饱和脂肪酸多。蛋类以蛋黄中的脂肪含量为高，约占30%，胆固醇的含量也高，全蛋中的脂肪含量仅为10%左右，其组成以单不饱和脂肪酸为主。

除动物性食物外，植物性食物中的坚果类（如花生、核桃、瓜子、榛子等）的脂肪含量较高，最高可达50%以上，不过其脂肪的组成大多以亚油酸为主，是多不饱和脂肪酸的重要来源。

另外，含磷脂丰富的食品有蛋黄、瘦肉、脑、肝脏、大豆、麦胚和花生等。胆固醇含量丰富的食物包括动物的内脏、脑、蟹黄和蛋黄，肉类和乳类中也含有一定量的胆固醇。

第二节　蛋白质

蛋白质是一类化学结构复杂的高分子有机化合物，种类繁多，在人体内约含10万种。蛋白质的英文Protein一词来源于希腊文Proteios，意思是“头等重要”，表明蛋白质是生命的物质基础，是人体的必需营养素，生命的起源、生存、消亡都与蛋白质有关，没有蛋白质就没有生命。

一、蛋白质的组成元素与分类

（一）组成元素

蛋白质主要由碳、氢、氧、氮四种化学元素组成，多数蛋白质还含有硫和磷，有些蛋白质还含有铁、铜、锰、锌等矿物质，蛋白质是人体氮的唯一来源。一般来说，蛋白质的平均含氮量为16%，即人体内每6.25 g蛋白质含1 g氮。因此，只要测定出体内含氮量，就可以计算出蛋白质的含量，即每克氮相当于6.25 g蛋白质，折算系数为6.25。

（二）分类

1. 按化学组成分类

分为单纯蛋白质和结合蛋白质。

2. 按形状分类

分为纤维状蛋白质和球状蛋白质。

3. 按营养价值分类

分为完全蛋白质、半完全蛋白质和不完全蛋白质。

（1）完全蛋白质。这是一类优质蛋白质，其中所含的必需氨基酸种类齐全，数量充足，而且各种氨基酸的比例与人体需要基本相符，容易吸收利用，不但可维持生命，还能促进人体生长发育。例如，奶类中的酪蛋白和乳白蛋白、蛋类中的卵白蛋白和卵黄磷蛋白，肉类、鱼类中的白蛋白和肌蛋白，大豆中的大豆球蛋白，小麦中的麦谷蛋白和玉米中的谷蛋白等都是完全蛋白质。

（2）半完全蛋白质。此类蛋白质中所含的各种必需氨基酸种类基本齐全，但含量不一，相互之间比例不太合适。如果以它作为唯一的蛋白质来源，虽然可以维持生命，但促进生长发育的功能较差。例如，小麦和大麦中的麦胶蛋白就属于此类。

（3）不完全蛋白质。此类蛋白质所含的必需氨基酸种类不全，质量也差。如用它作为膳食蛋白质唯一来源，既不能促进生长发育，维持生命的作用也很弱。例如，玉米中的玉米胶蛋白、动物结缔组织和肉皮中的胶原蛋白以及豌豆中的豆球蛋白等就属于此类。

二、蛋白质的功能

（一）人体组织不可缺少的构成成分

蛋白质占人体总质量的16％～18％，是构成人体组织和细胞的重要成分，是生命的存在形式。人体的所有组织和器官都是以蛋白质为基础，如人体的神经、肌肉组织、心、肝、肾等器官均含有大量蛋白质，骨骼、牙齿中含有大量的胶原蛋白，指甲、趾甲中含有角蛋白，细胞从细胞膜到细胞内的各种结构中均含有大量蛋白质。

（二）构成生命重要的生理活性物质

蛋白质是构成生命重要的生理活性物质。人体内的酶、激素、抗体等活性物质都是由蛋白质组成的。人的身体就像一座复杂的化工厂，一切生理代谢、化学反应都是由酶参与完成的。生理功能靠激素调节，如生长激素、性激素、肾上腺素等。抗体是活跃在血液中的一支“突击队”，具有保卫机体免受细菌和病毒的侵害、提高机体抵抗力的作用。

（三）调节渗透压

正常人血浆和组织液之间的水分不断交换并保持平衡。血浆中蛋白质的含量对保持平衡状态起着重要的调节作用。如果膳食中长期缺乏蛋白质，血浆中蛋白质含量就会降低，血液中的水分便会过多地渗入周围组织，出现营养性水肿。此外，体液内的蛋白质能使体液的渗透压和酸碱度得以稳定。

（四）供给能量

人体热量来源主要由糖类供给，蛋白质只予以补充，占总热量的10%～15%。供给热能不是蛋白质的主要功能，但在能量缺乏时，蛋白质也必须用于产生能量。1 g蛋白质在体内氧化可产生热量16.7 kJ（4 kcal）。

三、食物蛋白质的营养学评价

各种食物蛋白质组成不同，其营养价值也不一样。评价食物蛋白质的营养价值，对于食品品质的鉴定、饮食产品的研发、指导人群膳食等许多方面都十分必要。因为不同食物的蛋白质含量、氨基酸模式不尽相同，人体对不同蛋白质的消化吸收和利用程度也存在差异，所以需要采用不同的方法来评定蛋白质的营养价值。营养学上通常根据蛋白质含量、被消化吸收程度和被人体利用程度三方面综合评价食物蛋白质的营养价值。

（一）食物中蛋白质的含量

首先要求食物中的蛋白质要有一定的含量，没有足够的量，再好的蛋白质其营养价值也有限。因此，蛋白质含量是食物蛋白质营养价值的基本因素，这是衡量食物中蛋白质营养价值的基本指标。

蛋白质含量可用凯氏定氮法测量。蛋白质平均含氮量为16%，用所测得的氮含量乘以换算系数6.25，即可得到蛋白质的含量。

（二）蛋白质的消化率

蛋白质的消化率是指食物蛋白质摄入后，经消化道吸收的数量或程度。蛋白质消化率越高，则被人体吸收利用的可能性越大，其营养价值也越高。一般动物来源蛋白质的消化率高于植物来源蛋白质的消化率，如奶类为97%～98%，鱼、肉为92%～94%，米为80%。几种食物蛋白质的消化率见表2－1。

表2－1 几种食物蛋白质的消化率

食物	消化率（%）	食物	消化率（%）	食物	消化率（%）
鸡蛋	97±3	大米	88±4	大豆粉	87±7
牛奶	95±3	面粉（精制）	96±4	菜豆	78
肉、鱼	94±3	燕麦	86±7	花生酱	88
玉米	85±6	小米	79	中国混合膳食	96

（三）蛋白质的生物学价值

蛋白质的生物学价值（Biological Value，BV）是指吸收后的蛋白质被机体利用的数量或程度，简称生物价。蛋白质生物价越高，食物蛋白质被机体利用的程度就越高，其营养价值也就越高。常见食物蛋白质的生物价见表2－2。

表2－2 常见食物蛋白质的生物价

食物名称	生物价	食物名称	生物价	食物名称	生物价
鸡蛋	94	大米	77	蚕豆	58
鸡蛋白	83	小麦	67	绿豆	58
鸡蛋黄	96	小米	57	白菜	76
牛奶	85	玉米	60	红薯	72
猪肉	74	面粉	52	马铃薯	67
牛肉	76	生大豆	57	花生	59
鱼	83	熟大豆	64		
虾	77	扁豆	72		

四、蛋白质的互补作用

把几种蛋白质营养价值较低的食物混合食用，可以互相取长补短，提高蛋白质的营养价值，这种作用称为蛋白质的互补作用。例如，玉米（原生物价为60）、小米（原生物价为57）、黄豆（原生物价为64），以上3种若按玉米40%＋小米40%＋黄豆20%混合食用，结果生物价为73。日常生活中，我们很多饮食习惯都是食物互补的应用，如豆粥、豆包、菜包、饺子等。几种食物混合后蛋白质的生物价见表2－3。

表2－3 几种食物混合后蛋白质的生物价

<table>
<tr><th rowspan="2">食物名称</th><th colspan="2">生物价</th></tr>
<tr><th>单独食用</th><th>混合食用</th></tr>
<tr><td>大豆</td><td>64</td><td rowspan="2">77</td></tr>
<tr><td>小麦</td><td>67</td></tr>
<tr><td>玉米</td><td>60</td><td rowspan="4">73</td></tr>
<tr><td>小米</td><td>57</td></tr>
<tr><td>大豆</td><td>64</td></tr>
<tr><td>面粉</td><td>67</td></tr>
<tr><td>小米</td><td>57</td><td rowspan="3">89</td></tr>
<tr><td>大豆</td><td>64</td></tr>
<tr><td>牛肉</td><td>76</td></tr>
</table>

蛋白质互补原则如下：

（1）种类越多越好。

（2）种属越远越好，提倡杂食。例如，动物性食物和植物性食物之间的混合比单纯动物性食物混合或者单纯植物性食物混合效果好。

（3）各种食物要同时食用（两种食物互补作用时间不宜超过 5 h，5 h 以上逐渐降低作用，8 h 以上无效）。

五、蛋白质的供给量及食物来源

（一）供给量

我国规定 1 岁以内婴儿每千克体重需求蛋白质 1.5～3 g；14 岁的男青少年每日需要量较多，为 85 g；成人每日摄入量为 80 g，可以基本满足人体的需求；特殊人群中的孕妇和乳母每天需要比较多的蛋白质，为 100 g。蛋白质在膳食总能量中所占比例以 10%～15%为宜。

（二）食物来源

人体蛋白质的来源主要有动物性食物如各种肉类、乳类和蛋类等，植物性食物如大豆、谷类和花生等。其中，动物性食物蛋白质和大豆蛋白质是人类膳食蛋白质的良好来源。我国是大豆生产大国，多吃大豆制品，不仅可为人体提供丰富的优质蛋白质，同时也可起到许多其他保健功效。

第三节　维生素

一、维生素概述

（一）维生素的共同特点

（1）维生素是人体代谢不可缺少的成分，均为有机化合物，都是以本体（维生素本身）的形式或可被机体利用的前体（维生素原）的形式存在于天然食物中。

（2）维生素在体内不能合成或合成量不足，也不能大量储存于机体的组织中，虽然需求量很小，但必须由食物供给。

（3）维生素在体内不能提供热量，也不能构成身体的组织，但具有特殊的代谢功能。

（4）人体一般仅需少量的维生素就能满足正常的生理需要。但若供给不足，就会影响相应的生理功能，严重时会产生维生素缺乏病。

由上可见，维生素与其他营养素的区别在于它既不供给机体热能，也不参与机体组成，只需少量即可满足机体需要，但绝对不可缺少。缺乏任何一种维生素都会引起疾病。

（二）维生素命名及分类

维生素的种类很多，根据其溶解性可分为脂溶性维生素和水溶性维生素两大类，见表 2-4。其中，脂溶性维生素包括维生素 A、维生素 D、维生素 E、维生素 K；水溶性

维生素包括维生素 B_1、维生素 B_2、烟酸、维生素 B_6、维生素 B_{12}、叶酸、泛酸、胆碱、生物素及维生素 C 等。

表 2-4　各种维生素一览表

名称	日需要量	食物来源	生理功能	缺乏症
维生素A	男：800 μg/d 女：700 μg/d	动物的肝、肾、蛋及乳；绿色蔬菜及红黄色蔬菜与水果中含有的类胡萝卜素	构成视紫红质，维持上皮组织的完整与分化，促进生长发育	夜盲症、眼干燥症、皮肤干燥、毛囊丘疹
维生素D	5～10 μg/d	海水鱼（如鲱鱼、鲑鱼和沙丁鱼）、动物的肝脏、蛋黄、牛肉、黄油等动物性食物及鱼肝油制剂；植物性食物如蘑菇、蕈类中也含有一定量	调节钙、磷代谢，促进钙、磷吸收，促进骨盐代谢与骨的生成	佝偻病（儿童）、软骨病（成人）
维生素E	8～11 μg/d	只在植物中合成	抗氧化，保护生物膜，维持生殖机能，促进血红素合成	婴儿贫血、儿童和成人神经病变
维生素K	120 μg/d	肠道细菌合成；广泛分布于植物性食物和动物性食物中	促进肝合成凝血因子	皮下出血、肌及胃肠道出血
维生素B_1	男：1.4 mg/d 女：1.3 mg/d	广泛存在于天然食物中，主要是植物种子的外皮及胚芽	酮酸氧化酶的辅酶，抑制胆碱酯酶的活性，转酮醇酶的辅酶	脚气病、末梢神经炎
维生素B_2	男：1.4 mg/d 女：1.2 mg/d	广泛存在于动物性食物和植物性食物中	构成黄素酶的辅酶，生物氧化过程的递氢体	口角炎、舌炎、皮炎、阴囊炎
烟酸	男：14 mg NE/d 女：13 mg NE/d	广泛存在于食物中，主要为动物性食物	构成多种脱氢酶的辅酶，生物氧化过程的递氢体	癞皮病
维生素B_6	1.2 mg/d	动物性来源的食物中维生素B_6的生物利用率要优于植物性来源的食物	氨基酸转氨酶和脱羧酶的辅酶，ALA 合成酶的辅酶	发炎
泛酸	5 mg/d	广泛存在于动物性食物和植物性食物中	构成酰基转移酶的辅酶	缺乏少见
生物素	30 μg/d	广泛存在于各种动植物食物中，人体的肠道细菌也能合成	构成多种羧化酶的辅酶，参与CO_2的固定	缺乏少见
叶酸	200～400 μg DFE/d	广泛存在于动物性食物和植物性食物中	以四氢叶酸的形式参与一碳单位的转移	巨幼红细胞贫血、恶性贫血
维生素B_{12}	2～4 μg/d	主要来源于动物性食物，主要食物来源为肉类、动物内脏、鱼、禽、贝壳类及蛋类，尤其是肝脏	促进甲基转移、DNA合成、红细胞成熟	巨幼红细胞贫血
维生素C	60 mg/d	新鲜植物中的含量较多	参与体内羟化反应，参与氧化还原反应，促进铁吸收	坏血病

脂溶性维生素溶于脂肪及脂溶剂中，在食物中与脂类共同存在，在肠道吸收时也与脂类吸收有密切关系。而水溶性维生素不溶于脂肪及脂溶剂，易溶于水，容易在烹调加工中损失。

脂溶性维生素只能够溶解并储存在脂肪组织中，故排泄率不高，可在体内长期大量地储存，长期摄入过多可在体内蓄积以致引起中毒。水溶性维生素可以轻易地溶于体内水溶液中，产生毒害作用的可能性很小，摄入过量一般不会引起中毒，但常会干扰其他营养素的代谢。体内缺乏水溶性维生素的可能性较大。补充维生素必须遵循合理的原则，不宜盲目加大剂量。

二、维生素 A

维生素 A 的化学名为视黄醇，是最早被发现的维生素。维生素 A 有两种：一种是维生素 A 醇，是最初的维生素 A 形态（只存在于动物性食物中）；另一种是胡萝卜素，在体内转变为维生素 A 的预成物质（可从植物性及动物性食物中摄取）。维生素 A 的计量单位有 IU 单位（International Units）和 RE 单位（Retinol Equivalents）。维生素 A 较稳定，一般的烹调加工方法不致破坏，但易被空气氧化破坏，尤其在高温和紫外线照射下。如果食物中同时含有磷脂、维生素 E 和维生素 C 或其他抗氧化物质，则对维生素 A 有保护作用。

（一）维生素 A 的消化和吸收

维生素 A 在小肠与胆汁酸脂肪分解产物一起被乳化，由肠黏膜吸收。维生素 A 在人体的储存量随着年龄递增而减少，老年人明显低于年轻人，不同性别储存量也有所不同。维生素 A 在体内的平均半衰期为 128～154 h，在无维生素 A 摄入时，每日肝中损失（分解代谢）率约为 0.5%。

（二）维生素 A 的生理功能

维生素 A 具有以下生理功能：

（1）维持正常视觉功能，防止夜盲症。人视网膜中有杆状细胞和锥状细胞，分别对弱光和强光敏感，以维持昼夜的正常视力。其中，杆状细胞内含的感光物质为视紫红质，对弱光敏感，与暗视觉有关。当维生素 A 缺乏时，视紫红质合成减少，暗适应能力下降，甚至造成夜盲症。

（2）维护上皮组织的健康。当维生素 A 缺乏时，会出现 E 皮组织萎缩、皮肤干燥、角化过度、脱屑、腺体分泌减少、角膜溃疡等病症。

（3）促进生长发育。维生素 A 有助于细胞增殖与生长，是机体生长的要素，对婴幼儿生长发育特别重要。当维生素 A 缺乏时，可能出现生长停滞、发育不良等现象。

（4）抗癌作用。近年来，研究表明维生素 A 能防止多种类型的上皮癌的发生和发展。当身体缺乏维生素 A 时，容易致癌。

（5）抗氧化作用。维生素 A 可保护微血管免受自由基侵害，提高免疫力。β-胡萝卜素这一功能更强，转化为维生素 A 后功能减弱。

(6) 预防贫血。维生素 A 可改善铁的吸收和运输，预防缺铁性贫血。

(三) 维生素 A 的缺乏和过量

1. 维生素 A 缺乏

夜盲症是人类缺乏维生素 A 最早出现的症状之一。患夜盲症者夜间视力减退，暗适应时间延长。

维生素 A 缺乏最明显的一个结果是眼干燥症，其表现为眼睛对光敏感，眼睑肿胀，眼泪分泌停止，粘满脓液，发展下去可致失明。皮肤病是维生素 A 缺乏的另一重要表现，其早期表现在口腔、咽喉、呼吸道及泌尿生殖道等部位的病变。维生素 A 长期摄取不足，会导致毛囊角化过度，皮肤干燥形似鸡皮，多见于上、下肢，以后向腹部、背部、颈部蔓延，使人抗感染能力下降。

此外，当维生素 A 缺乏时，免疫功能降低，血红蛋白合成代谢出现障碍，生殖失调，儿童生长发育迟缓。

2. 维生素 A 过量

当维生素 A 在体内过多时，因其具有脂溶性不能随尿排除，而储存于肝脏和其他部位，最后达到中毒水平，可引起急、慢性中毒。急性中毒可出现头痛、恶心、呕吐、脱皮等症状，慢性中毒可出现肝大、长骨末端外周部分疼痛、皮肤瘙痒、肌肉僵硬等症状。

过量食入胡萝卜素可出现高胡萝卜素血症，易出现类似黄疸的皮肤。此外，还有维生素 A 过多致胎儿畸形的报道，普通膳食一般不会引起维生素 A 过多，其过多主要是由于摄入维生素 A 浓制剂引起的，但也有食用狗肝或鲨鱼肝引起中毒的报道。

(四) 维生素 A 的食物来源

维生素 A 主要来源于动物性食物，如动物肝脏、蛋黄、奶类及鱼肝油等。维生素 A 原主要是 β-胡萝卜素，多存在于红、黄、绿色蔬菜和水果中，如胡萝卜、菠菜、油菜、苜蓿、辣椒和杏、芒果、柿子等。β-胡萝卜素在体内可转化为维生素 A。需要注意的是，水果和蔬菜的颜色深浅并非是判断含维生素 A 多寡的绝对指标。

六、维生素 B_1

维生素 B_1 又称硫胺素或抗神经炎素，是由嘧啶环和噻唑环结合而成的一种 B 族维生素。为白色结晶或结晶性粉末，有微弱的特臭，味苦，有引湿性，露置在空气中易吸收水分。pH 值在 3.5 时可耐 100℃高温，pH 值大于 5 时易失效。遇光和热时效用下降，故应置于遮光、凉处保存，不宜久储。在酸性溶液中很稳定，在碱性溶液中不稳定，易被氧化和受热破坏。

(一) 维生素 B_1 的消化和吸收

食物中的维生素 B_1 有三种形式，即游离形式、硫胺素焦磷酸酯和蛋白磷酸复合物。结合形式的维生素 B_1 在消化道裂解后被吸收。吸收的主要部位是空肠和回肠。大量饮茶会降低肠道对维生素 B_1 的吸收，酒精中含有抗维生素 B_1 物质，叶酸缺乏可导致维生素 B_1 吸收障碍。维生素 B_1 由尿液排出，不能被肾小管再吸收。

维生素 B_1 在胃肠道主要是被十二指肠吸收。吸收不良综合征或饮酒过多可阻止维生素 B_1 的吸收。肌肉注射维生素 B_1 吸收迅速。吸收后可分布于机体各组织中，也可进入乳汁，体内不储存。血浆半衰期约为 0.35 h。肝内代谢，经肾排泄。

维生素 B_1 在肝、肾和白细胞内转变成硫胺素焦磷酸酯，后者是体内丙酮酸分解所需的羧化酶的辅酶。但维生素 B_1 在体内不储存，故短期缺乏即可造成患者丙酮酸在体内的蓄积，从而扰乱糖代谢。

（二）维生素 B_1 的生理功能

维生素 B_1 具有以下生理功能：

（1）促进碳水化合物和脂肪的代谢，在能量代谢中起辅酶作用，没有硫胺素就没有能量。维生素 B_1 是构成 α—酮酸脱羧酶的主要成分，为糖代谢必需物质。

（2）提供神经组织所需要的能量，防止神经组织萎缩和退化，预防和治疗脚气病。

（3）对人体的直接功能有：维持正常的食欲、肌肉的弹性和健康的精神状态。维生素 B_1 可抑制胆碱酯酶活性，减少乙酰胆碱的分解，从而保证消化腺的分泌和促进肠蠕动。

（三）维生素 B_1 的缺乏和过量

1. 维生素 B_1 缺乏

维生素 B_1 缺乏常由于摄入不足、需要量增高和吸收利用障碍引起；同时，肝损害、饮酒也可引起维生素 B_1 缺乏。长期透析的肾病者、完全胃肠外营养的病人以及长期慢性发热病人都可发生。

维生素 B_1 缺乏的初期症状有疲乏、淡漠、食欲差、恶心、忧郁、急躁、沮丧、腿麻木和心电图异常等。一般分成以下几类：

（1）干性脚气病。以多发性神经炎症为主，出现上行性周围神经炎，表现为指、趾麻木，肌肉酸痛、压痛，尤以腓肠肌为甚。胃肠神经受累使胃肠蠕动减弱，便秘、消化液分泌减少，致食欲减退、消化不良。

（2）湿性脚气病。以水肿和心脏症状为主，由于心血管系统功能障碍，出现水肿、心悸、气促等，进而可出现右心室扩大现象，若不及时处理，会造成心力衰竭。

（3）婴儿脚气病。该病多发生于 2 岁以内（尤以 2～6 个月为多）的婴幼儿，多因母体缺乏维生素 B_1 或喂养不合理所致，主要表现有吐奶、尿少、夜啼、声嘶、抽搐等，严重者可因呼吸或心力衰竭而死亡。

2. 维生素 B_1 过量

大剂量静脉注射维生素 B_1 时，可能发生过敏性休克；大剂量用药时，可能干扰测定血清茶碱浓度，测定尿酸浓度可呈假性增高，尿胆原可产生假阳性。

（四）维生素 B_1 的食物来源

含维生素 B_1 较丰富的有动物内脏（肝、心及肾）、肉类、豆类、花生，以及粗加工的谷类、蛋、奶等。水果、蔬菜等也含有维生素 B_1，但含量较低。谷类是我国人民的主食，也是维生素 B_1 的主要来源。但过分去除麸皮与糠，会导致维生素 B_1 大量损失，烹调时加碱可使维生素 B_1 损失增高。此外，某些食物中有抗维生素 B_1 因子，使维生素 B_1 结构发生改变，活力降低，如某些鱼及软体动物的内脏中含有硫胺素酶，可使维生素 B_1 被分解破坏，但烹调加热会破坏这些酶，所以鱼不宜生吃。

七、维生素 B_2

维生素 B_2 又称核黄素，是机体中许多酶系统的重要辅基的组成成分，参与物质和能量代谢。维生素 B_2 分子式为 $C_{17}H_{20}N_4O_6$。它是人体必需的 13 种维生素之一，作为维生素 B 族的成员之一，微溶于水，可溶于氯化钠溶液，易溶于稀的氢氧化钠溶液。

（一）维生素 B_2 的消化和吸收

膳食中的大部分维生素 B_2 是以黄素单核苷酸（FMN）和黄素腺嘌呤二核苷酸（FAD）辅酶形式和蛋白质结合存在。进入胃后，在胃酸的作用下，与蛋白质分离，在上消化道转变为游离型维生素 B_2 后，在小肠上部被吸收。当摄入量较大时，肝肾常有较高的浓度，但身体储存维生素 B_2 的能力有限，超过肾阈即通过泌尿系统以游离形式排出体外，因此每日身体组织的维生素 B_2 都保持在一定水平。

（二）维生素 B_2 的生理功能

维生素 B_2 具有以下生理功能：

（1）促进发育和细胞的再生。

（2）促使皮肤、指甲、毛发的正常生长。

（3）帮助消除口腔内、唇、舌的炎症。

（4）增进视力，减轻眼睛的疲劳。

（5）和其他的物质相互作用可促进碳水化合物、脂肪、蛋白质的代谢。

（三）维生素 B_2 的缺乏和过量

1. 维生素 B_2 缺乏

维生素 B_2 缺乏较为普遍。幼儿及少年儿童由于生长发育快，代谢旺盛，若不注意，更易缺乏维生素 B_2。维生素 B_2 的缺乏易导致脂溢性皮炎（眼、鼻及附近皮肤脂溢且有皮屑及硬痂）；引起嘴唇发红、口腔炎、口唇炎、口角炎、舌炎；会使眼睛充血、易流泪、易有倦怠感、头晕；引起阴道瘙痒、口腔溃疡等炎症和机能障碍，称为核黄素缺乏病。

2. 维生素 B_2 过量

维生素 B_2 摄取过多，可能引起瘙痒、麻痹、灼热感、刺痛等。假如正在服用抗癌药，如氨甲蝶呤，则过量的维生素 B_2 会降低这些抗癌剂的效用。

（四）维生素 B_2 的食物来源

维生素 B_2 主要来源于奶类及其制品、动物肝脏与肾脏、蛋黄、鳝鱼、胡萝卜、酿造酵母、香菇、紫菜、茄子、鱼、芹菜、橘子、柑、橙等。

十一、维生素C

维生素C又称L−抗坏血酸，是一种水溶性维生素。

（一）维生素C的消化和吸收

摄入的维生素C通常在小肠上方（十二指肠和空肠上部）被吸收，而仅有少量被胃吸收，同时口中的黏膜也吸收少许。未被吸收的维生素C会直接传送到大肠中，无论传送到大肠中的维生素C的量有多少，都会被肠内微生物分解成气体物质，无任何作用，所以身体的吸收能力固定时，多摄取就等于多浪费。

维生素C在体内的代谢过程及转换方式目前仍无定论，但可以确定维生素C最后的代谢物是由尿液排出。如果尿液中维生素C的浓度过高，可使尿液酸碱度降低，防止细菌滋生，所以有避免尿道感染的作用。

（二）维生素C的生理功能

维生素C具有以下生理功能：

（1）促进骨胶原的生物合成，利于组织创伤口更快愈合。

（2）促进氨基酸中酪氨酸和色氨酸的代谢，延长肌体寿命。

（3）改善铁、钙和叶酸的利用；改善脂肪和类脂特别是胆固醇的代谢，预防心血管疾病。

（4）促进牙齿和骨骼的生长，防止牙床出血，防止关节痛、腰腿痛。

（5）增强肌体对外界环境的抗应激能力和免疫力。

（6）水溶性强抗氧化剂，主要作用在体内水溶液中。

（7）坚固结缔组织，促进胶原蛋白的合成，防止牙龈出血。

（三）维生素C的缺乏和过量

1. 维生素C缺乏

胶原蛋白的合成需要维生素C参加，如果维生素C缺乏，胶原蛋白就不能正常合成，导致细胞连接障碍，易引发坏血病。体内维生素C不足，微血管容易破裂，血液将会流到邻近组织。这种情况在皮肤表面发生，则产生瘀血、紫癍现象；在体内发生，则引起疼痛和关节胀痛；严重时在胃、肠道、鼻、肾脏及骨膜下面均可有出血现象，乃至死亡。缺乏维生素C将会引起牙龈萎缩、出血，诱发动脉硬化、贫血。维生素C使难以吸收利用的三价铁还原成二价铁，促进肠道对铁的吸收，提高肝脏对铁的利用率，有助于治疗缺铁性贫血。缺乏维生素C将使人体的免疫力和机体的应急能力下降。

2. 维生素C过量

如果短期内服用维生素C补充品过量，会产生多尿、下痢、皮肤发疹等副作用；长期服用过量维生素C补充品，可能导致草酸及尿酸结石；小儿生长时期过量补充维生素C，容易产生骨骼疾病；如果一次性摄入维生素C 2 500～5 000 mg甚至更高时，可能会导致红细胞大量破裂，出现溶血等严重现象。

（四）维生素C的食物来源

富含维生素C的食物主要有樱桃、番石榴、红椒、黄椒、柿子、青花菜、草莓、橘子、芥蓝、菜花、猕猴桃等。

三、维生素D

维生素D为固醇类衍生物，具抗佝偻病作用，故又称抗佝偻病维生素。维生素D家族中最重要的成员是维生素D_2和维生素D_3。植物不含维生素D，但维生素D原在动植物体内都存在。

（一）维生素D的消化、吸收和代谢

口服的维生素D_2或维生素D_3至小肠，在胆汁的作用下，与脂质一同自黏膜吸收成乳糜微粒经淋巴系统入肝；注射的维生素D_2或维生素D_3吸收后也经血入肝。在肝细胞微粒体经25－羟化酶的作用下形成25－OHD入血，25－OHD为血清中多种维生素D代谢产物中含量最多且最稳定的一种，其血清浓度可代表机体维生素D营养状态，正常值为11～68 mg/mL。25－OHD经血入肾，在近端曲管细胞的线粒体内经1－α羟化酶的作用生成1，25－$(OH)_2D_3$，其产生受内分泌系统的严格控制，其血清含量随人体对钙、磷的需要而增多或减少。血（甲状旁腺素）PTH的升高及钙、磷降低，使1－α羟化酶活性增强，致1，25－$(OH)_2D_3$增多；当血钙、磷增高时，24－R羟化酶活性增强，使24，25－$(OH)_2D_3$增多。许多组织的细胞有1，25－$(OH)_2D_3$的受体，如小肠黏膜细胞、骨细胞、肾远端曲管细胞、皮肤生发层细胞、胰岛细胞及乳腺细胞等。肾、肠、软骨等细胞的线粒体并有24－R羟化酶，在血钙、磷正常或升高时，25－OHD在肾、肠经24－羟化酶羟化成24，25－$(OH)_2D_3$，其生物活性远低于1，25－$(OH)_2D_3$。

正常人摄入维生素D_2或维生素D_3后，80%以上可自小肠吸收，其代谢物与部分维生素D_2或维生素D_3自胆汁及粪便排泄。4%以下自尿液排出。摄入或充分晒太阳后合成较多量维生素D时，可储于脂肪及肝达数月。

（二）维生素D的生理功能

维生素D具有以下生理功能：

（1）提高肌体对钙、磷的吸收，使血浆钙和血浆磷的水平达到饱和程度。

（2）促进生长和骨骼钙化，促进牙齿健全。

（3）通过肠壁增加磷的吸收，并通过肾小管增加磷的再吸收。

（4）维持血液中柠檬酸盐的正常水平。

（5）防止氨基酸通过肾脏损失。

（三）维生素D的缺乏和过量

1. 维生素D缺乏

维生素D缺乏性佝偻病简称佝偻病，是维生素D缺乏引起钙、磷代谢紊乱而造成的代谢性骨骼疾病。我国小于3岁的儿童中佝偻病发病率为20%～30%，部分地区已达80%以上，是婴幼儿期常见的营养缺乏症之一，因此卫生部将其列为儿童保健四种疾病之一。临床表现以多汗、夜惊、烦躁不安和骨骼改变为特征。该病常与维生素D的摄入不足、少见阳光、吸收不良、代谢障碍（如肝肾疾病或长期使用抗癫痫药物）等有关。

2. 维生素D过量

维生素D过量导致中毒，往往是长期大剂量服用浓缩鱼肝油所致。临床表现为低热、厌食、精神不振、头痛、体重下降、多尿，血清钙、磷升高，易发生软组织钙化、肾结石等。此时需立即停服维生素D，限制钙盐摄入等。

（四）维生素D的食物来源

维生素D的食物来源有三个方面：正常的食物、维生素D强化食物和浓缩的天然食物。我国建议孕妇每日应摄取10 μg维生素D，为了达到这个供给量标准，孕妇应注意多从食物中摄取维生素D，增加日光照射时间，以防止维生素D缺乏症的出现。

一般的食物维生素D含量不丰富。含量较多的食物有海产鱼类、蛋类和黄油。维生素D强化食品多为奶类食品和婴儿食品。近年来，我国多数大城市采用鲜奶强化维生素D的摄入。

四、维生素E

维生素E又称生育酚，是最主要的抗氧化剂之一，可溶于脂肪和乙醇等有机溶剂，不溶于水，对热、酸稳定，对碱不稳定，对氧敏感，对热不敏感，但油炸时维生素E活性明显降低。维生素E在早期研究过程中，发现与生殖有关，被命名为生育酚，是一种延缓衰老的维生素，因此又被称为能吃的美容化妆品。

（一）维生素E的消化和吸收

在胆酸、胰液和脂肪存在时，维生素E在脂酶的作用下，以混合微粒在小肠上部经非饱和的被动弥散方式被肠上皮细胞吸收。各种形式的维生素E被吸收后大多由乳糜微粒携带经淋巴系统到达肝脏。肝脏中的维生素E通过乳糜微粒和极低密度脂蛋白（VLDL）的载体作用进入血浆。乳糜微粒在血循环的分解过程中，将吸收的维生素E转移进入脂蛋白循环，其他的作为乳糜微粒的残骸。α－生育酚的主要氧化产物是α－生育醌，在脱去含氢的醛基后生成葡萄糖醛酸。葡萄糖醛酸可通过胆汁排泄，或进一步在肾脏中被降解产生α－生育酸从尿中排泄。

（二）维生素E的生理功能

维生素E具有以下生理功能：

（1）抗氧化作用。维生素E是一种很强的抗氧化剂，在体内保护细胞膜的完整性和正常功能，使其免受过氧化物的损害，起到保护血管、心脏、乳房、眼睛、皮肤等器官和预防多种疾病的作用。

（2）维持生育功能。维生素E与雄性动物的精子生成和雌性动物的生育能力有关，所以称其生育酚。临床中常用于治疗不孕症、先兆性流产和习惯性流产等。

(3) 抗衰老作用。组织衰老时，细胞内常出现脂褐素沉着现象。维生素 E 具有减少组织内脂褐素的产生、改善皮肤弹性以及延迟性腺萎缩等防衰老作用。

(4) 防癌及增强免疫作用。维生素 E 能阻止致癌物质亚硝胺的生成，维持血液白细胞的正常功能，从而对防止癌症、增强机体免疫具有积极作用。

(5) 预防心脑血管疾病。维生素 E 能减少血小板聚集、扩张血管、改善血液循环，从而可预防心脑血管疾病。

(三) 维生素E的缺乏和过量

1. 维生素E缺乏

维生素 E 缺乏症是以脑软化症、渗出性素质、白肌病和繁殖障碍为特征的营养缺乏性疾病，其临床症状主要有红细胞被破坏、肌肉变性、贫血症、生殖机能障碍等。

2. 维生素E过量

长期服用大剂量维生素 E 可引起各种疾病。其中较严重的有：

(1) 血栓性静脉炎或肺栓塞，或两者同时发生，这是由于大剂量维生素 E 可引起血小板聚集和形成。

(2) 血压升高，停药后血压可以降低或恢复正常。

(3) 男女两性均可出现乳房肥大。

(4) 头痛、头晕、眩晕、视力模糊、肌肉衰弱。

(5) 皮肤豁裂、唇炎、口角炎、荨麻疹。

(6) 糖尿病或心绞痛症状明显加重。

(7) 激素代谢紊乱，凝血酶原降低。

(8) 血中胆固醇和甘油三酯水平升高。

(9) 血小板增加，免疫功能减退。

(10) 肌肉衰弱、疲劳、呕吐和腹泻。

(四) 维生素E的食物来源

维生素 E 广泛存在于植物油中，其中以麦芽胚油和玉米油含量最多。某些谷类、坚果类食物及绿叶菜，以及肉类、奶油、乳、蛋及鱼肝油中也含有一定数量的维生素 E。

第四节　矿物质

人体所含的各种元素中，除碳、氢、氧、氮主要以有机化合物形式存在外，其他各种元素基本上是以无机物的形式存在，称为矿物质。这些物质在体内不能合成，必须从食物和饮水中摄取。这些无机盐在人的生命活动中起着重要作用，可以分为常量元素和微量元素。

一、常量元素

常量元素又称宏量元素或大量元素，每日膳食需要量在 100 mg 以上的元素。除氧、碳、氢、氮外，还包括硫、磷、钙、钠、钾、氯和镁 7 种元素，它们构成人体总量的 99.95%。其中，前 6 种是蛋白质、脂肪、碳水化合物与核酸的主要成分，称为基本结构元素；后 5 种则是体液的必需成分。一般把钙、磷、硫、钾、钠、氯和镁称为必需常量矿物质。必需常量元素具有以下生理功能：

（1）构成人体组织的重要成分，如骨骼和牙齿等硬组织，大部分是由钙、磷和镁组成，而软组织含钾较多。

（2）在细胞内外液中与蛋白质一起调节细胞膜的通透性、控制水分、维持正常的渗透压和酸碱平衡（磷、氯为酸性元素，钠、钾、镁为碱性元素），维持神经肌肉兴奋性。

（3）构成酶的成分或激活酶的活性，参加物质代谢。

现将一些重要的常量元素介绍如下。

（一）钙

钙是人体含量最多的无机元素，正常成人体内含钙总量约为 1 200 g，相当于体重的 2.0%。其中约 99%集中在骨骼和牙齿中，主要以羟磷灰石 [$Ca_{10}(PO_4)_6(OH)_2$] 结晶的形式存在；其余 1%的钙，一部分与柠檬酸螯合或与蛋白质结合，另一部分则以离子状态分布于软组织、细胞外液和血液中，统称为混溶钙池。混溶钙池中的钙与骨骼当中的钙保持着动态平衡，即骨中的钙不断地从破骨细胞中释放出进入混溶钙池，保证血浆钙的浓度维持恒定；而混溶钙池中的钙又不断沉积于成骨细胞。这种平衡状态对维持体内细胞正常生理状态、调节神经肌肉兴奋性具有重要的作用。

1. 钙的生理功能

（1）钙是构成骨骼和牙齿的主要成分。人体内 99%的钙分布在骨骼和牙齿中，对骨骼和牙齿起着支持和保护作用。

（2）钙作为各种生物膜的结构成分，并影响膜的通透性和完整性。

（3）凝血作用。钙离子可使凝血酶原转交为凝血酶，然后凝血酶再使纤维蛋白原聚合成纤维蛋白，使血液凝固。

（4）保持神经肌肉的兴奋性。钙与肌肉的收缩和舒张有关。当体液中钙离子浓度降低时，神经和肌肉的兴奋性增强，肌肉出现自发性收缩，严重时出现抽搐；当体液中钙离子浓度增加时，则抑制神经和肌肉的兴奋性，严重时引起心脏和呼吸衰竭。

（5）其他功能。钙还对酶反应的激活、激素分泌、细胞正常生理功能的维持以及体液的酸碱平衡具有重要的调节作用。

2. 影响钙吸收的因素

钙盐易溶解在酸性环境中，因此食物中的钙摄入体内以后主要在小肠上段被吸收，但吸收率的高低常常依赖于身体对钙的需求量，处于生长阶段的儿童、青少年、孕妇或乳母对钙的需求量大，身体对钙的吸收率也比较高，相应的潴留也就越多；相反，人体需要量少时吸收也少。除此之外，钙的吸收率还会受某些膳食因素等影响。

（1）抑制因素。

①植酸和草酸抑制钙的吸收。植物性食物（如谷类、蔬菜等）中植酸和草酸含量较高，容易和钙形成难溶性的植酸钙和草酸钙而抑制钙的吸收。因此，含植酸和草酸高的食物烹调时应先用水焯一下，去除大部分水溶性的植酸和草酸，从而有利于钙的吸收。

②膳食纤维影响钙的吸收。可能是由于膳食纤维中的醛糖酸残基与钙结合成不溶性钙盐的结果。

③体内维生素D不足。在钙的吸收过程中，维生素D的活性代谢产物1，25－$(OH)_2D_3$通过促进钙结合蛋白质的合成来促进钙的吸收。当体内维生素D不足时，钙结合蛋白质的合成量减少，钙的运载能力降低，主动吸收能力也随之下降。

④食物中钙磷比例不平衡。钙或磷任何一种矿物质含量过多或过少，都会相互影响其吸收率，因此食物中所含的钙磷比例应适当。美国规定1岁以下钙与磷的适当比例为1.5∶1，1岁以上为1∶1，一般认为成人钙磷比值在（1∶2）～（1∶1）均属适宜范围。

⑤脂肪消化不良时也会降低钙的吸收。这可能是钙可与未被消化吸收的游离脂肪酸，特别是饱和脂肪酸形成难溶性的钙皂乳化物从粪便排出的缘故。

⑥其他。饮酒过量、很少活动或长期卧床的老人、病人以及服用一些碱性药物（如黄连素、四环素等）都会使钙的吸收率下降。

（2）促进因素。

①维生素D促进钙吸收。

②乳糖、蛋白质促进钙的吸收。乳糖可被肠道微生物利用而发酵形成乳酸，从而降低肠内的pH，并可与钙结合成可溶性的乳酸钙来促进钙的吸收；蛋白质的一些代谢产物如赖氨酸、色氨酸、组氨酸、精氨酸等可与钙形成可溶性的钙盐，从而促进钙的吸收。

③一些抗生素如青霉素、氯霉素、新霉素等有利于钙的吸收。

3. 钙的缺乏与过量

钙缺乏是常见的营养性疾病，并且钙缺乏常常与维生素D的营养水平有关，也与磷有关。缺乏时生长期儿童可表现出生长发育迟缓、骨和牙的质量差，严重时引起骨骼变形形成佝偻病。中老年人则易患骨质疏松症。此外，当钙不足且血钙小于1.75 mmol/L时，会引起神经肌肉的兴奋性增强而出现抽搐等症状。

过量钙的摄入可能增加肾结石的危险性。持续摄入大剂量的钙可使降钙素分泌增多，以及发生骨硬化。

4. 钙的供给量及食物来源

2000年，中国营养学会建议我国居民膳食钙的适宜摄入量（AI）成人为1 000 mg/d，无明显损害水平（NOAEL）成人为1 500 mg/d，可耐受最高摄入量（UL）成人为2 000 mg/d。

另外，考虑钙的供给量时，还应当注意到影响钙吸收的因素以及钙的吸收率问题。

各类食物中乳和乳制品含钙丰富且吸收率高，是钙的良好来源。此外，水产品中的小虾皮和海带、豆类及豆制品、芝麻和绿色蔬菜等含钙也较丰富，而谷类及畜肉含钙较低。常见食物中钙含量见表 2-5。

表 2-5　常见食物中钙含量

食物名称	含量（mg/100 g）	食物名称	含量（mg/100 g）	食物名称	含量（mg/100 g）
牛奶	104	豌豆（干）	67	蚌肉	190
干酪	799	花生仁	284	大豆	191
蛋黄	112	荠菜	294	豆腐	164
大米	13	苜蓿	713	黑豆	224
标准粉	31	油菜	108	青豆	200
猪肉（瘦）	6	海带（干）	348	雪里蕻	230
牛肉（瘦）	9	紫菜	264	苋菜	178
羊肉（瘦）	9	木耳	247	大白菜	45
鸡肉	9	虾皮	991	枣	80

目前我国居民钙的缺乏还比较普遍，钙摄入量仅为推荐摄入量的一半以下。而同时我国居民日常膳食中乳类制品所占的比例很低，大豆及其制品也不够充分，钙摄入还处于较低水平。因此，如何调整膳食结构，提高我国居民膳食中钙的摄入量是亟须解决的问题。

（二）磷

磷和钙一样，是组成人体骨骼和牙齿的重要成分。正常人体内磷的含量约为 650 g，占成人体重的 1%左右。其中，85%～90%以羟磷灰石结晶的形式存在于骨骼和牙齿中，其余 10%～15%与蛋白质、脂肪、糖及其他有机物相结合，分布在细胞膜、骨骼肌、皮肤、神经组织及体液中。

1. 磷的生理功能

（1）构成骨骼和牙齿。磷和钙同是构成骨骼和牙齿的重要成分，其中钙磷比例为 2∶1。

（2）构成软组织结构的重要组成成分。人体内许多结构蛋白含有磷，细胞膜上的磷脂及细胞内的 DNA 和 RNA 也含有磷。

（3）调节体内酸碱平衡。磷在血液中以酸式磷酸盐和碱式磷酸盐的形式存在，通过从尿中排出适当酸碱度物质和适当量的磷酸盐来调节体内的酸碱平衡。

（4）其他。ATP 和磷酸肌酸参与体内能量代谢，磷还是体内很多酶的辅酶或辅基的组成成分和激活剂，如焦磷酸硫胺素、磷酸吡哆醛、辅酶Ⅰ和辅酶Ⅱ等。

2. 磷的缺乏与过量

食物中磷的来源广泛，一般不易引起人体缺乏，临床所见磷缺乏的病人多为长期使用大量抗酸药物或禁食者，表现为食欲不振和能量代谢障碍。

过量的磷酸盐可引起低血钙症，导致神经兴奋性增强而引起手足抽搐和惊厥。

3. 磷的供给量及食物来源

磷广泛存在于动植物性食物中，但植物性食物中磷与植酸盐结合，不易被吸收；肉、禽类含磷量较高，但含钙低；蛋黄中磷的含量高，但钙磷的比例不适当。鱼类中含磷高，而且钙、磷所含的比例较适当，因此是膳食磷的良好来源。

2000年发布的《中国居民膳食营养素参考摄入量（DRIs）》中规定，18岁以上成人（含孕妇及乳母）膳食磷的AI为700 mg/d，NOAEL为1 500 mg/d，UL为3 500 mg/d。

（三）钾

钾为人体的重要阳离子之一，正常成人体内钾总量约为20 mg/kg，主要存在于细胞内，约占钾总量的98%，其余的存在于细胞外。

1. 钾的生理功能

钾可维持碳水化合物、蛋白质的正常代谢；维持细胞内正常渗透压；维持神经肌肉的应激性和正常功能；维持心肌的正常功能；维持细胞内外正常的酸碱平衡和电离子平衡；降低血压。许多研究已经发现，血压与膳食钾、尿钾、总体钾或血清钾呈负相关。

2. 钾的缺乏与过量

正常进食的人一般不易发生钾摄入不足。如果钾摄取不足或损失太多，也可以引起钾缺乏症，主要表现为肌无力及瘫痪、心律失常、横纹肌肉裂解症及肾功能障碍等。

如果体内钾过多，也会出现毒性反应，表现为神经肌肉和心血管方面，出现四肢无力、心率缓慢、心音减轻等症状。

3. 钾的供给量及食物来源

我国建议居民膳食钾的每日适宜摄入量为：儿童1 500 mg，青少年及成人2 000 mg，孕妇及乳母2 500 mg。

大部分食物都含有钾，但蔬菜和水果是钾最好的来源。

（四）钠

钠是维持体内水平衡和血液酸碱度的重要物质，主要存在于细胞外液。

1. 钠的生理功能

钠是细胞外液中的重要阳离子，构成细胞外液渗透压，调节与维持体内水量的恒定，维持酸碱平衡，增强神经、肌肉兴奋性，维持血压正常。钠的摄入与血压有关，每摄入2 300 mg钠，可致血压升高0.267 kPa（2 mmHg）。

2. 钠的缺乏与过量

钠缺乏非常少见，在低钠饮食、过量出汗或者在胃肠疾病时或用利尿剂治疗高血压病人时，由于钠排出量过多，才容易缺乏。表现为血钠降低、细胞肿胀、恶心、心率加速、血压下降、疼痛、反射消失，严重的可导致昏迷，甚至因急性肾功能衰竭而死亡。

如果钠过多，也可能引起中毒反应，出现口渴、精神恍惚、昏迷，甚至死亡。

3. 钠的供给量及食物来源

有关钠的需要量研究得不多，我国建议居民膳食钠的每日适宜摄入量为：4～14岁儿童 900～1 800 mg，成人 2 200 mg（1 g 食盐含 400 mg 钠）。

钠普遍存在于各种食物中，人体钠的来源主要为食盐等调味品以及盐渍的咸菜等。

（五）镁

镁是人体细胞内的主要阳离子，主要存在于细胞内，成人体内含镁 20～30 g，55%左右以磷酸盐和碳酸盐的形式存在于骨骼和牙齿中，27%左右存在于软组织中，7%左右存在于其他组织中。

1. 镁的生理功能

镁是体内多种酶的激活剂，可参与 300 多种酶促反应，在能量和物质代谢中有重要作用。镁可影响骨细胞的结构和功能，促使骨骼生长。此外，镁还有调节心肌细胞的功能，可预防高胆固醇引起的冠状动脉硬化。

2. 镁的吸收与排泄

镁主要在空肠末端和回肠内被吸收，吸收率为 30%～50%。吸收代谢后有 60%从肠道排出，有些通过汗液和尿液排出。肾脏是维持体内镁稳定的重要器官。

3. 镁的缺乏与过量

各种食物含有丰富的镁，一般不会缺乏。在某些病理情况下，人体缺乏镁可导致血清钙浓度显著下降，出现神经、肌肉兴奋性亢进等，导致失眠、焦虑不安、消化不良等症状。

正常情况下一般不会发生镁过量，但大量注射或口服镁盐也可以引起中毒反应。

4. 镁的供给量及食物来源

我国建议居民膳食镁的每日适宜摄入量为：成人 350 mg，孕妇及乳母 400 mg。

植物性食物含镁较多，绿叶蔬菜的叶绿素中富含镁，是镁的丰富来源，紫菜含镁最多，糙粮、坚果也含有丰富的镁，肉类、淀粉类、牛乳中含量属中等，精制的糖、酒和油脂中不含镁。

二、微量元素

微量元素又称痕量元素，在人体中某些化学元素存在极少，甚至仅有痕量，但有一定生理功能，且必须通过食物摄入，每种微量元素的标准量在 0.01%以下。微量元素按其生物学作用可分为以下三类：

（1）人体必需微量元素，包括碘、锌、硒、铜、钼、铬、钴及铁。

（2）人体可能必需的元素，包括锰、硅、硼、矾及镍。

（3）具有潜在的毒性，但在低剂量时，可能具有人体必需功能的元素，包括氟、铅、镉、汞、砷、铝及锡。

现将一些重要的微量元素介绍如下。

（一）铁

铁是研究最多和了解最深的人体必需微量元素之一，而同时铁缺乏又是全球特别是发展中国家最主要的营养问题之一。成人体内含铁3～5 g，约占人体质量的0.004%。体内铁分功能铁和储备铁，功能铁约占人体铁含量的70%，它们大部分存在于血红蛋白和肌红蛋白中，少部分存在于含铁的酶类和运输铁中。储备铁约占人体铁含量的30%，主要以铁蛋白（ferritin）和含铁血黄素（hemosiderin）的形式存在于肝、脾和骨髓中。

1. 铁的生理功能

（1）参与体内氧的运送和组织呼吸过程。

铁为血红蛋白、肌红蛋白、细胞色素以及某些呼吸酶的组成成分；参与体内氧的运送和组织呼吸过程。如血红蛋白可与氧可逆性地结合，当血液流经氧分压较高的肺泡时，血红蛋白能与氧结合成氧合血红蛋白，而当血液流经氧分压较低的组织时，氧合血红蛋白又能解离出氧，从而完成氧的输送过程。肌红蛋白的基本功能是在肌肉组织中起转运和储存氧的作用，当肌肉收缩时，释放氧以促进肌肉运动；细胞色素为含血红素的化合物，其在线粒体内具有电子传递作用，对细胞呼吸和能量代谢具有重要意义。

（2）维持正常的造血功能。

红细胞中含铁约占机体总铁的2/3。铁在骨髓造血细胞中与卟啉结合形成高铁血红素，再与珠蛋白结合形成血红蛋白。缺铁可影响血红蛋白的合成，甚至影响DNA的合成及幼红细胞的增殖。此外，还可使红细胞变形能力降低，寿命缩短，自身溶血增加。

2. 影响铁吸收的因素

铁的吸收主要在小肠上部，在胃中及整个小肠也有部分吸收。首先食物中的铁在胃酸作用下，由三价铁还原成亚铁离子，然后与肠道中存在的维生素C及一些氨基酸形成络合物，在肠道以溶解状态存在，以利于铁的吸收。膳食中铁的吸收率平均为10%，绝大多数铁不能被机体吸收，随粪便排出。

铁在食物中的存在形式对其吸收率影响很大。铁在食物中以以下两种形式存在：

（1）非血红素铁。

非血红素铁主要是以三价铁的形式与蛋白质、氨基酸和有机酸结合成络合物，存在于植物性食物中。这种形式的铁必须在胃酸作用下先与有机物部分分开，并还原成二价铁（亚铁离子）以后，才能被体内吸收。如果膳食中有较多的植酸或草酸，将与铁形成不溶性的铁盐而影响其吸收。谷类食物中铁的吸收率低，就是这个原因。

影响非血红素铁在体内吸收的主要因素有以下几个方面：

①当食物中有植酸盐和草酸盐存在时，它们可与Fe^{3+}形成不溶性铁盐，抑制了铁的吸收利用。

②当胃中胃酸缺乏或服用抗酸药物时，不利于Fe^{3+}的释放，也阻碍了铁的吸收。

③人体生理状况及体内铁的储备多少也显著地影响铁的吸收。例如，由于生长、月经和妊娠引起人体对铁的需要增加时，铁的吸收比平时增多；体内储存铁丰富，则吸收减少，体内铁储存较少时吸收增加。

④维生素C能与铁形成可溶性络合物，即使较高的pH下铁也能呈溶解状态，有利于铁的吸收，同时维生素C还可将三价铁还原为二价铁，促进其吸收。胱氨酸、赖氨

酸、葡萄糖和柠檬酸等也有类似的促进作用。

（2）血红素铁。

血红素铁是与血红蛋白及肌红蛋白中的卟啉结合的铁。这种铁是以卟啉铁的形式直接被肠黏膜上皮细胞吸收，然后在黏膜细胞内分离出铁，并结合成铁蛋白。因此，血红素铁的吸收不受各种因素的干扰。

通常动物性食物中所含的血红素铁较多，因此其吸收利用率也较高，但蛋黄中铁的吸收率只有3%，这是由于蛋黄中存在卵黄高磷蛋白，可与铁形成不溶性物质所致。植物性食物中所含的铁多为非血红素铁，一般吸收率较低，常受其他膳食因素的影响。

因此，通常人体内缺铁的原因不在于食物中铁的含量，而在于人体对不同食物中铁的吸收利用不同。在我国广大农村，铁大部分从植物性食物中获得，吸收率低，缺铁性贫血还普遍存在。

3. 铁的缺乏与过量

长期膳食中铁供给不足，可引起体内血缺乏，进而导致缺铁性贫血，多见于婴幼儿、孕妇及乳母。我国7岁以下儿童贫血平均患病率高达57.6%，其中1～3岁的幼儿患病率最高。孕妇贫血率平均为30%，孕末期更高。贫血的症状主要有皮肤黏膜苍白、易疲劳、头晕、畏寒、气促、心动过速和记忆力减退等。

铁中毒分急性和慢性两种：急性中毒常发生在儿童，一些儿童将包装精美并有糖衣或糖浆的铁补充剂误当糖果食用后发生中毒，其主要症状为消化道出血，严重的甚至引起死亡。慢性中毒则由于长期过量服用铁补充剂或慢性酒精中毒使铁吸收增加等引起，其主要症状为皮肤铁血黄素沉积、糖尿、肝硬化等。

4. 铁的供给量及食物来源

铁在体内可被反复利用，排出量很少。成年男性每日铁损失约为1 mg，女性为0.8 mg，特殊情况下可达2 mg。考虑到食物中铁的吸收率较低，常以吸收率10%估计，则成人每日铁的供应量应大于10 mg。2000年，中国营养学会建议我国居民膳食铁的AI成年男性为15 mg/d、女性为20 mg/d，UL成人为50 mg/d。

膳食铁的良好来源为动物性食品，如肝脏、瘦肉、鸡蛋、动物全血、禽类、鱼类等，但乳类的含铁量较少，牛乳的含铁量更低，长期用牛乳喂养的婴儿，应及时补充含铁量较丰富的食物。植物性食物中海带、芝麻的铁含量较高，各种豆类含铁量也较丰富，一些蔬菜里（如油菜、芹菜等）也含有丰富的铁。另外，使用铁锅炒菜也是铁的一个很好来源。

（二）锌

成人体内的含锌量为2～3 g，主要分布在人体各组织器官当中，以肝、肾、肌肉、视网膜、前列腺内的含量为最高。血清中锌的正常含量为100～140 μg/100 mL，其中75%～85%存在于红细胞内，3%存在于白细胞内，其余12%～22%存在于血浆中。头发锌的正常含量为125～250 μg/g。锌对生长发育、智力发育、免疫功能、物质代谢和生殖功能等均具有重要的作用。

1. 锌的生理功能

（1）酶的组成成分或激活剂。体内有200多种含锌酶，其中主要的含锌酶有超氧化物歧化酶、苹果酸脱氢酶、碱性磷酸酶、乳酸脱氢酶等，这些酶在参与组织呼吸、能量代谢及抗氧化过程中发挥着重要作用。

（2）促进生长发育。锌也是维持RNA多聚酶、DNA聚酶及逆转录酶等活性所必需的微量元素，从而参与蛋白质合成及细胞生长、分裂和分化等过程。动物缺锌会导致生长和蛋白质合成与代谢发生障碍。儿童缺锌会因生长发育受严重影响而出现侏儒症。

（3）其他。如锌参与某些有关内分泌激素的代谢，对促进性器官的发育和性功能的正常具有重要的调节作用。锌与唾液蛋白结合形成味觉素，对味觉和食欲起促进作用。锌对皮肤和视力具有保护作用，缺锌可引起皮肤粗糙和上皮角化。此外，锌还可以维护机体免疫功能等。

2. 锌的缺乏与过量

锌不同程度地存在于各种动、植物性食品中，一般情况下可以满足人体的需求。但不同食物中锌的生物利用率差别很大。通常植物性食物中由于存在较多的植酸、草酸和膳食纤维，它们可与锌结合成不易溶解的化合物，从而影响锌的吸收。动物性食物中如肉类和海产品中锌的吸收率要远远高于植物性食物。因此，当膳食中缺乏动物性食品或人体需要量增加时，容易引起锌的缺乏而出现相应的症状。儿童主要表现为食欲减退或异食癖、生长发育停滞，男孩性腺小，严重时导致侏儒症。孕妇缺锌可导致胎儿畸形。成人长期缺锌可导致性功能减退、精子数减少、皮肤粗糙、免疫功能降低等。

过量服用锌补充剂或食用被锌污染的食物和饮料等均有可能引起锌过量或锌中毒，具体表现为急性腹痛、腹泻、恶心、呕吐等临床症状，但停止服用后症状即可消失。

3. 锌的供给量及食物来源

2000年，中国营养学会建议我国居民膳食锌的推荐摄入量（RNI）成年男性为15 mg/d、女性为11.5 mg/d，NOAEL为30 mg/d，UL成年男性为45 mg/d、女性为37 mg/d。

锌的来源较广泛，普遍存在于各种食物中。但食物含锌量因地区、品种不同而有较大差异，锌的利用率也不同。通常动物性食物含锌丰富且吸收率高，如贝壳类海产品，其中牡蛎和鲱鱼的锌含量高达1 000 mg/kg。肉类、肝脏、蛋类含锌在20～40 mg。豆类、谷类胚芽、燕麦、花生、调味品、全麦制品等也富含锌。蔬菜及水果类锌含量较低。

（三）硒

硒在人体内的含量为14～21 mg，它广泛分布在体内除脂肪外的所有细胞和组织中，其中以肝、肾、胰、心、脾、牙釉质和指甲中较高，肌肉、骨骼和血液中浓度次之。人体血液中的硒浓度不一，它受生活地区、土壤、水和食物中硒含量的影响。我国克山病流行地区中，病区全血硒浓度为0.005～0.01 mg/L，无病区为0.02～0.05 mg/L。

硒主要在小肠吸收，人体对食物中硒的吸收率为60%～80%，吸收后的硒经代谢后大部分经肾脏由尿排出。

1. 硒的生理功能

（1）抗氧化作用。现代科学发现，谷胱甘肽过氧化物酶在机体中具有抗氧化功能，能够清除体内脂质过氧化物，阻断活性氧和自由基的损伤作用，从而保护细胞膜及组织免受过氧化物损伤，以维持细胞的正常功能。由于硒参与谷胱甘肽过氧化物酶的组成，因此在人和动物体内起到抗氧化的作用。

（2）保护心血管和心肌的健康。经报道，硒和维生素 E 一起对动物心肌纤维、小动脉及微循环的结构、功能均有重要作用。机体缺硒可引起以心肌损害为特征的克山病，而高硒地区人群中的心血管病发病率较低。

（3）有毒重金属的解毒作用。硒与金属有较强的亲和力，能与体内重金属，如汞、镉、铅等结合成金属—硒—蛋白质复合物而起解毒作用，并促进金属排出体外。

（4）其他。一些动物实验和流行病调查发现，硒还具有促进生长、保护视器官的健全功能、提高机体免疫功能及抗肿瘤等作用。

2. 硒的缺乏与过量

硒缺乏是引发克山病的重要原因。克山病分布于我国 14 个省、自治区的贫困地区，大多发生在山区和丘陵。主要易感人群为 2～6 岁的儿童和育龄妇女。克山病是一种以心肌坏死为特征的地方性心脏病，临床特征为心肌凝固性坏死，伴有明显心脏扩大，心功能不全和心律失常，严重者发生心源性休克或心力衰竭，死亡率高达 85%。病因虽未完全明了，但在多年的防治工作中，我国学者发现克山病的发病与硒的营养缺乏有关，并且已用亚硒酸钠进行干预，取得了较好的预防效果。

另外，缺硒也被认为是发生大骨节病的重要原因。该病主要发生在我国西北某些地区，是部分人在青少年期发生的一种地方性骨关节疾病。目前已用亚硒酸钠与维生素 E 进行治疗，取得了显著疗效。

过量的硒可引起中毒。在土壤中含硒量很高的高硒地区，其所产的粮食中硒的食量也较高，可引起人体中毒。据报道，我国湖北恩施地区就曾发生过慢性硒中毒。其中毒症状为头发变干、变脆，易脱落，指甲变脆、有白斑及纵纹、易脱落，皮肤损伤及神经系统异常，如肢端麻木、偏瘫、全身麻痹等，严重者可致死亡。

3. 硒的供给量及食物来源

根据研究结果确定预防克山病的硒最低日需要量，成年男性为 19 μg/d、女性为 14 μg/d，生理需要量为 40 μg/d。2000 年，中国营养学会建议我国居民膳食硒的 RNI 成人为 50 μg/d，UL 成人为 400 μg/d。

食物中硒的含量受其产地的土壤和水源中硒元素水平的影响，因而有很大的地区差异。通常海产品和动物内脏是硒的良好食物来源，如鱿鱼、鱼子酱、海参、其他贝类、鱼类和肾脏等。畜禽肉类、全粒谷物及大蒜也含有较多的硒。蔬菜中硒含量较少。

（四）碘

正常成人体内含碘 20～50 mg，其中约 15 mg 存在甲状腺组织内，其余分布在骨骼肌、肺、卵巢、肾、淋巴结、肝、睾丸和脑组织中。

1. 碘的生理功能

碘在体内主要参与甲状腺素的合成，因此其生理功能主要通过甲状腺素的生理功能来体现，包括以下几个方面：

（1）促进生物氧化，加速氧的磷酸化过程，调节体内的热能代谢和三大产能营养素的合成与分解，促进机体的生长发育。

（2）促进神经系统发育和组织发育分化，对胚胎发育期和出生后早期生长发育，特别是智力发育尤为重要。

（3）激活体内许多重要的酶，包括细胞色素酶系、琥珀酸氧化酶系等 100 多种酶。

（4）调节组织中的水盐代谢，缺乏甲状腺素可引起组织水盐潴留并发黏液性水肿。

（5）促进维生素的吸收和利用，包括促进烟酸的吸收利用及 β－胡萝卜素向维生素 A 的转化。

2. 碘的缺乏与过量

地方性甲状腺肿（俗称大脖子病）与地方性克汀病是典型的碘缺乏症，它们是世界性的疾病。地方性甲状腺肿几乎在所有国家都有发生，流行地区主要在远离海洋的内陆山区或不易被海风吹到的地区，其土壤和空气含碘量较少，导致该地区的水及食物含碘量很低。有人估计全世界约有 2 亿地方性甲状腺肿患者，地方性甲状腺肿的特征是甲状腺肿大而使颈部肿胀，这是由于膳食中碘供给不足，甲状腺细胞代偿性地增大而引起的。孕妇严重缺碘可影响胎儿神经、肌肉的发育，以及引起胚胎期和围生期胎儿死亡率上升；婴幼儿缺碘可引起以生长发育迟缓、智力低下、运动失调等为特征的呆小症（克汀病）。

地方性甲状腺肿也可因碘过量引起。碘过量通常发生于摄入含碘量高的食物，以及在治疗甲状腺肿大等疾病中使用过量的碘剂等情况。一般只要限制高碘的摄入，症状即可消失。

3. 碘的供给量及食物来源

2000 年，中国营养学会建议我国居民膳食碘的 RNI 成人为 150 μg/d、孕妇及乳母为 200 μg/d，UL 成人为 1000 μg/d。

含碘丰富的食物主要为海产品，如海带、紫菜等是良好的膳食碘的来源。植物性食物中含碘量最低。另外，也可采用碘强化措施，如食盐加碘、食用油加碘及自来水中加碘等。我国为改善人群碘缺乏的状况在全国范围内采取食盐加碘的防治措施，经多年实施已取得良好的防治效果。

三、食品加工对矿物质的影响

在食品加工中，矿物质是比较稳定的营养素，一般不受酸、碱、氧气以及光线等因素的影响而造成损失。在某些加工过程中，矿物质的含量还有所增加。例如，在脱脂大豆浓缩蛋白与大豆分离的加工过程中，铁、锌等含量随着大豆蛋白的浓缩反而提高很多。但是谷物的碾磨加工，果蔬的去皮、去核、烫漂等预处理，以及蒸煮、烧烤及油炸等烹调方法对其影响很大，常导致不同程度的损失。另外，有些矿物质会因氧化作用而影响其生物学价值，如还原性的二价铁氧化为三价铁后，导致生物学价值降低。

（一）碾磨对谷物类食物中矿物质的影响

小麦、稻谷、玉米等谷物类食物的矿物质主要存在于胚芽和糊粉层中。碾磨加工除去了外层的麸皮并破坏了胚芽组织，从而影响了矿物质在面粉、精制米、玉米粉等谷物食品中的含量。随着碾磨加工精细度的提高，矿物质的损失量加大。例如，精碾大米中铬和锌的损失可达75%，玉米粉中铬和锌的损失可达50%，而钴、铜的含量却高于干玉米。小麦在碾磨时，钴、锰、锌、铁等的损失较为严重，而铬、钼损失较低。在加工时，可以通过使用强化面粉或对特定矿物质的强化以弥补物质的损失。

（二）烫漂对食品中矿物质的影响

罐藏加工中的烫漂、蒸煮和沥滤等处理对矿物质含量的影响很大，损失的程度主要取决于各种矿物质在水中的溶解度。例如，菠菜中矿物质在烫漂时损失率分别为钾56%、钠43%、镁36%和磷36%，钙不但没有损失，还略有增加。另外，采用蒸汽烫漂可以减少矿物质的损失，如几种蔬菜采用热水烫漂铁的损失率为48.0%，而采用蒸汽烫漂损失率仅为21.3%。

（三）烹调对食物中矿物质的影响

在烹调过程中，矿物质很容易流失到汤汁中。流失的程度主要取决于食物的种类和烹调方法。大豆经蒸煮后矿物质的损失也非常显著。各种矿物质的损失分别为镁65%、钾64%、锰60%、磷55%、铁51%、锌59%和钙49%。

食品加工对矿物质含量的影响与多种因素有关。如食物原料、加工方法、加工用水、设备、食品添加剂以及包装材料等。针对矿物质在加工中的损失，可以通过强化来弥补，如钙、铁、锌等在液态乳及配方奶粉、营养米粉中的强化，碘在食用盐中的强化等。

第五节　水

俗话说："可以一日无食，不可一日无水。"资料显示，人只要有足够饮用水，不吃食物可存活数周；若不饮水，数日便会死亡。因此，水是人体中最重要的营养素。

一、水的生理功能

水是构成人体不可缺少的成分，由于水具有突出的物理和化学性质，即溶解力强、界电常数大、黏度小、比热容高、表面张力大等，因此水在生物体内具有重要意义。水的主要生理功能：①水是体内一切生理过程的生物化学反应必不可少的主要介质；②以水为主要成分的血液和组织液是人体内的"运输工具"；③调节体温；④润滑作用。

二、人体的需水量

人体对水的需求量随着个体年龄、体重、劳动强度及所处气候不同而异。一般来说，年龄越小，对水的需求量越大，到成年时则相对稳定。婴幼儿每 1 kg 体重，每天需饮水 110 mL；少年儿童每 1 kg 体重，每天需饮水 90 mL；成年人每 1 kg 体重，每天需饮水 40 mL。因此，假定一个成年人的体重为 60 kg，那么他每天需水量大约是2 500 mL。

一个成年人每天为什么需要这么多水呢?

一个正常生活的成年人，每天通过呼吸要排出大约 400 mL 水，通过皮肤排出 400～800 mL 水，通过粪便排出大约 150 mL 水，通过尿液排出大约 1 500 mL 水。

如果运动或高温作业，需要的水则更多。因为轻度运动导致出汗可流失 1 L 水，盛夏做剧烈运动要流失 10 L 水。若从事高温作业，从皮肤排出的水分也很多。

一个体重 60 kg 的成年人，每天需要的 2 500 mL 水从哪里来呢?

一般情况下，每天从食物中可以得到大约 800 mL 水，每天体内分解营养物质可产生大约 400 mL 水。所以，一个体重 60 kg 的成年人每天必须饮用 1 300 mL 水，从健康角度出发，建议饮用 1 800 mL 以上。而高温作业人员、运动员更应及时补充损失的水分，最好饮用一些碱离子水、矿物质水，以补充通过汗液流失的矿物质。

饮水可以保持体内水的平衡，有利于身体的健康。若饮水不足，就会增加肾脏的负担，影响肾脏的功能。肾脏健康人员应该每天大量饮水，每次约 200 mL。

三、人体最佳饮水时间

当机体脱水时，我们会感觉口渴。很多人口渴才喝水，这是不科学的。要想保持身体的健康，应该养成经常饮水的好习惯。

那么，正常人什么时候饮水更有利于身体健康呢?

正常人最佳的喝水时间是：早晨起床、每日三餐前 30～60 min、上午 10 点左右、下午 3 点左右、晚上 8 点左右及睡前。尤其是早晨喝一杯凉开水是一种有效的健康方法。研究证实，每天早晨喝 200～300 mL 凉开水有助于预防感冒、咽喉炎、脑出血、动脉硬化和结石等疾病。

四、不同概念的水

人们可饮用的水种类很多，不同的水对人体健康的影响也不一样。常见的可饮用水分硬水和软水两大类。硬水包括矿泉水、井水、自来水、碱离子水等；软水包括蒸馏水、太空水、净化水、超净水等纯净水。

（一）自来水

以地表水或地下水为水源，通过絮凝、澄清、消毒等处理过程制备的水，水质要求达到国家生活饮用水标准的水称为自来水。

城镇和乡村居民可以把达到国家生活饮用水标准的自来水作为饮用水，但不可直接饮用，需要煮沸后饮用。水沸腾后打开盖子再煮一下，以挥发三卤甲烷等致癌物质的残留。

（二）矿泉水

从地下深处自然涌出的或经过人工揭露的未受污染的地下水，含有一定量矿物质、微量元素或CO_2，通常情况下，其化学成分、流量、水温等相对稳定的水称为矿泉水。

目前，我国已开发利用的矿泉水90%以上是含偏硅酸和锶的矿泉水。而真正意义上的矿泉水应该是含锂矿泉水，即含0.2～5.0 mg/L锂矿泉水。微量元素锂能安定情绪，改善造血功能，防治心血管疾病，改善人体免疫机能。美国亚利桑那州的印地安人，由于长期饮用含0.1 mg/L锂的水，胃和十二指肠溃疡发病率明显偏低。

饮用矿泉水是否能起到补钙效果呢？

一般矿泉水中含钙的浓度约为400 mg/L，如果饮用200 mL矿泉水，大约有80 mg钙进入人体胃肠道中，也能起到一定的补钙作用。但是，如果完全通过饮用矿泉水来弥补机体钙含量不足是不科学的。同时需要注意，饮用高浓度钙离子的水有泻肚子的可能性，尤其是体质虚弱的人和儿童，可能性更大。

优质的矿泉水除含一定微量元素锂外，钙离子和镁离子的含量比例为2∶1。

饮用矿泉水要注意哪些事项呢？

（1）瓶装矿泉水不宜冰冻。因为冰冻易出现白色矿物质漂浮物。

（2）不要将瓶装矿泉水与汽油、化学物质、杀虫剂放在一起，容易受到污染或误饮后导致食物中毒。

（3）不要煮沸饮用。矿泉水若煮沸喝，水中的钙、镁易与碳酸根生成水垢析出，还会造成感官上的不适，所以矿泉水最佳饮用方法是常温下直接饮用。

（4）避光、短时间存放。桶装矿泉水存放应避免阳光照射；启封后，应尽量缩短饮用期，一般以7～10 d用完为宜。

（三）碱离子水

对普通水进行电解，从阴极一侧产生的水就是碱离子水。碱离子水中含有一定浓度的钙、镁、钾和钠等阳离子。

通过实验证实，碱离子水有许多功效，经常饮用，并对慢性腹泻、消化不良、胃肠内异常发酵、抑制胃酸、改善便秘等有良好改善作用。

碱离子水是一种特殊的水，只要不采取极端的饮用方法，就不会产生副作用。

需要注意的是，碱离子水不是生活中的碱水，因为碱水是指含碳酸钠、碳酸氢钠的苏打水、小苏打水。

（四）纯水

以符合生活用水水质标准的水为原料，通过电渗透、离子交换、反渗透、蒸馏法等技术加工处理，不含任何添加物，可直接饮用的水称为纯水。

纯水种类很多，常见的有蒸馏水、太空水、净化水、超净水和纯净水。

现在，有相当一部分人存在错误的饮水观念：水越纯越好，水越纯净对人体健康越有益。而调查研究证实，人若长期饮用纯净水，对健康是有害而无益的，尤其是老年人和少年儿童。当然，对于肾脏功能异常的病人，适量饮用纯净水可减轻肾脏的负担。

长期饮用纯净水对人体健康的影响有：①导致必需微量元素流失；②影响机体内营养物质的输送；③呈现亚健康症状。

（五）矿物水

在纯净水中人为添加矿物质元素的水称为矿物水。

尽管人们已经对各种矿物质量的功能、健康需要量进行了广泛的研究，但是人们对各种矿物质的功能，尤其是人体健康对各种微量元素的需要量不是十分肯定。因此，选择矿物水要谨慎，特别是计划长期饮用矿物水。矿物水中以钙离子和镁离子的含量比例为 2∶1 的比较理想。

（六）海洋深层水

海洋深层水是指水深 200 m 以下的深层海水。这种海水基本位于大陆架以外的海洋深处。

海洋深层水的特点：①清洁性高；②矿物质种类丰富；③成熟度高。

成熟度高的表征是氢离子浓度较低（海洋表面为 8.2，而深层水为 7.9）。

海洋深层水中镁离子的浓度要远高于钙离子的浓度，可以用来制备矿物水。

第三章　芝麻加工技术

第一节　概述

芝麻是我国主要油料作物之一，属胡麻科、胡麻属，一年生草本植物，栽培历史悠久，用途广泛。黑芝麻是四大芝麻品种（白芝麻、黄芝麻、褐芝麻、黑芝麻）中的一种，分为油用和食品用两种，除具有其他芝麻的食用特点外，还有很高的药用价值，长期食用可预防和治疗多种疾病。

一、全国分布特征

我国黑芝麻种植和其他色泽的芝麻一样，种植历史悠久，分布很广，南至海南岛，北至黑龙江，东至滨海，西至青藏高原，均有种植，遍布全国各省、市、自治区，但多为零星种植。从全国而言，主产区为长江流域及南方各省、市、自治区，零星产区中有主产区，主产区中又有零星产区。例如，江西省是我国黑芝麻的主产区，在该省内鄱阳湖周围县、市为主产区，赣中南则为该省的零星产区。湖北、河南和安徽等省在全国属零星产区，而在省内又有自己的黑芝麻主产区，如鄂东南、豫南、皖南等分别又是鄂、豫、皖三省的黑芝麻主产区。

我国东北、西北、华南为春芝麻产区，江西、浙江、福建、广东、广西、湖南等一年三熟的秋播区，黑芝麻均以春、秋季种植为主。而华北、江淮一年两熟的夏芝麻区，以白芝麻为主，黑芝麻零星种植，故黑芝麻以夏播为辅。

二、三峡库区芝麻资源分布特征

我国芝麻栽培历史悠久，品种繁多，类型丰富，居世界之首。三峡库区腹地，如重庆市的巫山、奉节、云阳、万州、忠县等区县也为芝麻的主要产区。该地区属于典型的亚热带湿润区域，气候和雨水条件较好。其中，以万州区为主的区县芝麻的种植面积和总产量几乎占重庆市一半以上。

我国以往对黑芝麻的利用，一直以医疗保健和副食为主，对含油量没有要求。随着科技工作者对黑芝麻研究的深入，培育出了许多黑芝麻新品种，已从过去的医疗保健型转为油用型，或油用、食品用兼用型。

第二节　芝麻的特征特性

芝麻品种的形态特征、生育特点及其生长所需的外界条件都是通过长期自然选择和人工选择形成的，与白芝麻相比具有一致性，又有差异性。要种好芝麻，发挥目前栽培品种的增产潜力，必须了解和认识芝麻的形态特征和生长发育特性，才能采用适当的栽培技术措施，创造良好的环境，满足芝麻生长需要，打好高产基础。

一、芝麻的形态特征

（一）根

芝麻根属直根系，由主根、侧根、细根和根毛组成，是芝麻重要的营养器官之一，其主要作用是固定植株于土壤之中、支撑植株生长、进行呼吸作用，以及吸收水分和矿物质营养等。

根系形态因品种而异，根据根系分布的特点，可分为细密状根系和疏散状根系两类。细密型根系主根和侧根较细，入土较浅，一般为 1 m 左右。侧根向主根四周伸展，其长度为 10 cm 左右，离地表 3～10 cm，多数品种属于该类型。疏散状根系主根和侧根粗壮，细根少，侧根横向伸展较远，细根小而少，整个根系分布分散。此类型根系的植株一般耐渍性较强。

芝麻根系前期生长较慢，当植株长到 4 对真叶左右时，随着绿叶面积增大，植株光合作用增强，水肥需要量增大，根系生长逐渐扩展。在盛花期，根的数量和质量均处于生长盛期。

芝麻根系生长和分布与土壤环境关系密切。一般在土壤质地疏松、肥沃、水肥供应好时，根系生长发育较快，根粗，须根多而密，入土也较深，从而能多吸收养分供上部茎秆、叶片生长和蒴果发育。

在土壤板结、营养不足的条件下，芝麻根系细小，扩展速度较慢。在生长前期，若田间水分较多，芝麻根系入土较浅，老根多而新根少，在中后期易受渍旱和暴风雨影响，产量和质量下降明显。因此，创造良好的土壤环境，保持各生育时期植株根系活力，提高植株吸收水肥能力，培育健壮的植株，是提高芝麻籽粒产量的物质基础。

芝麻植株为直立型，需要有发达的根系来支撑，使植株能充分利用光能达到根深叶茂不倒伏。因此，中耕除草时要进行培土，并要保持土壤疏松、透气条件好，水分适当。

（二）茎

茎秆是芝麻营养输送和支撑冠层的主要营养器官。芝麻茎为直立型，茎基和顶端呈圆柱状，中上部和分枝为方形，这是芝麻茎秆的特点之一，故芝麻有“方茎”之称。

茎秆在终花以前均为绿色或淡绿色，少数品种茎秆基部紫色或茎枝上有紫斑，终花以后绿色逐渐变淡，有的品种成熟时茎秆呈黄色或淡绿色。芝麻茎的表面着生有灰白色的茸毛，其茸毛的长短、多少因品种而异，是识别品种的重要形态指标之一。

芝麻茎按分枝习性划分为单秆型和分枝型2种。一般单秆型品种在正常密度下不分枝，但在早播、稀植、肥水较充足时，茎基部会长出1～2个分枝。分枝型品种一般在主茎基部的1～5对真叶腋中，长出3～5个分枝，在水肥适宜、稀植时，最多可长出15～16个分枝。在第一次分枝上长出分枝，被称为第二次分枝。分枝习性是识别品种的重要标志，是调整品种合理密度、达到理想产量的重要参考。单秆型品种，在幼苗时打顶，可形成双茎，达到增蒴增产的作用，这种幼苗期人工打顶的方法称为“双茎”栽培。

芝麻茎的生长速度与根相似，苗期慢，进入花期快，接近封顶后就基本停止生长。品种之间各生育阶段的生长速度差异较大，一般分为高秆型、中秆型和矮秆型3种。矮秆型的品种株高为60～100 cm，高秆型为101～200 cm，高者可达250 cm。植株越高，单株蒴果就越多，但易因倒伏而减产，所以株高应适中，并因地制宜地选用株高适中、节密、叶腋蒴果多、腿低、茎粗、抗倒伏、抗病的品种，对提高单产具有重要作用。

芝麻茎秆发育的好坏是关系到单株蒴果数量多少的主要条件之一，也是影响单株和单位面积产量的关键。因此，创造好的植株生长环境条件是促进茎秆发育的基础。

（三）叶

芝麻是双子叶植物，子叶小，呈扁卵圆形，由叶柄、叶片组成，主要功能是进行光合、蒸腾和吸收作用，调控、平衡植株生长发育。

叶片有单叶（不开裂，呈全缘或有缺刻，叶片颜色为绿色，有披针形、卵圆形、长卵圆形或心脏形）和复叶（复叶为3裂、5裂甚至7裂掌状叶）之分；叶序有对生、互生和轮生，也有在同株上对生与互生混合排列的；叶缘可分为全缘、锯齿及缺刻3种类型，是区别品种的标志之一；叶色有深绿色、绿色和浅绿色，有极少数品种叶柄呈微紫色，成熟时逐渐转为青黄色或黄色。

芝麻不同品种、不同密度、不同播期、不同肥力水平，同一品种不同的生育阶段，其叶面积差异较大。在栽培中，应培养壮苗，盛花期防止旺长，接近封顶时通过排灌和叶面喷肥防止早衰，封顶时打顶不打叶，提高后期的光合作用和籽粒饱满度。

（四）花

花是芝麻的有性繁殖器官，具有繁衍后代的作用，花量多少是产量高低的重要因素。

芝麻花是大型的两性花（雌、雄蕊在同一筒状花内），由花柄、苞叶、花萼、花冠、雄蕊、雌蕊和蜜腺等构成。花柄着生在叶腋中的茎秆上，花柄的长短，因品种而异（单花型和三花型品种的花柄较短，多花型和长蒴型品种的花柄较长）。苞叶着生在花柄的基部，左右各1片，为绿色，披针形，是区别品种的特征之一。花蕾均为绿色，折叠包盖着雌、雄蕊。花冠张开后，其颜色因品种而异，有白色、淡紫色或紫色之分。一般芝麻的花冠唇部多呈淡紫或紫色，也有部分品种呈白色。

芝麻的花序属无限花序。每叶腋只着生1朵花的为单花型，3朵花的为三花型，

3 朵以上的为多花型，又称单蒴型、三蒴型、多蒴型。芝麻属常异花授粉作物，天然异交率为 3%～5%，但在昆虫较多时异交率显著提高。芝麻开花授粉后 6～12 小时完成受精过程，约至 42 天后蒴果达到最大体积。

芝麻属短日照作物，日照短现蕾早，日照长则现蕾迟。开花顺序是同一株从下而上开放，先主茎后分枝。开花时间为早晨 5～7 时，当早晨阴雨、下雾、低温时，则开花的时间推迟。芝麻花期因品种、播期等不同而变化很大，一般开花期为 30 天左右。芝麻花期对水分敏感，遇旱要灌，遇涝要排，防止落花。

由于同一植株上花的开放有先有后，因此，蒴果成熟也极不一致。早熟易裂蒴，造成损失。采取芝麻打顶、适时收获等措施，对实现增产非常有效。

（五）蒴果

芝麻花的着生部位，即为蒴果着生部位。芝麻单株蒴果数是决定产量的重要因素之一，单位面积蒴果数多，则单产就高，反之则低。蒴果一般为绿色或紫色，成熟后呈灰色或淡黄色，短棒状，有 4 棱、6 棱、8 棱和混生之分，每棱有一排籽粒。棱数越多，籽粒也就越多。每蒴籽粒数多的可达 130 粒以上，少的仅有 40 粒左右。因此，多棱芝麻经济价值高。

蒴果的发育好坏和单株蒴果的多少与栽培条件关系密切，一般适当早播，生育期长，结蒴处在一个适宜季节，蒴果发育就好，结蒴也多。在干旱缺墒或阴雨多渍情况下，结果数减少。

（六）籽粒

芝麻籽粒由胚株发育而成，着生在中轴胎座上，成熟后脱落处的痕迹称为种脐。四棱型品种的籽粒呈扁平的椭圆形，长宽比例适当；多棱型品种的籽粒呈长椭圆形。

芝麻籽粒由种皮、内胚乳和胚 3 部分组成。种皮包括外表皮和内表皮，芝麻籽粒外表皮为一层伸长的栅状组织，内表皮为一层薄壁组织，外表皮较厚而脆，内表皮较薄而韧。内胚乳由 4 列细胞组成，其内充满脂肪和蛋白质。芝麻胚由胚根、胚茎、胚芽和子叶组成，也充满蛋白质和脂肪。胚根、胚茎在子叶之下，胚芽在子叶之间。在适宜发芽的条件下，其胚发育成根、茎、叶。

芝麻籽粒的大小，以籽粒重表示，其因品种和产地差异较大。芝麻与白芝麻相比，千粒重比白芝麻低，一般千粒重多为 2.5～3.5 g。籽粒大小与蒴果棱数和长度有关，一般多棱或短蒴的品种籽粒小，千粒重低；4 棱长蒴品籽粒大，千粒重较高。芝麻籽粒的黑色有深浅之分，种皮色浅含油量高，色深含油量较低，一般含油量为 50%～59%。种皮薄，籽粒饱满光滑含油量也高。此外，含油量的高低也受栽培条件、气候因素和病虫害的危害程度影响。因此，创造良好的生长条件，可提高籽粒的含油量。

芝麻籽粒发芽的最适温度是 24～32℃，低于 12℃或高于 40℃发芽受到影响。日均气温稳定在 20℃以上时，是芝麻适宜的播种时期。

芝麻籽粒发芽还需要一定的水分条件，一般要求土壤含水率为 15%～20%，即播种时手抓泥土能成团，丢下后能散开为宜。如果土壤干旱，因籽粒不能吸足水分而发芽缓慢，或因籽粒长时间未发芽而被地下害虫吃掉造成缺苗。如果水分过多，因受渍，空气稀少，又影响发芽和幼苗的成活率。

二、芝麻的生长发育过程

芝麻的生长可分为出苗期、幼苗生长期、蕾期、花期和成熟期。

（一）出苗期

出苗期是指从籽粒播种到胚芽伸出地面、子叶张开的时期。正常情况下，春播芝麻5～8天出苗，夏播芝麻4～5天出苗，秋播芝麻3～4天出苗。出苗期的长短，视地温、墒情、播种深浅以及籽粒的发芽势而定，在土壤温度低于16℃，土壤水分占田间最大持水量50%以下或80%以上时，不利于发芽。

（二）幼苗生长期

幼苗生长期是指出苗到植株叶腋中第1个花蕾出现的时期，又称苗期。正常夏播，苗期25～35天，同一品种春播要比夏播长5～10天，秋播比夏播短5～7天。苗期长短与品种、气温、光照等有关，若土壤温度低于16℃，日照时数小于220小时，不利于苗期生长。

（三）蕾期

蕾期是指从植株第1朵花蕾出现到花冠张开的时期，又称初花期，通称蕾期。夏播一般为7～13天，春播延长3～5天，秋播提前2～3天。在平均气温低于20℃、土壤水分过多或过少、光照不足时，易造成花蕾脱落。

（四）花期

花期是指植株开花至终花的时期，常称花期。夏播一般24～38天，同一品种春播花期比夏播长7～10天，秋播花期比夏播短10～15天。花期长短与品种、播种期、田间管理技术和气温有关，在平均气温低于20℃、土壤水分过多或过少、光照不足300小时，不利于开花或易造成花朵脱落。

（五）成熟期

成熟期是指终花至主茎中下部叶片脱落，茎、果、籽粒已呈原品种固有色泽的时期，常称成熟期。终花至成熟，一般为10～20天。平均气温低于20℃，积温小于300℃，土壤水分占田间最大持水量的55%以下，日照小于100小时，不利于成熟或易造成秕粒或嫩蒴脱落。

第三节　芝麻的栽培和管理

培效综合栽培技术是根据芝麻高产的生长发育特性和生长要求，运用综合技术措施，创造良好的栽培环境来充分发挥不同品种的增产潜力，达到高产、稳产、优质、低耗的目标。

一、芝麻与甘薯间作技术

甘薯是蔓生作物，受光部位低，与受光部位高的芝麻套作后，构成了层次分明的作物群体，从而提高了光能利用率，一般在不减少甘薯产量的条件下，每亩增收芝麻籽30～40 kg。这种种植方式适合我国各芝麻产区。

芝麻与甘薯间作的方法比较简便，通常有两种方式：一种是每垄栽1行红薯，一般每隔1垄或2垄间作1行芝麻，甘薯按正常的种植密度，单秆型芝麻亩留苗2 000株左右；另一种是每垄栽2行红薯，一般每垄或隔1垄种1行芝麻，单秆型芝麻亩留苗也是2 000株左右。

（一）选用适宜品种

芝麻宜选用株型紧凑、丰产性好、中矮秆、中早熟和抗病耐渍性强的黑芝麻品种，以充分发挥芝麻的丰产性能，减少对甘薯生育后期的影响；甘薯宜选用短蔓型、结薯早的品种，如辽薯40号、丰收白、桂薯131号等。

（二）整地施肥

施肥应以农家肥为主，化肥为辅；以基肥为主，追肥为辅。因此，甘薯在整地前亩施优质农家肥3 000～4 000 kg、磷酸二铵25 kg、硫酸钾10 kg，以满足甘薯和芝麻生长发育需求；起垄前，每亩用辛硫磷200 mL，拌细土15 kg均匀施入田内，防治地老虎、金针虫、蛴螬等害虫。甘薯起垄垄面宽80 cm，垄高30 cm，沟宽20 cm。

（三）适时播种

芝麻在播种前要利用风选等方法精洗种子，用饱满、发芽率高的健粒作种。

春薯地套种芝麻通常为5月上中旬，麦茬、油菜茬甘薯套种芝麻通常为6月上、中旬，要抢墒抢种，在种植甘薯的同时或之前种上芝麻。天旱时浇水移栽，亩移栽密度3 500～4 000株。注意播深要一致（一般在1.5～2 cm深），播后镇压以及加强苗期管理等，以创造芝麻壮苗早发的条件，防止因甘薯影响使芝麻形成弱苗、高脚苗等。

（四）其他管理

芝麻在甘薯封垄前要中耕保墒，及时间苗、定苗，早施苗肥。芝麻初花期要注意追施速效氮肥，芝麻成熟后要及时收割。薯苗封垄前要及时中耕除草2～3次。移栽后30天左右，在垄面两苗间穴施尿素追肥。中后期要注意防治病虫害。甘薯封垄后要注意清沟培土，防止渍害。

二、芝麻与葱头间作

葱头耐寒，诱导花芽分化要求较低的温度，鳞茎膨大期的适宜温度为20～26℃，温度偏高不利于提高单产。因此，这种种植方式在无霜期较短的华北中部以北芝麻产区种植，经济效益较高；在无霜期较长的葱头产区，还可以在葱头收获后复种秋萝卜、秋白菜、菠菜等，进一步提高土地利用率。

葱头采用小高畦地膜覆盖栽培，小高畦底宽 90 cm，畦面宽 80～85 cm，畦与畦之间距离为 30～40 cm。3 月中旬前后在小高畦上喷洒除草剂，覆盖 90～100 cm 幅宽的地膜。晚霜过后先在地膜上打孔定植葱头秧苗，定植 4～6 行，行距 14～18 cm，株距 13～15 cm，每亩定植 1.6 万～2 万株。定植时按行株距要求打孔挖穴取土，而后将挑选的壮苗稳入穴内。定植孔以能放入秧苗为宜，不宜过大，栽苗不要过深，否则会影响缓苗及鳞茎膨大，以叶鞘茎部埋入土下 3 cm 左右为宜。栽后覆土封严定植孔，使土壤沉实稳定秧苗。

当土壤 5 cm 深、地温稳定在 18℃以上时，在两高畦中间 30～40 cm 的沟内播种 2 行芝麻，株距 30～35 cm。一穴双株，每亩约种 3 000 株。

（一）葱头应选用不易抽薹的黄皮品种或紫皮品种

比较寒冷的华北北部地区，应在前秋育好葱头苗，一般 8 月下旬至 9 月上旬露地直播育苗，葱头出苗后用枯草或落叶等覆盖保温越冬，或在上冻前起苗囤于沟中假植，翌年春季栽植。

（二）葱头定植后要注意大风危害，谨防大风揭膜

定植覆膜前除应浇足底墒水外，在栽秧后还要浇适宜的缓苗水，随后在沟中勤中耕、松土，提高地温，进行蹲苗。葱头进入鳞茎膨大期后，每隔 10 天左右视墒情浇 1 次水，结合浇水追肥。一般共追肥浇水 2～3 次。中后期如发生抽薹应及时抽除，并提早收获。为收后增长贮藏时间，可在收获前 15 天，喷洒 25%的青鲜素 0.5 kg 左右，兑水 60 kg 喷雾。

（三）田间管理

田间管理主要是抓好早疏苗、早中耕、适时打顶、及时防治病虫害等。一般长出 2～3对真叶按预留穴株数间苗，长出 3～4 对真叶时定苗。结合间苗进行中耕除草。在 8 月上旬前后适时打顶，同时及时防治蚜虫、小地老虎等害虫。

三、小麦、花生、芝麻套种技术

播种小麦时，每 6 行预留 25～30 cm 空档，以便种芝麻。如果是机播，每隔两行堵一个接眼，以便麦垄点花生。

（一）品种选择

为避免三种作物相互影响，尽量缩短它们的共生期，小麦选用晚播早熟的豫麦 18 号，芝麻选用适宜稀植的品种，花生选用山东海花 2 号、山花 200 号等。

（二）播种期

小麦于 10 月 15～25 日为适播期，尽量机播（1 耧 6 行）。于小麦收获前半个月左右麦垄点播花生，若墒情不好，应浇水后再点播，这样既有利于花生出苗，又有利于小麦后期生长。小麦收获后，用土耧播芝麻（1 耧 3 行，播时堵两边的耧眼）。

（三）播种量

小麦每亩 6.5～7.5 kg，花生每亩 10～12.5 kg，芝麻每亩 0.25 kg。

（四）田间管理

（1）小麦管理：播种时每亩施土杂肥 2 000～3 000 kg 以上，磷酸二铵 15～20 kg，尿素 15 kg，纯钾含量不少于 10 kg，麦播时进行土壤消毒，做到提前防治小麦各种病虫害，达到田间无杂草和杂麦，以便于小麦成熟一致。

（2）花生管理：小麦收获后，立即中耕追肥，每亩用磷酸二铵 10 kg，氯化钾 15 kg，如果干旱应及时浇水。至花生封垄时，抓紧时间中耕 3～4 次，以便于花生下针。为控制花生徒长，应严格按使用要求，叶面喷洒多效唑，但不可控制得过多，注意防治花生的地下害虫。

（3）芝麻管理：由于芝麻是每隔 6 行麦种 1 行，行距较大，所以株距 15 cm 左右即可，由于中耕除草往往和花生同时进行，一般不单独做这项工作，在芝麻株高 30 cm 左右即可每亩叶面喷洒叶面宝＋多菌灵 500 倍＋黄腐酸盐 50 克，整个生长周期用药 3～4 次。如果发现芝麻有徒长趋势，也应实行化控。为了节省用工和投资，可以和化控花生同时进行。

（五）适时收获

适时收获是获得全年丰收的一项重要措施。因此，小麦在 5 月 26—28 日收获，为避免车轧造成土壤板结，尽量采取人工收割小麦；芝麻在植株最下面 2～3 蒴有裂蒴时收获；花生在 50％以上果仁长饱满时采挖。

四、芝麻与豆类间、混作

豆类是一种生长期短且比较耐阴抗倒的作物，对芝麻的田间管理影响较小，常与芝麻间、混作搭配豆类作物有大豆、绿豆和豇豆，芝麻与大豆、绿豆、豇豆混播是抗灾生产的双保险措施。

（一）芝麻与大豆的间、混作

芝麻与大豆混作时，应以大豆为主。混作的方法是在整地时，先结合耙地撒播少量芝麻种子（每亩 0.15 kg 左右），然后再条播大豆。中耕时，根据大豆苗的出苗密度和分布，决定芝麻的留苗密度，单秆型芝麻亩留苗 1 500～2 000 株；分枝型芝麻亩留苗 1 000株左右，芝麻苗散布于大豆之间。芝麻与大豆间作时，可每种 1～2 行芝麻（行距 30 cm 左右），间隔种 2～4 行大豆。芝麻株距 14 cm 左右，每亩留 3 000～5 000 株。

（二）芝麻与豇豆间、混作

芝麻与豇豆间、混作时以芝麻为主，先播种芝麻，然后在芝麻行上点播豇豆。豇豆行距 167 cm 左右，穴距 67～100 cm，每穴 2～3 株。也可在芝麻出苗后，在芝麻缺苗较稀处点播豇豆。间作时，每种 2～3 耧芝麻种 1 耧（2 行）豇豆。

（三）芝麻与绿豆间、混作

芝麻与绿豆混作时以芝麻为主，先播种芝麻，芝麻出苗后，在芝麻行上点播绿豆，相间或隔 2 株芝麻点 1 穴绿豆，每穴留苗 2 株。也可在芝麻缺苗处点播绿豆补苗。芝麻与绿豆间作时，一般每种 2 行芝麻，间隔种植 2～4 行绿豆，芝麻、绿豆的行距均可为 24～40 cm。根据地力，芝麻、绿豆的长势，确定各自的株距，一般芝麻每亩留苗 5 000～8 000 株，绿豆每亩留苗 8 000～10 000 株。

五、双茎栽培技术

双茎栽培是一种新型栽培方法，其主要原理是在苗期通过控制植株顶端生长，促使和诱导下部 1～2 对真叶腋中长出分枝，形成双茎或多茎，从而增加单位面积中上层株数以提高产量。

（一）选择优良品种

只有单秆型芝麻品种才能诱导保留叶腋芽萌发生长形成双茎。因此，双茎栽培必须选择单秆型早熟、高产的黑芝麻品种。另外，由于幼苗摘顶心后，双茎生长有一个诱导过程，所以生育时期一般会延长 3～5 天。在品种选择上要利用早中熟、丰产性好的类型。

（二）选好地块

双茎栽培一般应选择中上等肥力地块。由于根系发达，茎秆数量多，中期需水量和需肥量均较大，瘦地不易发挥双茎增产潜力。

（三）抓“四早”促壮苗

“四早”即早播、早间苗、早定苗、早防治病虫害。针对双茎芝麻的营养生长期延长、生殖生长期相对缩短的特点，双茎栽培芝麻播种期应提早，一般为 4～6 天。夏播双茎栽培芝麻以 6 月上旬播种为宜，最迟不能晚于 6 月 15 日；如果播种质量差，幼苗不全不齐，长势较弱，摘尖时，就难以达到田间保留叶标准的一致性，摘尖后，新生茎芽生长速度慢，长出的茎枝细弱，会导致营养生长期再延长，甚至减少单株蒴果数，降低产量。因此，采用双茎栽培，不仅要适时早播，而且还要达到苗全、苗壮，为实现高产奠定基础。

常规栽培中提倡早间苗，即在芝麻出苗后 5～7 天进行间苗。当幼苗出现 3 对真叶时进行定苗，最晚不超过 4 对真叶出现。这些技术在双茎栽培中是同样适用的，定苗过晚必然影响适期摘尖（剪）诱导双茎。

芝麻苗期病虫害的防治，在双茎栽培中具有突出的意义。一般应在定苗前采用常规方法彻底防治地老虎，苗期彻底防治蚜虫，进入开花期应注意喷洒 50%多菌灵或 70%托布津等农药灭菌 2～3 次，及时防治茎点枯等病害。

（四）合理密植

双茎栽培一般应在常规栽培种植株数的标准上，每亩适当减少 1 000～2 000 株。北方春芝麻每亩留双茎苗 9 000～10 000 株；5 月底播种的夏芝麻，双茎苗单秆品种留 7 000～8 000 株，分枝品种留 6 000 株左右；6 月上旬播种单秆品种可留苗 9 000～10 000株，分枝品种双茎苗留 7 000 株左右，晚于 6 月 10 日以后播种的芝麻不宜进行双茎栽培。

（五）严格打顶

幼苗摘除主茎顶尖的时期和方法是芝麻双茎栽培技术的关键。打顶过早，易漏摘生长点，不能诱导出双茎；摘尖过晚，不仅浪费养分，而且还会延长营养生长期，甚至诱导出的双茎细而且弱小，生长慢，细弱的双茎使单株蒴果减少、变小，降低产量。春芝麻保留第一对真叶，夏芝麻保留第二对真叶。试验证明，这是打顶的最佳时间，诱导双茎率达100%。具体时间是在春芝麻在第二对真叶半展开时，夏芝麻在第三对真叶半展开时，其时间约1周。在同一块地里，不论大苗或小苗，要么都保留第一对真叶，要么都保留第2对真叶。

打顶方法是双茎栽培技术中的重要环节。摘尖时，可用拇指与食指相对，摘去幼苗顶尖，切勿捏住顶尖向上拔提，这样容易将整株拔掉。为了提高工效，可使用镰刀，不损伤叶腋、叶生长点，必须在距保留叶节上方3 mm处削掉顶尖。但要注意削尖不要留得过长，因为留的茎节过长，往往会把主茎生长点留下，结果起不到削尖的作用。

（六）中后期管理

依据双茎栽培芝麻前期生长缓慢、中后期生育加速的生育特点和芝麻长势长相进行肥水管理。一般在施足基肥的基础上，在初花期追施速效氮肥，每亩施纯氮1.5～3 kg。对生长过旺田块，应采取防倒伏措施。

进入开花期，遇旱浇水，以防落蕾落花、降低始蒴高度；盛花期后每隔7～10天于清晨或傍晚喷施1次40%多菌灵700倍液或70%代森锰锌700倍液，防治叶茎部病害；后期喷施0.3%～0.4%磷酸二氢钾、1%尿素混合液或0.1%硼砂水溶液，以延长叶片功能期，增加有效蒴果数，提高千粒重；后期摘尖也是增加有效蒴果数和提高千粒重的有效措施。

一般春播双茎栽培芝麻在初花期20～30天，夏播双茎栽培芝麻在初花期13～15天摘除两茎1 cm顶尖，减少养分的无效消耗。

总之，芝麻双茎栽培是在常规栽培技术基础上实施的，因此，常规科学管理措施和原则均适用于双茎栽培，如地膜覆盖技术、施肥技术、浇水排涝等。

六、北方“深种浅出”抗旱种植技术

北方芝麻主产区十年九春旱，播种芝麻时候土壤墒情不够，芝麻难以保苗。在同样土壤水分条件下使用“深种浅出”种植技术，可以提高出苗率50%以上，为东北芝麻高产稳产的重要措施之一。

（一）及早整地

北方芝麻产区春旱严重，应抓住墒情及早整地作垄，及时镇压保墒，提倡秋整地秋作垄或顶凌整地；结合整地每亩可施氮磷钾复合肥20～30 kg。

（二）科学播种

采用“深种浅出”技术，垄作条件下机械播种，一般垄距50～60 cm，垄上条播，播深3～5 cm，播种后用犁扶高垄（即为深种），防风保墒；播种后5～8天，当芽长

1~1.5 cm时拨去种子上覆土（即为浅出），实现一播全苗。

（三）病虫草害防控

播种时随种撒施辛硫磷毒土防治地下害虫。

（四）田间管理

春季出苗后2对真叶间苗，5对真叶定苗，定苗稍晚以利于抗御风沙。初花期追施尿素10千克/亩，注意防治病虫害。

（五）及时收获

花生一旦成熟，就要及时收获。

第四节　芝麻的营养价值

一、芝麻的营养价值概述

芝麻的营养价值，历代评价极高。例如，《神农本草经》中说："芝麻主治伤中虚羸、补五内、益气力、长肌肉、填精髓。"《名医别录》将芝麻列为上品，说："八谷之中，惟此为良。"并说它具有"坚筋骨，明耳目，耐饥渴，延年"的功效。《本草纲目》说："服黑芝麻百日能除一切痼疾。一年身面光泽不饥，二年发白返黑，三年齿落更出。"宋应星《天工开物》中云："胡麻味美而功高，即以冠百谷不为过。"《本草求真》分析说："胡麻，本属润品，故书载能填精益髓，又属味甘，故书载能补血、暖脾、耐饥。凡因血枯而见二便艰涩，须发不乌……见有燥象者，宜以甘缓滑润之味以投。"

上述古人的见解，大都已被现代的营养学、医学理论所验证。从芝麻的营养化学成分来看，每百克芝麻中含蛋白质21.9 g，脂肪61.7 g，钙564 mg，磷368 mg；其微量元素含量也很丰富，尤以铁的含量殊为惊人，每百克高达50 mg，此为其他任何食物所无法比拟的。古人指出胡麻能填精、益髓、补血，其根据便在于此。

芝麻又为富硒食物，因此决定了它有良好的防癌与抗衰老作用。现代营养学家及微量元素工作者经大量的研究测试发现，硒是谷胱甘肽过氧化物酶（G-SH-PX）的重要组成元素，此酶的抗氧化效力比维生素E高500倍，对细胞膜有保护作用，并能调节维生素A、维生素E、维生素C、维生素K的吸收与代谢，参与辅酶Q的合成，对某些致癌物质具有拮抗作用。因此，从人体保健上讲，芝麻既能增强人体免疫功能，又有防癌、抗癌作用。

芝麻的抗衰老作用除其中的硒参与谷胱甘肽过氧化物酶的合成、保护细胞膜延缓衰老以外，还在于其所含的脂溶性维生素E、维生素D、维生素A等，其中特别是维生素E，对抗衰老具有特殊的生理意义。对于现代医学对人类衰老机制的研究，有大量资料表明，机体在生命活动过程中，依靠生物氧化以取得能量维持生命，而体内氧化还原本身在不断产生能量的同时，也不断产生一种过氧化脂质——氧自由基。氧自由基是一种化学性质极为活泼的物质，它能与体内的蛋白质、核酸发生生化反应，破坏细胞膜，降低各种酶的活性，造成细胞膜的通透性变异和破溃，从而加速机体的衰老；同时，它能使机体内的过氧化脂质逐渐积累，形成微细的棕色颗粒，称为“脂褐质”，其沉积在脑组织中会影响大脑的功能，使人痴呆、迟钝、衰老，若堆积在皮肤基底细胞中则出现“老年斑”。总之，这些衰老现象与体内自由基的出现是密切相关的。

近年来，营养学工作者对芝麻的营养成分进行了深入的分析，也发现芝麻中含有天然的抗氧化活性物质，其中最主要的是芝麻酚、芝麻酚二聚物、维生素 E 等。它们能与自由基对抗使之失去氧化作用，从而减少脑细胞中过氧化物质的沉积，因此有延年益寿作用。芝麻油中亚油酸含量为 43.56%，它是一种不饱和脂肪酸，具有良好的抗动脉硬化作用，对预防中老年心、脑血管硬化大有裨益。此外，它还有降低血糖、增加肝脏及肌肉中糖原的含量和增加血球溶积的作用。

二、芝麻油的营养价值

从营养价值来看，无论黑芝麻、白芝麻都是营养丰富的食物。就脂肪而言，可算得上量丰而质优。黑芝麻的脂肪含量为 46%，白芝麻为 40%，二者含量都高；维生素 E 含量也很高，黑芝麻每百克含量为 50 mg，白芝麻为 38 mg；就钾钠比来看，黑芝麻为 43∶1，白芝麻为 8∶1；黑芝麻膳食纤维含量为 28%，白芝麻为 20%，这显然是芝麻润肠通便的一个重要原因。芝麻油含有麻油酸，故具有特有的香气。由于维生素 E 含量高，具有抗氧化作用，经常食用能清除自由基，延缓衰老。

芝麻的营养价值首当其冲的就是能够强壮心脑血管。由于芝麻中富含亚油酸，属于不饱和脂肪酸，能够降低血管中的胆固醇、清理血管壁沉积物，对于冠心病、动脉粥样硬化等病症有很好的防治作用。

芝麻的含铁量比我们常食用的补血食品猪肝还高出一倍，在常见的食物中，其铁的含量名列前茅，所以常食用芝麻对于防治缺铁性贫血有很好的效果。

芝麻的另一个显著的营养价值就是能够养发护发。传统中医认为，头发早白以及脱落较多都与肾亏血虚相关。而芝麻对于补血养肾有着显著的功效，所以多食用芝麻对于脱发、少年白等症状有着明显的改善作用。

芝麻的抗衰老作用是公认的。芝麻中富含的维生素 E 及芝麻酚是很好的抗氧化剂，而且它们的含量在众多食物中名列前茅，对于延年益寿有着很明显的效果。

芝麻中维生素 E 的抗氧化作用对于女性朋友的护肤美容有着不可忽视的作用。维生素 E 能够促进机体对各种维生素的吸收和利用，可以有效地保护皮肤，对皮肤中的胶原纤维有“滋润”作用，从而改善、维护皮肤的弹性，维护皮肤的柔嫩与光泽，减少体内脂褐质的积累，抑制老年斑、色素斑的形成，延缓细胞的衰老等。

有习惯性便秘的人，肠内残留的毒素会伤及内脏，而芝麻能润滑肠道，治疗便秘。

第五节　芝麻的综合利用

目前，国内芝麻加工企业仍以个体小作坊为主，规模企业较小，部分企业以外购分装为主，研发力量薄弱。在芝麻原料精选、芝麻油、芝麻酱等加工方面，基本上沿用传统工艺。

一、芝麻油加工技术

芝麻油（或称麻油、香油）是以芝麻为原料提炼制作的食用油，是小磨香油和机制香油的统称。纯芝麻油气味浓香，常呈淡红色或红中带黄，是日常生活中不可缺少的调料之一。根据加工制作工艺的不同，芝麻油可分为小磨香油、机制香油两类。

（一）小磨香油

小磨香油或称小磨麻油、香麻油，以水代法（水代法是从油料中以水代油而得脂肪的方法，不用压力榨出，不用溶剂提出，依靠在一定条件下，水与蛋白质的亲和力比油与蛋白质的亲和力为大，因而水分浸入油料而代出油脂）加工制取，气味浓郁、香味独特，为首选调味油；多用于作坊式生产，常现场加工、直接销售或通过集市销售。

1. 工艺流程

筛选→漂洗→炒子→扬烟吹净→磨酱→兑水搅油→振荡分油、撇油。

2. 操作要点

（1）筛选：清除芝麻中的杂质，如泥土、砂石、铁屑等，以及杂草子和不成熟芝麻粒等。筛选越干净越好。

（2）漂洗：用水清除芝麻中的泥、微小的杂质和灰尘。将芝麻漂洗浸泡 1～2 小时，然后将芝麻沥干水分（芝麻经漂洗浸泡，水分渗透到细胞内部，使凝胶体膨胀起来，再经加热炒制，就可使细脆破裂，原油流出）。

（3）炒子：采用直接火炒。开始用大火，此时芝麻含水量大，不会焦煳；炒至 20 分钟左右，芝麻外表鼓起来，改用文火炒，用人力或机械搅拌，使芝麻熟得均匀。炒熟后，往锅内泼炒芝麻量 3%左右的冷水，再炒 1 分钟，芝麻出烟后出锅（泼水的作用是使温度突然下降，让芝麻组织酥散，有利于研磨）。炒好的芝麻用手捻且扣出油，呈咖啡色，牙咬芝麻有酥脆均匀、生熟一致的感觉。

值得一提的是，小磨香油的芝麻火要大一些，炒得焦一点。炒子的作用主要是使蛋白质变性，以利于油脂浸出。芝麻炒到接近 200℃时，蛋白质基本完全变性，中性油脂含量最高；超过 200℃，烧焦后部分中性油脂溢出，油脂含量降低。此外，在兑水搅油时，焦皮可能吸收部分中性油，所以芝麻炒得过老则出油率低。高温炒后制出的油，能保留住浓郁的香味，这是水代法取油工艺的主要特点之一。

（4）扬烟吹净：出锅的芝麻要立即散热，降低温度，扬去烟尘、焦末和碎皮。焦末和碎皮在后续工艺中会影响油和渣的分离，降低出油率。出锅芝麻如不及时扬烟降温，可能产生焦味，影响香油的气味和色泽。

（5）磨酱：将炒酥吹净的芝麻用石磨或金刚砂轮磨浆机磨成芝麻酱。把芝麻酱点在拇指指甲上，用嘴把它轻轻吹开，以指甲上不留明显的小颗粒为合格。磨酱时添料要匀，严禁空磨，随炒随磨，熟芝麻的温度应保持在 65～75℃，温度过低易回潮，磨不细。石磨转速以每分钟 30 转为宜。磨酱要求越细越好，一是使芝麻充分破裂，以便尽量取出油脂；二是在兑水搅油时使水分均匀地渗入芝麻酱内部，油脂被完全取代。

（6）兑水搅油：由于芝麻含油量较高，出油较多，此浆状物是固体粒子和油组成的悬浮液，很难通过静置而自行分离。因此，必须借助于水，使固体粒子吸收水分，增加密度而自行分离。搅油时用人力将麻酱放入搅油锅中，分 4 次加入相当于麻酱重 80%～100%的沸水。

第一次加总用水量的 60%，搅拌 40～50 分钟，转速为每分钟 30 转，搅拌开始时麻酱很快变稠，难以翻动，除机械搅拌外，需用人力帮助搅拌，否则容易结块，吃水不匀。搅拌时温度不低于 70℃，随着搅拌，稠度逐渐变小，油、水、渣三者混合均匀，40 分钟后有微小颗粒出现，外面包有极微量的油。

第二次加总用水量的 20%，搅拌 40～50 分钟，仍需人力助拌，温度约为 60℃，此时颗粒逐渐变大，外部的油增多，部分油开始浮出。

第三次约加总用水量的 15%，仍需人力助拌约 15 分钟，这时油大部分浮到表面，底部浆成蜂窝状，流动困难，温度在 50℃左右。

最后一次加水需凭经验调节到适宜的程度，降低搅拌速度到每分钟 10 转，不需人力助拌，搅拌 1 小时左右，有油脂浮到表面时开始“撇油”。撇去大部分油脂后，最后还应保持 7～9 mm 厚的油层。

兑水搅油是整个工艺中的关键工序，是完成以水代油的过程。加水量与出油率有很大关系，适宜的加水量才能得到较高的出油率。这是因为芝麻中的非油物质在吸水量不多不少的情况下，一方面能将油尽可能代替出来，另一方面生成的渣浆的黏度和表面张力可达最优条件，振荡分油时容易将包裹在其中的分散油脂分离出来，撇油也易进行。如加水量过少，麻酱吸收的水量不足，不能将油脂较多地代替出来，且生成的渣浆黏度大，振荡分油时内部的分散油滴不易上浮到表面，出油率低。如加水量过多，除麻酱吸收水外，多余的水就与部分油脂、渣浆混合在一起，产生乳化作用而不易分离；同时，生成的渣浆稀薄，黏度低，表面张力小，撇油时油与渣浆容易混合，难以将分离的油脂撇尽，因此也影响出油率。加水量的经验公式如下：

加水量=2×（1－麻酱含油率）×麻酱量

（7）振荡分油、撇油：经过上述处理的麻渣仍含部分油脂。振荡分油（俗称“墩油”）就是利用振荡法将油尽量分离提取出来。工具是 2 个空心金属球体（葫芦），一个挂在锅中间，浸入油浆，约及葫芦的 1/2。锅体转速每分钟 10 转，葫芦不转，仅作上下击动，迫使包在麻渣内的油珠挤出升至油层表面，此时称为深墩。约 50 分钟后进行第二次撇油，再深墩 50 分钟后进行第三次撇油。深墩后将葫芦适当向上提起，浅墩约 1 小时，撇完第四次油，即将麻渣放出。撇油多少根据气温不同而有差别。夏季宜多撇少留，冬季宜少撇多留，借以保温。当油撇完之后，麻渣温度在40℃左右。

（二）水压机压榨法

机榨香油又分为水压机压榨法和螺旋榨油机榨取法（我国采用后者）。水压机压榨法是在高温下制取的，由于产生高温，芝麻在榨取香油的过程中，芝麻酚受高温的影响而被破坏流失较大，使香油的天然抗氧化作用降低，因此机榨香油营养价值相对较低，比小磨香油的保质期、保存期短。芝麻中含有的皂化物在榨取香油的过程中，与香油一起榨出溶于香油中，因此机榨香油起泡沫较大。

1. 工艺流程

选料→炒子→筛选→漂洗→软化→轧坯→蒸炒→压榨→精炼→装瓶。

2. 操作要点

(1) 选料、炒子、筛选、漂洗方法同小磨香油。

(2) 软化：通过调节水分和温度使芝麻变软，使其具有适宜的可塑性，便于轧坯时轧成薄片。芝麻软化后一般温度为47～50℃，水分为7%左右。

(3) 轧坯：用滚筒式轧坯机将颗粒状压成薄片状坯料。轧坯的作用主要有两个：一是破坏细胞组织，使油容易从细胞内取出；二是颗粒状油子轧成薄片后，表面积增大，增加了出油面积，且大大缩短了油脂离开坯料的时间。

(4) 蒸炒：将轧过坯的坯料经过加水、加热、烘干等处理，由生坯变熟坯的过程。其作用：一是凝聚作用，油子经过轧坯，细胞破坏程度达68%～79%，但油分还是分散的油滴不能凝聚。而在蒸炒时先经加水湿润，蛋白质吸水膨胀，从细胞内部攻破细胞壁，从而彻底破坏了油子细胞。二是调整料坯结构。料坯结构是指它的可塑性和弹性两个方面。一方面料坯要有足够的弹性，能经得起压力；另一方面还要有一定的可塑性，压榨后能够结合成饼块。增加水分和提高温度可使料坯变软，容易成型；水分低，蛋白质变性大，料坯就比较硬，不容易结成饼块。在蒸炒时调节各项工艺参数，能得到入榨料坯所要求的软硬程度。三是改善油脂品质。蒸炒温度为130℃左右，压榨前水分为1%～1.5%。

(5) 压榨：经蒸炒的芝麻坯加入螺旋榨油机，芝麻饼厚度为1.5～2 cm。

(6) 精炼：榨油机出来的油经沉淀、过滤、脱胶、脱水等就得到食用芝麻油。

(7) 装瓶：将芝麻油按重量装瓶即可。

二、芝麻酱加工技术

芝麻酱主要用作佐餐食品，国内芝麻酱一般是把芝麻烘烤后磨浆而成。

（一）加工设施

(1) 小型炉灶1个，特制平底铁锅1口。锅台做得前低后高，用水泥抹面，铁锅的安置呈45°倾斜。

(2) 电动石磨1盘，直径以70 cm左右为宜；铁锅1口，直径一般为1 m。

(3) 木铲1把，还需配备水缸、竹筛、簸箕、舀子等。

（二）制作方法

（1）选料：选成熟度好的芝麻，去掉霉烂粒，晒干扬净。放入盛清水的缸中，用木棍搅动淘洗，捞出漂在水面上的秕粒、空皮和杂质，浸泡10分钟左右，待芝麻吸足水分后，捞入密眼竹筛中沥干，摊在席子上晾干。

（2）脱皮：将干净的芝麻倒入锅内炒成半干，放在席子上用木锤打搓去皮（注意不要把芝麻打烂），再用簸箕将皮簸出，有条件的可用脱皮机去皮。

（3）烘炒：将脱皮芝麻倒入锅内，用文火烘炒。炒时用木铲不断翻搅，防止芝麻炒煳变味。炒到芝麻本身水分蒸发完，颜色呈棕色，用手指一捏呈粉末状即可。炒前，将4 kg盐溶化成水，加入适量大料、茴香、花椒粉等，搅拌均匀后倒入50 kg脱皮芝麻中腌渍3～4小时，让调料慢慢渗入芝麻中，制出的芝麻酱味道更佳。

（4）装瓶：把磨好的装入玻璃瓶或缸内即可。

三、芝麻食品加工技术

（一）芝麻粉

原料组成：芝麻适量。

制作方法：将原料芝麻精选、除杂、水洗、干燥。将干燥后的芝麻放入榨油机，榨出70%～80%的油脂，使芝麻渣的残油量保持在20%～30%。冷冻粉碎后得到0.104 mm以下的芝麻细粉即可。

（二）芝麻山药何首乌粉

原料组成：芝麻250 g，山药（干）250 g，何首乌250 g。

制作方法：将芝麻洗净，晒干，炒熟，研为细粉。将山药洗净，切片，烘干，研为细粉。将何首乌片烘干，研为细粉，与芝麻粉、山药粉混合拌匀，装瓶备用。食时在锅内用温开水调成稀糊状，置于火上炖熟即成。

（三）黑芝麻糊

原料组成：黑芝麻、薏仁、糯米、花生的比例为2∶1∶1∶1。

制作方法：将黑芝麻洗净沥干水分，放入烤箱150℃，烘烤10分钟左右（没有烤箱放入锅中用小火炒熟也是一样的），烤熟的黑芝麻放入食品搅拌机中打成粉末状，放入瓶中密封保存；糯米粉放入锅中用小火炒熟至颜色变黄，备用（一次炒多一点放入密封容器保存就好）。将炒制好的黑芝麻粉、糯米粉和糖按比例混匀，食用时用沸水冲调即可，芝麻糊的浓稠度可以根据个人喜好酌量添加沸水调整。

（四）花生黑芝麻糊

原料组成：黑芝麻80 g，花生仁20 g，糯米粉30 g，黏米粉25 g，糖50 g。

制作方法：将黑芝麻洗干净后晾干水分，放入干净的锅中炒香待用（注意不要炒煳了）；将糯米粉和黏米粉混合以后放入干净锅内炒熟，炒到微微发黄即可；花生仁用烤箱或者微波炉烤香，去皮待用；将所有材料放入搅拌机搅拌干粉的容器内，搅拌成细末，放入密封容器内保存；吃的时候将取 40 g 黑芝麻花生粉加适量沸水即可冲调成一碗香浓的黑芝麻糊。

（五）豆浆芝麻糊

原料组成：豆浆 300 g，黑芝麻 30 g，蜂蜜 100 g。

制作方法：将黑芝麻炒香，研碎备用；将豆浆、蜂蜜、芝麻末一同放入锅内，边加热边搅拌，煮沸一会儿即可。

（六）芝麻首乌糊

原料组成：何首乌 500 g，芝麻 500 g，赤砂糖 300 g。

制作方法：何首乌片烘干，研制成粉末；芝麻炒酥压碎；净锅置中火上，掺清水，何首乌粉煎沸，加入芝麻粉、红糖熬成糊状，盛于容器内即可。

（七）枸杞芝麻糊

原料组成：芝麻 300 g，籼米粉（干，细）100 g，枸杞子 15 g，白砂糖 100 g。

制作方法：将芝麻淘洗干净后，沥水放入锅内炒香，再磨成细末；锅内掺水烧开后，放芝麻粉末煮沸，加入大米粉浆；待烧开后加入白糖，搅匀盛碗，面上撒上少许枸杞即成。

（八）杏仁牛奶芝麻糊

原料组成：杏仁 150 g，核桃仁 75 g，白芝麻、糯米各 100 g（糯米先用温水浸泡 30 分钟），芝麻 200 g，淡奶 250 g，冰糖 60 g，水适量，枸杞子、果料适量。

制作方法：先将芝麻炒至微香，与上述原料一起捣烂成糊状，用纱布滤汁，将冰糖与水煮沸，再倒入糊中拌匀，撒上枸杞子、果料，文火煮沸，冷却后食用。

（九）芝麻蜂蜜粥

原料组成：粳米 100 g，芝麻 30 g，蜂蜜 20 g。

制作方法：芝麻下锅中，用小火炒香，出锅后趁热擂成粗末；粳米淘洗干净，用冷水浸泡半小时，捞出，沥干水分；锅中加入约 1 000 mL 冷水，放入粳米，先用旺火烧沸，再转小火熬煮至八成熟时，放入芝麻末和蜂蜜，然后煮至粳米熟烂，即可盛起食用。

（十）芝麻红枣粥

原料组成：粳米 150 g，芝麻 20 g，枣（干）25 g，白砂糖 30 g。

制作方法：芝麻下入锅中，用小火炒香，研成粉末，备用；粳米淘洗干净，用冷水浸泡半小时，捞出，沥干水分；红枣洗净去核；锅中加入约 1 500 mL 冷水，放入粳米和红枣，先用旺火烧沸，再改用小火熬煮，待米粥烂熟，调入芝麻及白糖，然后稍煮片刻，即可盛起食用。

（十一）枸杞芝麻粥

原料组成：大米、糯米、芝麻的比例为 4∶3∶1，枸杞适量。

制作方法：糯米洗净，提前泡几个小时；枸杞泡发备用；煮一锅水，水开后把大米、糯米和芝麻倒入，并搅拌至开锅，目的是不粘锅底；水开后转小火慢慢煮，大约煮

40分钟就好了，其间要搅拌几次；喝的时候浇一勺糖桂花。

（十二）黑芝麻汤圆

原料组成：糯米粉300 g，黑芝麻300 g，白砂糖150 g。

制作方法：黑芝麻炒熟，碾碎，拌上猪油、白砂糖，三者比例大致为2∶1∶2；适量糯米粉加水和成团；以软硬适中、不粘手为好，揉搓成长条，用刀切成小块；将小块糯米团逐一在掌心揉成球状，用拇指在球顶压一小窝，拿筷子挑适量芝麻馅放入；用手指将窝口逐渐捏拢，再放在掌心中轻轻搓圆；包好后有如山楂大小；烧水至沸，包好的汤圆下锅煮至浮起即可食用。

（十三）核桃阿胶膏

原料组成：阿胶250 g，核桃150 g，枣（干）500 g，黑芝麻150 g，桂圆肉150 g，黄酒500 g，冰糖250 g。

制作方法：将红枣、核桃肉、桂圆肉、黑芝麻研成细末；阿胶于黄酒中浸10天；阿胶与黄酒一起置于陶瓷器中隔水蒸，使阿胶完全溶化；加入核桃、黑芝麻等末调匀，放入冰糖，再蒸；至冰糖溶化，即成护肤美容珍品，制成后盛于干净容器装好封严。

（十四）美容乌发糕

原料组成：黑芝麻500 g，山药（干）50 g，何首乌100 g，旱莲草50 g，女贞子50 g，白砂糖250 g，猪油（炼制）220 g。

制作方法：女贞子用酒炒过；将何首乌、旱莲草、女贞子、山药洗净，烘干研成粉末待用；芝麻洗净沥干，入锅炒熟，碾成细粉；把芝麻粉倒在案板上，加入白糖、山药粉、中药末调拌均匀；放入熟猪油，反复揉匀，放入糕箱压紧，切成长方块。

（十五）黑芝麻玉米面粉糕

原料组成：黑芝麻60 g，蜂蜜90 g，玉米粉120 g，白面50 g，鸡蛋2个，发酵粉15 g。

制作方法：先将黑芝麻炒香研粉，和入玉米粉、蜂蜜、面粉、蛋液、发酵粉，加水和成面团，以35℃保温发酵1.5～2小时，上屉蒸20分钟即可食用。

（十六）桂花黄林酥

原料组成：小麦面粉300 g，桂花100 g，鸡蛋清150 g，芝麻150 g，淀粉（玉米）20 g，猪油（炼制）150 g，白砂糖100 g。

制作方法：将面粉过筛后，用200 g面粉加入猪油90 g，揉成油酥面团；将300 g面粉加入60 g猪油，与适量清水揉成水油面团；将酥面与水油面逐个分别出条下节子，用擀面杖擀成牛舌形；从上卷下来再折成三折，擀成皮胚，包入桂花馅（芝麻、白糖、猪油放在容器里，混合拌匀，边搅拌边加入适量干淀粉，最后放入桂花拌匀，做成桂花馅），做成饼形；放入烤盘内，面上刷上鸡蛋液，进炉烘烤至熟即成。

（十七）芝麻糖

原料组成：芝麻23 kg，白砂糖10 kg，糯米饴糖30 kg，食用油100 g。

制作方法：将选好的新鲜芝麻浸泡在净水中，以芝麻充分吸水膨胀为度；淘去泥沙，捞起晒干，放入锅中用火焙炒，待芝麻炒至色泽不黄不焦、颗颗起爆时停止；经过冷却，用手轻轻搓动，使皮脱落，并用簸箕簸去皮屑；将饴糖和白砂糖倒入锅中熬制；用中火加热煮沸，并不断搅动，防止焦煳；当糖浆煮沸后，改用文火，熬至糖浆液面有小泡时，可用拌铲挑出糖浆，加以观察，能拉成丝，经冷却后折断时有脆声，即可停火；将炒好的芝麻拌入熬制的糖浆中，边向锅中倒芝麻边搅拌，力求迅速搅拌均匀；将拌好的芝麻糖坯一起从锅中舀入擦好油的盆内；将芝麻糖坯稍微冷却后，移至平滑的操作台上，经拔白、扯泡，用手工做成截面像梳子形的椭圆形糖条；将糖条趁热切片，切片的厚度要均匀一致，每片厚度约 0.4 cm，每千克切成 90～100 片；切片经冷却、整形，用塑料袋密封包装即可。

四、芝麻饼加工技术

芝麻饼也叫香油渣，是芝麻榨油加工后剩下的残渣，其有机质含量很高，每 100 kg 芝麻饼中含有氮 5.8%、磷 3%、钾 1.3%，除可用作蛋白饼干、面包、香肠和红肠等食品的辅料外，还可作为有机复合肥料。经试验发现，在同等条件下，芝麻饼肥要比其他肥料肥效高、肥效长、肥性稳定。施肥后不但花木的叶片油绿肥厚，而且花大、色艳。

（一）沤制方法

由于香油饼中的氮、磷、钾等元素均以有机形态存在，所以必须经过发酵腐熟分解为无机态才能被花木吸收利用。若不经过发酵腐熟就直接使用，往往会因其在土中发酵分解时产生大量有机酸并发热而烧伤花木的根系。常见的沤制方法有以下两种：

（1）将香油饼装入塑料袋，埋入深 60 cm 左右的土中，经过半年时间即可取出直接使用或晒干后备用。

（2）在夏季或在大棚中，用小坛或罐头等口较大的容器盛放，香油饼（湿、干皆可）放入量约占容器的 2/3。香油饼在沤制时会散发出一股难闻的臭味，可加入一些橘子皮，因橘子皮含有香油精，不仅可去除臭味，而且发酵后还是一种很好的肥料。然后向容器中加水并洒少许杀虫剂至容器的顶部，并用木棍搅拌几下，最后密封（盖下可加一层塑料袋或薄膜）盖好或用玻璃盖严，放于有阳光处。容器放在大棚内约 1 个月，室外约 3 个月，无臭味时即可使用。

（二）施用方法

掌握“薄肥勤施”的原则，不可一次施用过多。每年盆栽花木春秋可施两次固体香油饼肥，视花木长势，夏季酌情浇施其液肥。

（1）作基肥：将腐熟的香油饼晒后磨成粉或敲碎，直接放入花盆底部或盆下部周围，与土壤混合，切忌使花木根部直接接触肥料；或者将其粉直接与全部盆土混合，但用量不可过多。

（2）作追肥：直接施在盆土表面；或者取其发酵好的上层清液，兑水 10～15 倍稀释后浇施。

五、芝麻叶的加工

人们种芝麻、收芝麻，却往往会忽视芝麻叶的利用价值。中医认为，芝麻叶性平味苦，具有滋肝养肾、润燥滑肠功能，能治疗头晕、病后脱发、津枯血燥、大便秘结等。除鲜食之外，还可制成干芝麻叶。

在芝麻采收前20～30天采摘新鲜、无病虫的芝麻叶进行干制加工。先将芝麻叶洗净，用0.1％的小苏打和1.5％左右的食盐混合液泡3～5分钟进行护色；捞出来沥干水，沸水漂烫3～4分钟后再捞出用凉水冷却；沥干水后，在干燥通风的地方晾晒干，或者在烘房里50～65℃烘5小时左右，然后用麻袋盛装，在屋里堆放1～2天，使其回软；最后用塑料袋密封包装，放进防潮纸箱中保存或出售。干芝麻叶色泽墨绿，有芝麻叶特有的清香味，食用时用凉水或温水泡开即可下锅，或炒菜或做馅等。

第四章　花生加工技术

第一节　概述

花生又名金果、长寿果、长果、番豆、金果花生、无花果、地果、地豆、唐人豆、花生豆、落花生和长生果。花生滋养补益，有助于延年益寿，因此民间又称之为“长生果”，并且和黄豆一同被誉为“植物肉”“素中之荤”。花生的营养价值比粮食高，可以与鸡蛋、牛奶、肉类等一些动物性食物媲美。它含有大量的蛋白质和脂肪，特别是不饱和脂肪酸的含量很高，很适宜制作各种营养食品。

花生是一年生草本植物。从播种到开花只用一个多月的时间，而花期却长达两个多月。它的花单生或簇生于叶腋部，每株花生开少则一两百朵，多则上千朵。

花生开花授粉后，子房基部的子房柄不断伸长，从枯萎的花管内长出一根果针，呈紫色。果针迅速地纵向生长。它先向上生长，几天后，子房柄下垂于地面。在延伸的过程中，子房柄表皮细胞木质化，保护幼嫩的果针入土。当果针入土后达5～6 cm时，子房开始横卧，肥大变白，体表长出茸毛，可以直接吸收水分和各种养分以供生长发育的需要。这样一颗接一颗的种子相继形成，表皮逐渐皱缩，荚果逐渐成熟，形成了我们所见的花生果实。

地上开花、地下结果是花生所固有的遗传特性，也是对特殊环境长期适应的结果。花生结果时喜黑暗、湿润和机械刺激的生态环境。这些因素已成为荚果生长发育不可缺少的条件。因此，为了生存和传种，它只有把子房伸到土壤中去来结果实。

落花生属有60～70个种，迄今已收集到并经鉴定的有21个种，其中大多数是二倍体种。栽培花生是两个二倍体自然加倍的异源四倍体种。根据花生多样性品种类型的集中情况，玻利维亚南部、阿根廷西北部和安第斯山山麓的拉波拉塔河流域可能是花生的起源中心地。欧洲文献中最早记载花生的是西班牙的《西印度自然通史》。我国有关花生的记载始见于元末明初贾铭所著《饮食须知》，其后许多书籍不但载有落花生的生物学特性，且有地理分布等。

花生是一年生草本植物，起源于南美洲热带、亚热带地区，约于16世纪传入我国，19世纪末有所发展。现在全国各地均有种植，主要分布于辽宁、山东、河北、河南、江苏、福建、广东、广西、贵州、四川等地区。花生的果实为荚果，通常分为大、中、小3种，形状有蚕茧形、串珠形和曲棍形。蚕茧形的荚果多具有种子2粒，串珠形和曲棍形的荚果一般都具有种子 3 粒以上。果壳的颜色多为黄白色，也有黄褐色、褐色或黄色的，这与花生的品种及土质有关。花生果壳内的种子通称为花生米或花生仁，由种皮、子叶和胚 3 部分组成。种皮的颜色为淡褐色或浅红色。种皮内为两片子叶，呈乳白色或象牙色。

世界上种植花生的国家有 100 多个，亚洲最为普遍，次为非洲。但作商品种植的仅 10 多个国家，主要生产国中以印度和中国栽培面积和生产量最大，前者约 720 万公顷、560 万吨，后者为 355.3 万公顷、675.7 万吨。其他国家有塞内加尔、尼日利亚和美国等。

第二节　花生的特征特性

一、花生的形态特征

（一）种子

花生种子通常称为花生仁或花生米。成熟种子外形，一端钝圆或较平（子叶端），另一端较突出（胚端）。种子形状可分为椭圆形、三角形、桃形、圆锥形和圆柱形 5 种。普通型品种种子多为椭圆形、较长，珍珠豆型品种多为桃形、较短圆。通常以饱满种子百仁重表示花生品种的种子大小，分为大粒种、中粒种、小粒种 3 种。百仁重在 80 g 以上的为大粒种，50～80 g 的为中粒种，50 g 以下的为小粒种。此外，也可以每千克子仁粒数来反映种子大小。品种间种子大小差异主要取决于品种遗传因素、自然条件、栽培措施和种子成熟度。适宜的环境和良好的栽培条件有利于荚果充实饱满。普通型大粒品种百仁重可达 100 g，一些珍珠豆型品种百仁重不足 50 g。同一植株上种子大小和成熟度差异很大。在两室荚果中，通常前室种子较后室种子发育晚，重量轻。种子由种皮、胚两部分构成。种皮颜色（以晒干新剥壳的成熟种子为准）大体分为紫色、紫红色、紫黑色、红色、深红色、粉红色、淡红色、浅褐色、淡黄色、红白相间、白色 11 种，以粉红色品种最多。种皮颜色受环境和栽培条件影响甚小，可作为区分花生品种的特征之一。种皮主要起保护作用，防止有害微生物的侵染。胚分为胚芽、胚轴、胚根及子叶 4 部分。子叶较大，两瓣，肥厚而有光泽，储存有丰富的脂肪、蛋白质及其他营养物质。种子发芽时，子叶内所贮藏的营养物质经过复杂的转化，供给发芽出苗所需养分。胚芽由 1 个主芽及 2 个子叶节侧芽组成。主芽发育成主茎，子叶节侧芽发育成第一对侧枝。种子近尖端部分种皮表面有一白痕为种脐。花生种子休眠期的长短，因品种而异。一般早熟品种休眠期短，为 9～50 天；中晚熟品种休眠期长，为 100～120 天；有些晚熟品种可长达 150 天。珍珠豆型与多粒型休眠期较短，有的甚至在收获不及时的情况下，常在植株上大量发芽，造成损失。利用乙烯利、激素等，或应用晒种、浸种、催芽等处理，能有效地解除花生休眠。

（二）根

花生根为圆锥根系，由主根和次生根组成。在土壤湿润条件下，胚轴及侧枝基部也可能发生不定根。主根由胚根直接长成，可深达 2 m 左右，根群主要分布在 30 cm 内土层中。由主根上分生出的侧根称一次侧根，一次侧根分生出的侧根称为二次侧根，以此类推。侧根在苗期有数十条，开花时可达数百条。土壤性质好坏，与根系生长极为密切。土层深厚、透气性好的土壤，对根系生长有利；土层瘠薄的丘陵地或黏重土壤，根系分布范围小，数量也少；沙壤土透气性好，但保水保肥力差，对根系发育不利。根主要起着吸收、输导、支持等作用，并具有合成氨基酸、激素等物质的功能。根系从土壤中吸收水分和矿物质营养元素，通过导管输送到地上各部分器官，而由叶片合成的光合产物则通过韧皮部的筛管往下运输到根系的各个部分，供给根的生长。花生根部长着许多圆形突出的瘤，叫“根瘤”。着生在根颈和主侧根基部的根瘤较大，固氮力较强，着生在侧根和次生细枝根上的根瘤较小，固氮能力较弱。根瘤形成初期，根瘤菌的固氮活动很弱，不但不能供给花生氮素营养，还需吸收根系的营养来维持其生命。随着花生的生长，根瘤菌的固氮能力逐渐增强，始花后与花生成为共生关系。花生结荚初期，根瘤菌固氮能力最强，是为花生供氮最多的时期。

（三）茎

花生主茎直立，苗期呈圆形，中部有髓；盛花期后，主茎中、上部呈棱角状，全茎中空，下部木质化，截面呈圆形。主茎绿色或带有部分红色，一般具有 15～25 个节间，上部和下部的节间短，中部的节间较长。主茎高度通常为 15～75 cm；主茎高度与品种和栽培条件有关。相同栽培条件下，丛生品种高于蔓生品种。水肥过多、密度过大、光照不足或叶面积过大，使节间伸长，主茎增高，生长细弱。主茎高度可作为衡量花生生长状况和群体大小的简易指标，但主茎并非越高越好。一般认为，丛生型品种主茎高以 40～50 cm 为宜，最高不超过 60 cm，如发现有超高趋势，应及时采取措施抑制其生长。主茎一般不直接着生荚果或着生很少。主茎上叶片一般比侧枝叶片大。茎部主要起着疏导和支持的作用，根部吸收的水分、矿物质元素和叶片合成的有机物质，都要通过茎部向上和向下运输；叶片靠茎的支持能适当地分布空间，接收日光进行光合作用。此外，花生的茎部在一定程度上起着养分临时贮藏器官的作用，在生长后期，茎部积累的氮、磷和其他营养物质逐步转移到荚果中去。花生的第一对侧枝和第二对侧枝长势强，这 2 对侧枝及其发生的二次分枝构成花生植株的主体，是着生荚果的主要部位。单株分枝数的变化很大，连续开花型品种单株分枝数 5～10 条，交替开花型的品种分枝数一般在 10 条以上。蔓生品种稀植时可达 100 多条。同一品种的分枝数受环境条件影响很大。肥水不足、密度大、光照不足单株分枝数显著减少。夏播植株分枝数明显少于春播。花生植株由子侧枝生长的姿态以及侧枝与主茎长度比例的不同，而构成不同的株形。第一对侧枝长度与主茎高度的比率称株形指数。直立型与半蔓型一般合称丛生型。一个品种的株形比较稳定，受环境条件影响较小，是花生品种分类的重要性状之一。

（四）叶

花生真叶为羽状复叶，由叶片、叶柄和托叶 3 部分组成。叶片在茎枝上均为互生。

每片复叶一般由4个小叶组成。4个小叶两两对生在叶柄上部，小叶的形状有椭圆形、倒卵圆形、长椭圆形和宽倒卵圆形4种。花生叶片是由表皮、栅栏组织、海绵组织、叶脉维管束及大型贮水细胞组成。大小叶脉由维管束组成。花生叶柄细长，一般为2～10 cm。叶柄的上面有一纵沟，由先端通达基部，基部膨大部分叫作叶枕（或称叶褥）。小叶的叶柄很短，基部也有叶枕。叶柄基部有两片托叶，托叶的下部与叶柄基部相连，它的形状因品种而异，可作为品种鉴别的标志之一。花生叶片的光合潜能很高。据测定，幼苗期花生的光合生产率可达每平方米叶面积每小时同化40～51 g二氧化碳，接近玉米和超过大豆的净光合生产率。光照强度、二氧化碳浓度、气温、土壤水分、叶位和叶龄对光合强度的影响很大。每到日落或阴天下雨，复叶相对生的4个小叶就会自动闭合，复叶下垂，至翌日晨或晴天时，小叶片重新开放，复叶柄隆起。这种昼开夜闭和下垂隆起的现象叫作感夜运动或睡眠运动。产生这种运动是由光线的强弱变化使叶枕上半部薄壁细胞内的膨压变化所致。

（五）花

花是生殖器官，一般是2～7朵（有的多达十几朵），各个短柄的花集生在一条总花梗上，形成一个总状花序。花序实际是一个着生花的变态枝，在花序轴第一节上着生1片苞叶，其叶腋内着生花。根据花序在植株上着生部位和方式，可将花生分成连续开花型和交替开花型2种。连续开花型的品种，主茎和侧枝的每个节上均可若生花序。交替开花型的品种，主茎上不着生花序，侧枝基部1～2节或1～3节上只长背养枝，不能着生花序，其后几节只生花序不生营养枝，然后又有几个节只生营养枝不生花序，如此交替发生。花器由苞叶、花芬、花冠、雄蕊和雌蕊组成。花生苞叶2片、绿色；花萼位于内苞叶之内，下部联合成一个细长的花萼管，萼管上部为5枚绿色萼片，其中4枚连合，1枚分离；花冠蝶形，从外向内由1片旗瓣、2片翼瓣和2片龙骨瓣组成，一般为橙黄色，亦有深黄色或浅黄色的品种，雌雄蕊包在其内。每朵花有雄蕊10枚，其中2枚退化，少数品种1枚退化或不退化。雌蕊花丝通常4长4短相间而生，长有花药。雌蕊位于花的中心，分为柱头、花柱、子房3部分，细长的花柱从花萼管至雄蕊管内伸出，柱头密生茸毛，顶端略膨大呈小球形。子房位于花萼管及雄蕊管基部，内有一至数个胚珠，子房基部有子房柄，在开花受精后，其分生延长区的细胞，迅速分裂使子房柄伸长，把子房推入土中，这一过程称为下针。能够受精结实的花为有效花，不能受精结实的花为无效花，无效花的成因很多。有些花着生在茎的基部，且为土壤所覆盖，一般称其为地下花。在连续开花型品种中，常可见到此花，它们也能受精结实。花生植株的花，大体按由内向外、由下而上的顺序依次开放。整个植株（或整个群体）开花期，一般珍珠豆型品种50～70天，普通型品种60～120天。如果气候适宜，有的品种在收获时还能见到零星花开放。开花最多的一段时间称为盛花期。连续开花型品种始花后10天即可达盛花期，交替开花型品种始花20天后才能达盛花期，有些晚熟品种盛花期不明显，常出现好几个开花高峰。

（六）果针

花生的胚受精后3～6天，即可形成肉眼可见的子房柄。子房柄连同其先端的子房合称果针。果针的表皮细胞木质化，形成帽状物，其作用似根冠，保护子房入土。子房位于果针先端约 1 mm 内，其后 1～2 mm 为子房柄细胞分裂区，再后至 4～7 mm 为细胞延长区。子房柄的构造与茎相似，生有表皮毛，果针入土后可吸收水分和养分。子房柄表皮细胞含有花青素，皮层的最外一层细胞含有叶绿体，故子房柄的曝光部位呈紫绿色。

（七）荚果

花生果实为荚果。果壳坚硬，成熟时不开裂，多数荚果具有二室或三室以上，各室间无横隔，有或深或浅的缩缢，称为果腰。荚果的先端突出似鸟喙状，称为果嘴。荚果形状因品种而异，大体可分为普通形、斧头形、葫芦形、蜂腰形、蚕茧形、曲棍形、串珠形 7 种。通常以随机样品（包括饱果、秕果、单仁果、双仁果和多仁果）的平均每千克荚果个数来表示荚果的大小，或以饱满荚果的百果重（克）表示品种正常发育的荚果大小。同一品种的荚果，因环境条件、栽培措施、形成先后、着生部位不同等原因，其成熟度及果重差别很大。百果重是品种的主要特征。果壳厚度因品种而异，珍珠豆型品种较薄，荚壳重占果重的 25%～30%；普通型品种较厚，荚壳重占 30%以上。发育良好、子仁充实饱满的荚果，每千克果数少，英壳占果重比例小，荚果的出仁率（子仁重占荚果重的百分数）高。果壳由子房壁发育而来，在荚果发育成熟过程中，果皮纤维层日益木质化，并逐渐由白色转为黄白、黄褐或褐色，果壳逐渐变薄、变硬、网纹逐渐清晰，内含物质逐渐转向子仁，颜色由白色逐渐变为固有的暗黄色。

二、花生的生长发育过程

花生系豆科落花生属一年生草本植物。从种子的发芽到荚果的成熟大致经过以下几个阶段。

（一）种子的发芽和出苗

花生种子的形状、颜色、大小等是鉴别品种的重要根据。花生种子是由种皮和胚两部分组成。种皮主要起保护作用。胚包括胚芽、胚轴、胚根和子叶 4 部分。胚芽位于两子叶之间，由主芽和侧芽组成。主芽以后发育成主茎，侧芽发育成第一对侧枝。胚芽的下端为粗壮的胚轴和突出的胚根。成熟的种子内，主茎已有两片幼小的复叶，其内尚有 3～4 片小复叶或叶原基；侧芽上可见 1 片或 2 片苞叶和 1 片真叶，其内也有 2～3 片叶原基，在其苞叶叶腋内已有 1～2 个二次芽原基。因此，花生种子实际上已是一株分化相当完全的幼小植株。花生种子成熟以后，给予最适宜的发芽条件也不能正常发芽，这种特性称为休眠。种子休眠所需的时间称为休眠期（从花生成熟收获日起至可以发芽时止）。不同品种的种子，休眠期长短差异很大，一般珍珠豆型和多粒型品种休眠期短，在种子收获前如遇土壤湿度大、温度较高时，有的便可在土中发芽；而普通型和龙生型品种，休眠期较长。播前带壳晒种，种子加温处理以及用乙烯利打破种子的休眠，对加速酶的活性、提早种子发芽有较好的作用。

种子发芽出苗过程：发育完全的种子，在完成一定时间的休眠以后，在适宜的条件下就可以发芽出苗。发芽时，胚根先突破种皮向地下迅速生长，长到 1 cm 左右时，胚轴迅速分化向地上伸延，将子叶和胚轴推向地表。当子叶顶破土面见光，胚轴即停止生长，而胚芽急速生长出第一片真叶展开时即为出苗。春播花生从种子发芽到出苗，早熟品种需 10～15 天；中熟品种需 15～20 天。花生种发芽要求较高的温度。珍珠豆型和多粒型早熟小花生，种子发芽最低温度为 12℃，普通型花生最低温度为 15℃。发芽最适温度，早熟小花生 23℃左右，大花生 26～30℃。温度过低种子不能发芽，常会引起烂子；温度过高（40℃以上），胚根发育受阻，发芽率下降。花生从播种到出苗需积温 200～300℃。在一般情况下，种子吸水量相当本身重量 40％～60％的水分才能萌动，到出苗时需消耗种子重量 4 倍的水分。幼苗出土最适宜的土壤持水量为 50％～60％，低于 40％或高于 70％均会影响种子正常发芽和出苗。

（二）根、茎、枝、叶的生长

1. 根系的生长和根瘤的形成

花生的根由主根、侧根和很多次生细根组成。种子发芽后，胚根迅速生长深入土中成为主根，主根上长出 4 列侧根，呈明显的十字排列，侧根上又长许多次生细根，形成强大的圆锥根系。主根入土深度可达 1 m 以上，甚至 2 m 左右，但主要根群分布在 10～30 cm 土层中。根系横向分布可达 60 多厘米。花生的根部生有根瘤。一般在幼苗主茎长出 5 片真叶以后，根部便逐渐形成根瘤。根瘤形成初期，固氮能力较弱，随着植株的生长，固氮能力逐步增强，到开花盛期固氮能力最强，是供花生氮素最多的时期。花生所需氮素的 4/5 由根瘤供给。

2. 主茎和分枝的生长

花生幼苗出土以后，顶芽生长成主茎。花生的主茎直立，一般有 15～25 个节间，高度 15～75 cm。花生产区用主茎高度作为衡量花生个体发育状况和群体大小的一项简易指标。主茎高度以 40～50 cm 为适度；超过 60 cm 则表示生长过旺，群体过大，极易倒伏；不足 30 cm 则是生长不良，长势弱的表现。近年来，亩产 350 kg 左右的高产田，主茎高度在 40 cm 以上，有些则在 50～60 cm。花生是多次分枝作物。通常把主茎上长出的分枝称为第一次分枝，第一次分枝上生长的分枝称为第二次分枝，以此类推。第一次分枝的第一、二个分枝是由于叶节上长出，为对生，称为第一对侧枝，而以上的侧枝为互生。由于第三、四个侧枝着生茎节的节间很短，好似对生，故习惯上称为第二对侧枝。当主茎上生出 4 条侧枝后，称为团棵期。第一、二对侧枝是花生开花结荚的主要部位，占结荚总数的 70％～90％，因此其发育好坏对产量影响极大。由于花生开花结荚主要集中在第一、二对侧枝及其分枝上，分枝过多，特别是后期分枝过多，在生产上实际意义不大。目前，山东省一些普通型丛生花生高产地块每亩分枝数一般在 20 万～30 万；中间型品种徐州 68-4，每亩总分技数为 10 万～19 万，单株分枝 9 个左右。

3. 叶的生长

花生的叶可分为不完全的变态叶及完全叶（即真叶）两类。每一枝条第一或一、二节着生的叶都是不完全变态叶，称为“苞叶”或“鳞叶”。花序上每一节都着生一片长桃形苞叶，每一朵花的茎部有一片二叉状苞叶。当花生的真叶为羽状复时，分叶片、叶柄和托叶3部分。同一植株上主茎中部的小叶具有品种固有的形状，可作为鉴别花生类型的一个依据。叶枕受光照强度影响，膨压发生变化，使相对的4片小叶在夜间或阴天时自行闭合，次日晨或晴天又重新张开，这种现象称为感夜运动或睡眠运动。不同类型的花生其叶色有明显差异。同一品种，叶色深浅常因外界条件及内部营养状况改变而发生变化，因此，花生叶色变化可作为水、肥状况和植株内部营养状况的诊断指标。春播花生主茎可着生20多片真叶。花生真叶的生长过程：幼苗出土后，2片真叶首先展开，当主茎第三片真叶展开时，第一对侧枝上的一叶同时展开，以后主茎每长一片叶时，第一对侧枝也同时长出一叶。叶片展开后就基本停止生长。

4. 根系和茎叶生长与环境条件的关系

花生根系生长，需要土层疏松、湿度适宜的土壤条件。沙质壤土，土质疏松，通气良好，有利于根系发育和根瘤形成。土壤水分以最大持水量的50%～60%为宜，若低于40%，根系生长缓慢，根瘤形成少，甚至不生根瘤，茎叶生长也受到抑制；若持水量达到80%，不仅根系分布浅，降低植株抗旱能力，而且易造成地上部徒长。茎叶生长除要求适宜养分、水分条件外，还要求较高温度和充足的光照。温度超过31℃或低于15℃时，花生茎叶就基本停止生长；温度降到23℃以下，生长较慢；温度在26℃左右生长最快。此外，花生在弱光条件下，主茎节间长，分枝少；良好的光照条件可使植株生长健壮，节间紧凑，分枝多。

（三）花芽分化

当花生幼苗侧枝长出2～4片真叶时，花芽就开始分化。团棵期是花芽大量分化的时期，此时分化的花芽多是能结成饱满荚果的有效花。一个花芽从开始分化到开花，一般需要20～30天，多粒型和珍珠豆型花生短些，普通型花生长些。花生花芽分化过程，以珍珠豆型为例，可分为以下几个时期：花芽分化期（开花前25天）；花萼分化期（开花前20天）；雄蕊、心皮、花瓣分化期（开花前15天）；胚珠、花药分化期（开花前10天）；花器扩大期（开花前7～10天）；花器成熟期（开花前1～3天）。花生花芽分化与环境条件有密切关系。氮素供应充足、土壤水分适宜（保持土壤最大持水量的60%左右）、光照充足，有利于花芽分化，为早开花、多开花奠定良好基础；反之，花芽分化就会受到严重抑制，花期延迟，开花减少。

（四）开花和下针

1. 花的形态构造

花生的花是两性完全花，总状花序，着生在主茎或侧枝叶腋间的花梗上。每一花序一般能开2～7朵花，多的开到15朵以上。整个花器分为苞片、花萼、花冠、雄蕊、雌蕊5部分。

2. 开花与受精

花生在开花前花蕾膨大，一般在开花前一天傍晚，萼片裂开，露出黄色花瓣，到夜间花萼迅速伸长，至次日早晨开花时可长达3～6 cm。花多在早晨5～7时开放。开花前1～5小时，花药即开裂散粉，进行授粉。授粉后经12小时左右即可完全受精。开花受精后，花冠当天下午萎蔫。花生的开花顺序，一般自下而上，从内到外，左右轮流开放或同时开放。但在久旱遇雨时，开花顺序失常。花生的开花类型，根据第一次分枝上花序的着生情况可分为两类：一类是连续开花型，即主茎开花，侧枝不论是否再分枝，每个节上都能开花；另一类是交替开花型，一般主茎不开花，侧枝的第一、二节分枝，第三、四节开花，第五、六节再分枝，第七、八节开花，分枝与花序交替出现。普通型大花生“蓬莱一窝猴”即属此种。花生的开花期很长，花量较多。在一般大田生产中，单株开花数在50～200朵。开花期早熟种从始花到终花60～70天，晚熟种90～120天。在整个花期内，开花最多的一段时期为盛花期。连续开花型品种在始花后10天达盛花期；交替开花型品种则在始花后20～30天达盛花期。花生的开花量虽多，但有效花期内的开花量只占总开花量的60%左右。不论哪个品种类型花生的花，基部两对侧枝的开花量都占全花量的80%～90%。

（五）果针的伸长与入土

花生开花受精以后，子房茎部分生组织细胞迅速分裂，形成子房柄。子房在子房柄的尖端，其顶端呈针状，所以把子房和子房柄合称为果针。果针生长有向地性，尖端表皮细胞木质化呈帽状，保护子房入土结实。果针开始伸长较慢，以后逐渐加快，植株基部的果针经4～6天入土，处于高节位的果针入土约需10天以上。果针生长10 cm以后，伸长减慢，入土能力降低，常因久不入土而停止生长。植株基部节间开花早，距地面近，果针大多数能入土结实；植株上部的花开花晚，距地面远，果针往往不能入土，即便入土常因入土晚、气温低，影响子房发育，不能形成荚果。通常情况下，花生的成针率（占开花数的）30%～70%，成针率不高的原因很复杂。一是花器不全，没有受精；二是开花时温度过高或过低；三是空气相对湿度低于50%时，严重影响成针率。果针入土深度因品种类型和着生部位而异。珍珠豆型和多粒型花生，果针入土2～4 cm；普通型花生较深，4～7 cm；龙生型花生，果针入土更深些。

（六）荚果的发育和成熟

花生果针入土后，子房开始发育形成荚果。从子房开始膨大到荚果成熟，整个过程可粗略分为两个阶段，即荚果膨大阶段和充实阶段。前一阶段主要表现在荚果体积的急剧增大。果针入土后，10天左右即成鸡头状幼果，10～20天，荚果体积增长最快，在入土后20～30天，荚果体积即长到最大限度。但此时荚果含水量多，干物重增加还不快，荚果内主要为可溶性糖，油分很少，果壳木质化程度低，荚果光滑呈白色。后一阶段的主要特点是荚果（主要是种子于重）迅速增长，糖分减少，含油量显著提高。果针入土后50～60天或60～70天干重增长接近停止。在此期间，果壳变厚变硬，种皮逐渐变薄，显现品种本色，在荚果发育的同时，胚器分化完成。荚果发育对环境条件的要求：地上开花、地下结果，这是花生不同于其他作物的主要特性。花生荚果的发育需要湿润、黑暗、氧气、养分和机械刺激等环境条件。湿润是荚果发育的基本条件之一。水分缺乏，会造成子房萎缩，停止生长；水分过多或出现渍水情况，也会抑制荚果发育，造成果小、果少，秕果烂果增多。荚果发育所需的土壤水分，以土壤最大持水量50%～60%为宜。黑暗和机械刺激是荚果发育不可缺少的条件。花生果针如果一直悬空不使其入土，则无论伸长多少，始终不会膨大结实。土壤的机械刺激，对荚果的发育有一定的影响。适宜的温度和充足的空气也是荚果发育的重要条件。荚果发育时结果层土壤最低温度为15~17℃，最高温度为37~39℃，适宜的温度为25~33℃。通气良好的土壤，有利于荚果的发育。荚果的发育能否达到大而饱满，与结果层土壤养分状况有密切关系。因此，结果层土壤中矿质营养，特别是磷、钙丰富，对促进荚果的膨大、饱满有较好的效果。

第三节　花生的栽培和管理

一、春播露地花生高产栽培技术

春播露地种植是我国花生主要种植模式之一，在国内主要花生产区均有较大比例。虽然近年来春播地膜覆盖栽培技术得到大面积推广应用，但因露地栽培比地膜覆盖操作简便、技术要求低、省工和投入少，今后仍具有较大的发展潜力。

（一）选用优良品种

一般选择产量潜力高的中大果普通型、中间型或者珍珠豆型品种，全生育期在125～140天。适宜品种主要有花育19号、花育21号、花育22号、花育24号、中花8号、中花16号等。

（二）创造高产土体，科学施肥

春播露地高产栽培田应选择土层深厚、土质肥沃、多年未种花生（经3～5年轮作）的粮田或菜地。前作收获后尽早秋耕或冬耕，耕深以25 cm为宜。施肥以有机肥料为主、化肥为辅，底肥为主、追肥为辅。

（三）建立合理的群体结构

春播露地栽培一般每亩10 000穴（20 000万株）。播种时要选用生活力强的一级大粒种子作种，双粒穴播，提高播种质量，使苗株达到齐、全、匀、壮。

（四）加强田间管理

春播露地花生群体植株前期易徒长，后期易早衰。因此，在田间管理上总的原则是前控后保，确保稳长不衰。

1. 前期管理

通过早清棵、深锄地，蹲苗促早发。露地栽培应于花生基本齐苗后及时清棵。出苗至始花期间，应采用大锄深锄垄沟、浅锄垄背的中耕方法，共进行2～3遍，以利于散墒提温和保墒防旱，促进主根深扎，侧根和主要结果枝的早发，为节密、枝壮、花多、花齐打下基础。

2. 中期管理

主要通过肥水管理、防病治虫、化学调控等措施，控棵保稳长。花生在开花下针期对土壤干旱敏感，中午叶片轻微萎蔫（翻白）时，应及时灌溉。叶斑病防治应从发病初期开始，每隔 10～15 天喷一次叶面保护剂，如波尔多液等，也可根据发病种类喷施多菌灵、百菌清、代森锰锌等杀菌剂。植株如有徒长趋势，应及时叶面喷施 1 000 mg/kg B9 水溶液或 50～100 mg/kg 多效唑水溶液，每亩喷施 50～75 kg 药液。

3. 后期管理

主要通过肥水管理，保叶防早衰。饱果成熟期应进行根外追肥，一般每隔 7～10 天叶面喷施一次 1%～2%的尿素和 2%～3%的过磷酸钙水溶液，共喷施 2～3 次。例如，0～30 cm 土层土壤含水量低于最大持水量的 50%时，应小水轻浇饱果水。土壤水分较多时，应注意排涝，防止烂果。

二、春播地膜花生高产栽培技术

春花生地膜覆盖是目前推广的主要高产栽培技术，具有保温保墒、提前播种、有利于田间管理、增产的优点，对提高花生产量、扩大花生种植区域、保证国家食用油安全等具有重要意义。该技术增产增效显著，简便易行，为广大的花生种植户接受。该技术曾获国家科技进步二等奖。

（一）选用优良品种

高产栽培对花生种子的质量要求比较严格，品种要具有增产潜力，种子要成实饱满、纯度高。适宜的品种主要有大花生花育 19 号、花育 21 号、花育 22 号、花育 24 号等，小花生花育 20 号、花育 23 号等。

（二）选择高产地块

花生高产田要求地块土层深厚（1 m 以上）、耕作层肥沃、结果层疏松的生茬地，地势平坦，排灌方便。

（三）增施肥料

根据花生需肥规律，高产田要求亩施优质有机肥 5 000～6 000 kg，尿素 20 kg，过磷酸钙 80～100 kg，硫酸钾（K_2O 50%）20～30 kg。将全部有机肥、钾肥及 2/3 的氮磷肥结合冬耕或早春耕地施于耕作层内，1/3 氮磷肥在花生起垄时包施在垄沟内。

（四）种植规格及密度

高产田应采用起垄双行覆膜种植方式，垄距 80～85 cm，垄高 10 cm，垄面宽 50～60 cm，垄上行距 35～40 cm，穴距 16.5 cm，亩播 9 000～10 000 穴，每穴 2 粒。

（五）播种时间与深度

在 5 cm 地温稳定在 15℃以上时播种，深度以 3～5 cm 为宜。

（六）田间管理开孔放苗

覆膜花生一般在播后 10 天左右顶土出苗，出苗后要及时开孔放苗，放苗时间在上午 9 点以前，下午 4 点以后。

及时防治病虫害：花生苗期注意防治蚜虫和蓟马，方法是叶面喷施 40%氧化乐果乳油800倍液。自7月上旬开始，每隔10～15天叶面喷施杀菌剂，防治花生叶斑病，连续喷3～4次。在7～8月的高温多湿季节，用棉铃宝等杀虫剂防治花生虫害。在结荚期用辛硫磷等农药灌墩，防治蛴螬、金针虫等害虫。

遇旱浇水：在花生盛花期和结荚期遇旱，应及时浇水，不能大水漫灌。当花生主茎高超过40 cm时，叶面喷施25%多效唑30 g控制徒长。

后期主要是防止植株早衰，促进果大果饱，及时收获，减少或避免伏果、芽果。

三、夏直播花生高产栽培技术

鲁中南、鲁西南地区，6月中旬至10月上旬的积温一般都在2 900℃以上，能够满足夏直播花生的热量要求。实行夏花生抢茬直播，不仅可以解决麦套花生播种质量差等问题，而且便于机械作业和覆膜栽培，是提高工效、增加产量的有效途径。同时，发展大麦、蔬菜等茬口（半）夏直播花生，对解决我国粮油争地矛盾、保障粮油安全具有重要意义。

（一）一体化施肥

将前茬作物需氮量和花生需氮量综合考虑，前茬作物重施，花生轻施。

（二）精选种子

选用早熟品种，精选种子，确保纯度和质量。剔除过大、过小的种子，确保种子均匀一致。

（三）抢茬整地

前茬收获后，要抢时灭茬整地，播种要在前茬作物收后3～5日完成。

（四）机播覆膜

采用机播覆膜方式，提高播种质量和生产效率，播种行上方膜面覆土高度要达到5 cm。

（五）合理密植

大花生每亩9 000～10 000穴，小花生每亩10 000～11 000穴。

四、花生单粒精播高产栽培技术

目前，花生高产栽培存在整齐度不高等问题，推广花生单粒精播高产配套技术，不仅节种，而且显著提高工效和肥料利用率，并能够适应气候条件，防避病虫害，促进结果集中整齐，通过提高花生群体质量，实现花生生产高产高效。

（一）单粒精播

大垄双行，单粒精播。穴距10～11 cm，亩播14 000～15 000粒（穴）。

（二）种子精选

选用优质高产花生新品种，精选种子，保证种子大小均匀，纯度在95%以上，发芽率在90%以上。

（三）增施缓控释肥

增施有机肥，配方施用化肥，并将化肥总量的60%～70%改用缓控释肥。

（四）适期晚播

鲁东适宜播期为5月1—12日，鲁中南为4月25日—5月15日。

（五）机械覆膜播种

选用2BFD$_2$花生单粒播种机，将起垄、播种、施肥、喷药、覆膜、膜上压土等工序一次完成。

（六）绿色控害

采用物理、生物等措施综合防治病虫害。

（七）适当化控

采用灵活多次化控，推行中后期叶面喷肥。

五、丘陵旱地花生高产栽培技术

北方花生主要分布在丘陵和旱地，制约产量提高的主要因素是土壤瘠薄、干旱、肥料利用率低、病虫害较重。采用地膜覆盖增强抗旱保肥能力；适期晚播调节花生生育进程以适应气候条件，防避病虫害，促进结果集中整齐，防止后期发芽烂果，提高品质；肥效后移避免后期脱肥早衰，提高肥料利用率。

（一）整治农田，改良土壤，轮作换茬

丘陵地整修梯田，"三沟"配套。冬前深耕深翻，加深活土层。黏性土压沙或含磷风化石，沙性土压黏淤土。

（二）培肥地力

增施有机肥、有机无机复合肥、包膜缓控释肥等培肥地力，延长肥效期，肥效后移防早衰。中等肥力地块，亩施有机肥3 000～4 000 kg，五氧化二磷6～8 kg，纯氮8～10 kg，氧化钾4～5 kg。于地膜覆盖起垄时集中包施在垄内。

（三）选用高产抗病、抗旱耐瘠品种，适当密植

大花生品种如丰花1号每亩0.8万～0.9万墩，丰花3号、丰花5号、山花7号等每亩0.9万～1万墩，小花生品种丰花4号、丰花6号等每亩1万～1.1万墩，每墩2株。

（四）地膜覆盖，适期晚播

垄高12～15 cm，垄距80～90 cm，垄上行距35～45 cm，穴距15～18 cm，每穴2粒。早播的可用无色地膜，晚播的可用配色地膜或黑色地膜。播前带壳晒种2～3天，分级粒选。黄淮地区墒情较好或有抗旱播种条件的推迟至4月底至5月上中旬播种，无抗旱播种条件的可在4月上、中旬后抢墒播种。

（五）综合措施

防治病虫害用辛硫磷微胶囊或毒死蜱颗粒剂等于播种时施用防治蛴螬。用50%多菌灵按种子量的0.3%拌种防治枯萎病。叶斑病发病后用多菌灵或百菌清等杀菌剂喷施2～3次。在结荚后期喷施叶面肥防早衰落叶。

（六）及时收获

晒干避免霉捂，控制黄曲霉素污染。

六、秋植花生高产栽培技术

秋花生在立秋前后播种，又称“翻秋花生”。主要适用品种是珍珠豆型花生，为下年度春植留种。

（一）选用优良品种

适宜的品种主要有粤油7号、汕油851号、仲恺花1号、桂花17号、泉花10号等南方珍珠豆型花生。

（二）适时早播

秋花生播种太早，播后因气温过高，营养生长期过分缩短，花期处在高温日照长阶段，影响花器发育和开花授粉，结荚较少；播种太迟，则因后期气温低，造成荚果不饱满，产量低。立秋是秋花生的播种适期。如果利用旱坡地种植的，要适当提早播种，以减少秋旱影响。

（三）合理密植，保证全苗

秋花生可比春花生适当密植，每亩株数控制在2万株左右，最好采取宽窄行种植，规格是宽行30 cm，窄行18 cm，每亩约1万穴，每穴2粒，以便充分利用地力和阳光，提高单位面积产量。同时，出苗后要及时查苗补苗，确保全苗。每穴双粒播种的，如缺单苗可以不补，如全穴缺苗应及时移苗补植，或用种子催芽直接播种补苗。

（四）施足底肥，及时追肥

秋植花生一般齐苗20天左右即开花，营养生长期比春植花生短，前期又处在气温高的多雨季节，肥料分解快，易消耗，因此必须施足底肥，及时追肥；否则常因前期营养不足，植株营养生长不良，致使迟分枝，分枝少，产量不高。每亩750 kg有机肥(其中猪粪与田泥比例为6∶4)，混硫酸钾7.5 kg，过磷酸钙50 kg，沤肥30天。起畦后均匀撒施畦面，用牛耙匀后开行播种。堆肥要沤熟，撒施要均匀，这是基肥的关键。如果没有沤肥，可用复合肥15～20千克/亩。出苗后20天，根据苗期生长情况，结合中耕进行追肥，可追施复合肥，每亩为10 kg。花期结束，施优质石灰粉，每亩撒施15 kg，提高荚果充实度。

（五）加强田间管理，合理灌溉

秋花生生长前期处于雨水较多的月份，而花生需水特点是“两头少，中间多”，苗期怕渍水，所以应开好环田沟和田间沟，及时排除田间渍水，一般以沟灌、喷灌为好，要小水细浇，切忌大水漫灌，防止植株受旱枯萎。没有灌溉条件，难以实现丰产。在荚果形成至饱果期，每 7 天灌一次水，保持干湿交替；同时，在果针下土后，要结合清沟培土，以降低田间湿度，预防发生锈病。

（六）病虫害防治

播种时，用多菌灵或百菌清拌种，有利于防止因土壤带菌可能引起的花生根腐病、冠腐病。初见有斜纹叶蛾幼虫时，可在花生叶面喷敌百虫除虫。

七、林果地间作花生高产栽培技术

林果地（特别是幼龄林果地）间作花生，具有经济收益高、比较优势强、用地养地相结合的诸多优势，是大面积幼龄银杏、葡萄、冬（雪）枣等初建果园的高效间作模式。该技术在林果正常生长的同时，不仅实现了花生的高产高效，而且促进了土壤结构的改良和肥力的提高。

（一）选用耐阴、高产的中小果品种，坚持种子处理

考虑到林果不同程度的树阴影响，花生品种宜选择耐阴性较好、抗倒、抗病性较强、荚果中等偏小、容易充实饱满的中小粒品种为好，同时注意种子质量必须达到国标要求。适宜的品种主要有中花 1 号、湘花 2 号、泰花 2 号、泰花 4 号、天府 9 号等。

种子处理：播前 15～20 天晒种 2 天，剥壳后剔除病、残、瘪、弱籽，播前 1 天亩用吡虫啉种衣剂 40 mL 加杜邦普尊 45 mL 兑水 400 mL 均匀拌种仁 12～15 kg，注意在塑料盆内减少药液流失，并做到拌匀拌透。拌后自然晾干，能较好地防治中后期地下害虫。

（二）增施腐熟有机肥料，适量搭配复混肥料

冬春在林果园内亩施腐熟灰粪肥 3 000～5 000 kg，施后深翻。早春亩施尿素 5 kg、151515 复混肥 40 kg，施后耙平起垄。

（三）垄作方法及密度

根据幼树树冠大小、树干高矮确定和预留果树行空间宽度 1～2 m，当年栽植的幼树可以不预留空间直接起垄，垄宽 75 cm 左右，垄高 12～15 cm，垄面宽 45～50 cm，每垄播两行花生，垄上行距 25～30 cm，穴距 18～20 cm，播深 3～4 cm，亩播 9 000～9 500穴，每穴 2 苗。

（四）覆膜方式及化学除草

地膜规格：膜厚 0.006 mm、宽 900 mm。

春花生先播种后化除、覆膜，夏花生先化除覆膜后打孔播种。注意夏播播种时须垂直打孔，以免出苗时夏季高温灼苗及人工放苗。

化除：春花生播后覆膜前，夏花生起垄后覆膜前亩用 72%都尔或金都尔乳油 100 mL 兑水 50 kg 均匀喷雾。

（五）田间管理

1. 开孔放苗

春播覆膜花生出苗后及时开孔放苗。

2. 及时防治病虫害

花生苗期注意防治蚜虫和灰飞虱，中后期注意防治叶斑病和斜纹夜蛾。

3. 生长调节

开花前采用惠满丰、中华喷施宝等根外喷施；株高 35 cm 时，亩用 15%可湿性多效唑粉剂 40～50 g 或花生超生宝 60 g 兑水 50 kg 均匀喷雾化控。

4. 抗旱排涝

盛夏酷暑时注意抗旱，遇有台风暴雨须及时排涝降渍。

八、油菜—花生双高产栽培技术

油菜—花生轮作是我国南方长江流域主要的高产栽培模式之一，具有用地与养地相结合、提高肥料利用效率、防止病害的优点。该模式要求选用偏早熟的油菜和花生品种，实现一年两熟。通过周年肥水运筹，病虫草害综合防控，达到增产增效的目的。

（一）选用适宜品种

油菜应该选择高产优质抗旱的偏早熟品种，确保 5 月中上旬完成收获。对花生品种的基本要求是：珍珠豆型早熟品种，全生育期 110 天以内，确保 9 月中旬完成收获，抗叶斑病和锈病、耐渍性强。适宜的品种主要有远杂 9102 号、中花 16 号、天府 14 号、天府 21 号、天府 23 号、中花 8 号、中花 11 号、中花 13 号、中花 15 号、泰花 3 号、泰花 4 号等。

（二）开厢整地，适量底肥

油菜收获完毕后及时进行翻耕、整地和开厢，水田或平整地块要切实做到三沟相通，围沟、腰沟要深；丘陵地或旱坡地可开浅沟。播种前结合耕整适量施肥，一般亩施复合肥 30 kg 即可，可根据田块肥力调整氮肥用量，肥力高可少施或不施氮肥；反之，酌量增施氮肥。

（三）抢墒播种，合理密植

及时播种。结合天气情况抢晴抢墒播种，为保证后茬作物，在油菜收获后 3～5 天播种，播种密度每亩 2.0 万～2.2 万株（10 000～11 000 穴）。

（四）及时收获

油菜茬花生一般在 8 月底或 9 月初成熟，应及时收获。

第四节　花生的营养价值

一、花生的营养价值概述

（一）蛋白质

人类普遍食用的谷类、豆类、菜瓜果类、菌藻类、肉蛋乳类、鱼虾类及油糖酒等食品中，食部每百克含蛋白质最高为干鱿鱼，平均达60%，花生列第9位为24.51%（表4-1）。从“七五”保存的花生种质资源看，蛋白质最高为36.31%，最低为12.48%，平均为27.24%。同时，从目前全国大面积种植的花生品种看，多数蛋白质含量为26%～30%，说明花生也是属于高蛋白质含量的食物，是人类蛋白质食品的重要来源之一。

表4-1　花生等食物蛋白质、脂肪、碳水化合物和热能的含量（每100 g含量）

项目	位次									
	1	2	3	4	5	6	7	8	9	10
食品	干鱿鱼	虾米	黑豆	大豆	虾皮	茶叶	紫菜	蚕豆	花生	扁豆
蛋白质含量（%）	60.00	43.67	37.05	35.28	30.67	28.22	26.86	24.97	24.51	22.15
食品	松籽	核桃	葵花籽	杏仁（苦）	芝麻	花生	鸭肉	牛乳粉	大豆	黑豆
脂肪含量（%）	63.90	57.58	48.65	45.90	44.89	44.68	24.20	21.70	16.70	15.63
食品	糖	粉丝	蜂蜜	稻米	糯米	小米	小麦	高粱米	黑米	桂圆干
碳水化合物含量（%）	98.10	84.23	80.70	76.58	74.61	72.27	71.51	71.35	68.45	67.15
食品	动植物油	核桃	葵花籽	杏仁（苦）	花生	芝麻	牛乳粉	糖	大豆	黑豆
热能含量（kcal）	860.00～900.00	629.60	573.00	571.00	564.00	539.50	481.30	394.42	382.20	376.75

蛋白质由20多种氨基酸组成。其中，有8种氨基酸在机体内不能合成或合成的速度不能满足机体需要，必须从每日膳食中摄入一定的量，否则就不能维持机体的平衡。这8种氨基酸称为必需氨基酸，即异亮氨酸、亮氨酸、赖氨酸、蛋氨酸、苯丙氨酸、苏氨酸、缬氨酸和色氨酸。另外，对婴儿来说，组氨酸也是必需氨基酸。必需氨基酸供给不足或不平衡时，蛋白质合成减少，也会出现类似蛋白质缺乏的症状。根据测试，食部每100 g的18种氨基酸含量，平均最高的是干贝，40 714.0 mg；第二为虾米，40 575.0 mg；第三为黑豆，36 890.8 mg；第四为大豆，34 662.3 mg；第五为虾皮，26 186.0 mg；第六为花生，24 155.5 mg。其中8种必需氨基酸含量，花生为6 908.2 mg，

占氨基酸含量的28.6%，居19位，如果加上婴儿需要的组氨酸，9种必需氨基酸含量为7 529.0 mg，占31.17%，居18位，其构成比例适中（表4-2），依通用的方法计算评分，花生65分，低于禽蛋（100分）、母乳（100分）、牛奶（95分）、大豆（74分）、稻米（碾过）（67分），高于小米（63分）、全麦（53分）、芝麻（50分）等。

表4-2　花生蛋白质的氨基酸构成比例（单位：mg/100 g）

氨基酸	世界卫生组织建议		花生	
	含量	比例	含量	比例
异亮氨酸	40	4.0	34	3.8
亮氨酸	70	7.0	66	7.3
赖氨酸	55	5.5	36	4.0
蛋氨酸+胱氨酸	35	3.5	36	4.0
苏氨酸	40	4.0	26	2.9
色氨酸	10	1.0	9	1.0
缬氨酸	50	5.0	39	4.3
苯丙氨酸+酪氨酸	60	6.0	87	9.7

食物蛋白质营养价值的高低受很多因素的影响，但主要是受食物本身的蛋白质含量和被机体利用程度的影响，即含量和利用程度越高，营养价值越高；反之含量和利用程度越低，营养价值越低。一般来说，蛋、乳、鱼、肉类和大豆蛋白质的营养价值较高，一般植物性食品的蛋白质营养价值相对较低。花生蛋白质含量较高，但被机体利用程度相对较为一般。例如，对于蛋白质的生物价，鸡蛋为94、牛奶为85、虾为77、牛肉为76、大豆为64、花生为59、蚕豆和绿豆为58、小米为57、高粱为56等。因此，花生蛋白质的营养价值在植物类食品中是比较高的。

（二）脂肪

根据测试，花生脂肪含量平均为44.68%，属高脂肪含量食物，居第6位（表4-1）。从“七五”保存的花生种质资源来看，含量最高为59.8%，最低为39.0%，平均为50.27%。目前，生产上种植的品种脂肪含量一般为48%～52%，而且花生油熔点低，易消化，在室温下呈液状，消化率达98%，所以花生是人类膳食中的重要脂肪来源之一，人们把它称为油料作物。随着生活水平的不断提高，人们的保健意识不断加强，花生油的需求量逐渐加大。花生脂肪中不饱和脂肪酸占79.88%，必需脂肪酸占39.54%，其中亚油酸占38.24%。但是不同品种和不同栽培条件下，在花生脂肪含量中，不饱和脂肪酸、必需脂肪酸和亚油酸含量有所不同。例如亚油酸含量，早熟品种一般为40%左右，中熟品种一般在35%左右。

（三）碳水化合物

碳水化合物是人体最主要的热能来源，是构成机体的重要物质，参与许多生命过程，同时与脂肪、蛋白质等其他营养素在体内的代谢也有密切的关系。根据测试，白糖和红糖中的碳水化合物含量最高，花生食部每百克含 16.03 g，居 32 位，说明花生也含有人体必需的一定数量的碳水化合物。

（四）热能

一般情况下，健康成人从食物中摄取的能量和所消耗的能量应保持平衡状态，否则就会引起体重减轻或过重。热能来源是食物中碳水化合物、脂肪和蛋白质，而食物中的无机盐与维生素不能供给能量。根据测试，食部每百克所产生的能量，最高是棕榈油，花生为 564 kcal，居第 5 位，属高热能食物（表 4−1）。

（五）无机盐

根据测试，花生含有一定数量的无机离子，食部平均每百克：钾含 583.40 mg，居紫菜（1 795.75 mg）、黑豆（1 400.00 mg）、大豆（1 335.17 mg）等 14 种之后，为第 15 位；磷含 314.71 mg，居虾米（661.50 mg）、芝麻酱（626.50 mg）、虾皮（581.67 mg）等 15 种之后，为第 16 位；镁含 180.60 mg，居葵花籽（412.50 mg）、芝麻酱（316.00 mg）、红茶（300.50 mg）等 10 种之后，为第 11 位；钙含 40.55 mg，居芝麻酱（1 648.00 mg）、虾皮（1 230.33 mg）、牛乳粉（797.50 mg）等 51 种之后，为第 52 位；钠含 8.43 mg，居虾皮（9 494.43 mg）、虾米（4 891.90 mg）等 66 种之后，为第 67 位，但高于大豆（2.70 mg）等主要豆科作物；锌含 2.66 mg，居鱿鱼（11.24 mg）、干香菇（6.46 mg）、葵花籽（6.91 mg）等 21 种之后，为第 22 位；铁含 2.12 mg，居黑木耳（72.56 mg）、紫菜（54.93 mg）、小白菜（45.35 mg）等 47 种之后，为第 48 位；锰含 1.31 mg，居茶（59.90 mg）、小米（9.89 mg）、鲜栗子（7.16 mg）等 20 种之后，为第 21 位；铜含 0.95 mg，居葵花籽（3.42 mg）、茶（2.20 mg）、虾米（2.01 mg）等 14 种之后，为第 15 位；硒含 6.14 mg，居鱿鱼（156.12 mg）、虾米（92.10 mg）、蟹（82.65 mg）等 39 种之后；为第 40 位，但高于大豆（5.81 mg）、绿豆（5.0 mg）等多数其他谷、豆、瓜、菜、果类食品。

（六）维生素

根据部分维生素测试结果，花生是一种富含维生素的食品。根据全国 12 省（市、区）测试，平均食部每百克维生素 E 含量 18.13 mg，烟酸为 15.98 mg，维生素 C 为 1.0 mg，维生素 B_1 为 0.74 mg，维生素 B_2 为 0.13 mg，胡萝卜素为 26.67 μg。

二、花生油的营养价值

花生油淡黄透明，色泽清亮，气味芬芳，滋味可口，是一种比较容易消化的食用油。花生油含不饱和脂肪酸 80%以上（其中含油酸 41.2%，亚油酸 37.6%）。另外，还含有 19.9%软脂酸、硬脂酸和花生酸等饱和脂肪酸。

从上述营养成分可以看出，花生油的营养价值主要有以下几个方面：

（1）花生油可以补锌。花生油中含有大量的锌，其锌含量比菜籽油、豆油等都要高出许多，并且其中的油脂含量也是较高的，故经常食用对人体有益。

（2）花生油可以保护心脑血管。花生油中含有单不饱和脂肪酸、白藜芦醇和 β−谷固醇。医学证明，这三种物质是肿瘤类疾病的化学预防剂，也是降低心脑血管的预防剂。

（3）花生油可以抗衰老。花生油中含有多种抗衰老成分，有延缓脑功能衰老的作用。此外，花生油还具有健脾润肺、解积食、驱脏虫的功效。

（4）花生油可以提高记忆力。花生油中的胆碱，还可改善人脑的记忆力，很适合老人和小孩。

第五节　花生的综合利用

一、花生油加工技术

花生含油量较高，其工业制油技术一般采用压榨工艺和预榨—浸出工艺两种，而浓香花生油则是压榨工艺的一个特例。压榨工艺是采用机械压榨的方式将油脂提取出来；而预榨—浸出工艺则是先从花生中提取一部分油脂后，再通过浸出的方法将剩余油脂提取出来。通过压榨或预榨获得的油脂为机榨花生毛油，而通过浸出过程获得的油脂为混合油，经蒸发汽提后得到浸出花生毛油。花生毛油还达不到食用要求，必须经过精炼过程才能食用。

花生压榨工艺流程：

花生果→清理干燥→剥壳→破碎→轧坯→蒸炒→压榨→过滤→花生原油（毛油）

花生预榨—浸出工艺流程：

花生果→清理干燥→剥壳→破碎→轧坯→蒸炒→预榨→预榨饼→浸出→过滤→蒸发汽提

花生油精炼工艺流程：

花生毛油→过滤→碱炼（脱酸）→水化（脱胶）→脱色→脱臭→成品油

（一）花生前处理工序

1. 清理干燥

进入油厂的花生果难免夹带着一些杂质。如果不清除花生果中夹带的泥土、茎叶等杂物，它们不但会影响油脂和饼粕的质量，而且会吸附一部分油脂，降低出油率。如果花生果中夹有沙石、金属、麻绳等杂物，则会引起机件磨损等，诱发生产事故，影响工艺效果。因此，为了保证生产的顺利进行，必须尽量除去杂质。个别含水量高的花生果，为了剥壳方便，进行干燥处理也是十分必要的，使高水分的花生脱水至适宜的水分。清理的方法很多，具体可根据杂质的情况采用不同的方法。如果所含杂质轻，如杂草、茎叶等，可以采用风选的方法，用气流吹掉杂质；如果杂质颗粒较小，可以通过筛选，除去杂质；对于一些尺寸大小、相对密度与花生相似的杂质，如果属于泥土块，可以在磨泥机中摩擦粉碎后再用筛选法除去；如果属铁质杂质，可以采用电磁铁或永久磁铁进行分离。经过清理后的花生果（带壳），其含杂量不应大于1.0%。

2. 剥壳

花生在制油前需要进行剥壳，其目的：一是减少果壳对油脂的吸附，提高出油率；二是提高加工设备的处理量，减少对加工设备的磨损；三是有利于轧坯，提高毛油质量；四是可提高花生饼粕的质量，有利于综合利用。利用花生剥壳机进行剥壳的工艺比较简单，仁壳的分离也比较容易。但在剥壳过程中应尽量防止将花生仁破碎，保持仁粒完整。为了达到这一目的，剥壳前对大小不同的花生果进行分级筛选是十分必要的。根据有关剥壳技术要求，一般剥净率在95%以上，清洁度在95.5%以上，壳中含仁率不大于0.5%，仁中含壳率不大于1.0%。如果采用榨油机压榨花生时，当花生仁中有适量的壳存在，则压榨时的油路更为畅通，形成挤压力比较大，出油速度也比较快。

3. 破碎与轧坯

花生仁破碎的目的是用机械的方法将花生粒度由大变小，为制油创造良好的出油条件。生产中需要将花生仁破碎为4~6瓣，使通过20孔/英寸（1英寸=2.54 cm）筛的粉末不超过8%，这样有利于轧坯。而轧坯则是将花生由粒状压成片状的过程，所以又叫压片。轧坯的目的在于破坏花生的细胞组织，为蒸炒创造有利的条件，以便在压榨或浸出时使油脂能顺利地分离出来。生产中，常将轧坯后得到的油料薄片称为生坯，生坯经蒸炒处理后称为熟坯。将颗粒状花生仁经轧坯成薄片后，大大缩短了油脂从花生中被提取出来的路径，从而为压榨或浸出取油提供了有利条件。轧坯应薄而均匀，粉末少，粉末度控制在筛孔1 mm的筛下物不超过10%~15%，一般坯片的厚度不要超过0.5 mm。

4. 蒸炒

蒸炒是提取花生油过程中最重要的工序之一，其目的：一是通过水分和温度的作用，使花生细胞得到彻底的破坏；二是在温度的作用下，使蛋白质变性，把包含在蛋白质内部的油脂提取出来；三是蒸炒可以降低油脂黏度，调整料坯的性能，使之能更好地承受压力，将油脂从花生坯片中挤压出来。蒸炒包括生坯的湿润和加热，在生产上称为蒸坯或炒坯，生坯凡经蒸炒后进行压榨的称为热榨，不经热蒸炒者称为冷榨。花生榨油主要是以热榨为主，蒸炒的效果对整个制油过程的顺利进行和出油率的高低，以及油品、饼粕的质量有直接的影响。在花生油厂中，由于所采用的榨油机种类和其他辅助设备的不同，蒸炒的方法也就不一样。具体地说，一般具备蒸汽锅炉和立式蒸炒锅等设备的单位，往往选择润湿蒸炒方法；否则，选择加热—蒸坯的方法。

润湿蒸炒法是目前国内花生油厂采用的一种较好的蒸炒方法。它基本上可分为 3 个过程：一是润湿。根据高水分蒸坯的要求，当料坯刚进入蒸锅时，首先要对料坯进行湿润，使其吃足水分。如果吃水少，会出现料坯结团、蒸炒不透甚至外表焦煳而内部夹生的现象，从而影响出油率。一般花生仁应润湿为 15%～17%的水分。二是蒸坯。蒸坯是在生坯润湿后，在密闭的条件下继续进行加热。一般应在 95～100℃下蒸坯不少于 40 分钟。三是炒坯。炒坯是将经过润湿、蒸坯后的料坯进行干燥去水的过程，目的是使料坯中的水分充分挥发。一般炒坯时间不少于 20 分钟，炒至含水量为 1.5%～2.0%，温度为 128℃左右，即可出料入榨。

加热—蒸坯也是采用较多的一种蒸炒方法，尤其对使用小型榨油机和水压机等压榨设备的单位更为适用，其过程分为两个环节：一是加热。加热是使生坯在一定的温度下进行升温和去水分的过程。为了使料坯加热均匀、炒匀炒透而又不致炒焦，应预先加水润湿，使花生吃水一致，并放置一定的时间。一般放置 8～12 小时，使喷洒的水分渗入花生之中。料坯应预先加水润湿后再进行加热，加热时应经常翻动或搅拌，使料坯受热均匀。加热的温度应控制在 90～100℃。二是蒸坯。蒸坯是指将生坯加热之后的半熟坯在很短的时间里喷以直接蒸汽而使其成为入榨熟坯的过程。其目的是使熟坯具有最适宜的可塑性和抵抗力，以尽量提高出油率。因此，应根据花生的含油情况，调整好入榨熟坯的水分和温度。花生第一次压榨的入榨水分为 5.5%～7.0%，入榨温度为 100～105℃；第二次压榨的入榨水分为 9%～10%，入榨温度为 105℃左右。

（二）提油工序

1. 压榨和预榨

压榨工艺是我国广大花生产区传统的油料加工方法，它的原理就是用压力将油料细胞壁压破，从而挤出油脂。根据操作方法不同，又可分为冷压法和热压法两种。前者出油率低，成品含水分和蛋白质多，较难保存，因此采用这种方法的很少；后者成品易产生异味，油色深，但出油率高，含水分和杂质少，较易保存。而预榨则是为预榨—浸出工艺而配置的生产工序，预榨的原理和压榨没有什么区别，只是考虑对花生的预先出油问题。由于花生含油量较高，则需要先将花生中的一部分油脂提取出来，其余残油由浸出工序来解决。如果采用压榨工艺，则采用液压榨油机榨油和螺旋榨油机榨油两种；如果采用预榨工艺，则采用预榨机进行榨油。预榨机是在螺旋榨油机的基础上改进设计的，其结构和工作原理与螺旋榨油机大体相同，其不同之处是物料压榨停留的时间较短。

2. 浸出

花生浸出法制油，就是用溶剂溶解出预榨花生饼中的残留油脂，则浸出过程实际上是物质传递的过程。花生利用溶剂浸出取油的过程，一般可分为 5 个主要操作程序，包括花生的预处理、溶剂浸出、混合油中的溶剂回收、花生粕中的蒸烘脱溶和从不凝气体中回收溶剂。实际上，花生浸出法和预榨法相结合的工艺是比较经济合理的，也是比较先进和理想的。从这个意义上讲，浸出法是将经低温预榨的花生饼粕置于密闭容器（浸出器）中，用溶剂浸提，使油脂溶于溶剂中，此时油脂和溶剂的混合物称为混合油。由混合油制取花生原油（毛油）有3个过程：一是混合油过滤，即通过过滤介质和离心分离的方法，把混合油中的固形物分离出去。二是混合油的蒸发，即通过加热使混合油中的溶剂汽化，从而把大部分溶剂脱除。三是混合油的汽提，即通过水蒸气对蒸发后的残留溶剂进行蒸馏，将混合油内残余的溶剂基本除去。通过对混合油的过滤、蒸发和汽提，获得可用于精炼的花生原油（毛油）。然后把蒸发的溶剂和汽提蒸馏出的溶剂进行冷凝回收和循环利用。而浸出过程卸出的湿粕还含有一定量的溶剂，需通过蒸烘设备或蒸脱设备将溶剂除去，从而得到洁净的花生粕。

影响溶剂提油的主要因素有温度、压力、浓度、溶剂的黏度、接触时间、油料结构、原料的大小与厚度、溶剂的表面张力及密度等。这里主要强调以下两个因素：一是溶剂的性质。供提油用的溶剂应具备下列必要的条件：对油脂的溶解度大，而且具有可选择性；无色无臭，且无毒性；与溶质不起化学作用，与水不能相互混合；沸点范围较小，不易着火，对金属无腐蚀作用；相对密度较小，容易回收，价格便宜，容易取得。二是提油温度与溶剂用量。在溶剂使用量固定时，提油效率随温度的升高而增大。在接近溶剂沸点的温度下提油，可提高提油效果。但温度过高，则会造成溶剂冒泡或沸腾，以致油料被溶剂蒸汽所包围而无法与溶剂接触，反而造成提油效果急剧下降。在不影响提油作用的情况下，溶剂用量以较少为好，这样既可节省溶剂，又可减少溶剂回收系统的热能消耗量。

（三）花生油精炼工序

花生毛油是指从压榨工艺、预榨—浸出工艺获得的油脂，它并非是纯净的脂肪酸甘油酯的混合物，还含有内在和外来的杂质，如机械杂质、脂溶性杂质和水溶性杂质等，应根据不同的需要采取不同的精炼方法。花生油精炼的环节一般有澄清过滤、碱炼、水化、脱色和脱臭等。

1. 澄清过滤

用以分离花生毛油中不溶性的悬浮物及部分胶溶性物质。在澄清过程中，由于杂质形成的胶体的陈化或其他原因从油中析出而被除去，澄清和过滤常用的设备是压滤机及离心机。用压滤机热滤时油液的温度应在55℃以上，若待油液冷却后再进行过滤，则部分蛋白质、磷脂、黏液素等胶体物质因溶解度降低，也可滤去一部分。

2. 碱炼

一般采用碱溶液来精炼花生油脂，使其和游离脂肪酸结合成盐类，即所谓的皂脚。皂脚不溶于中性油内，故静止后皂脚即能从花生油中分离出来。由于碱液首先与游离脂肪酸及具有酸性反应的杂质发生作用，因而降低了油的酸度，所以工厂生产中常将碱炼称为油的中和反应。然而碱液具有的作用并非如此单一，由于生成的皂脚具有高度的吸附能力和吸收作用，所以它能把相当数量的其他杂质，如蛋白质、黏液素、色素等带入沉淀，部分不溶性的杂质也被吸附而沉淀。碱炼时，最常用的碱是氢氧化钠，它具有较好的脱色效果，但缺点是会皂化中性油。因此浓度不易过大，一般碱炼酸价为5以下的毛油时，可用35～45 g/L的稀溶液；当碱炼酸价为5～7的毛油时，则用85～105 g/L的中等浓度的溶液；如酸价更高，则用更浓的碱液。碱炼时的油温，对于稀碱液取90～95℃，对于中等浓度的碱液取50～55℃，对于浓碱液取20～40℃。碱炼时间一般需要1～1.5小时，中和后静置4～6小时，除去沉淀的皂脚。若沉淀困难，则对于稀碱液处理后的液油再升温至95～100℃，加入2%～2.5%、浓度为8%～10%的氯化钠溶液，以加速皂脚的沉淀。皂脚沉淀后被排去，再将油液用热水洗涤，除去残余的碱液。

3. 水化

水化法也称水洗或脱胶，即用一定量的热水或很弱的碱液、盐或其他物质的水溶液在搅拌下加入热油液中，使磷脂、蛋白质与磷脂的结合物、黏液素等胶体凝聚而沉淀。水化后，花生油的酸价下降0.1～0.4，这是由于两性蛋白质的沉淀及部分有机酸溶于水的缘故。水化的温度一般为40～50℃，水化后静置1～1.5小时，使胶体凝聚沉淀后排除。

4. 脱色

脱去油脂中的某些色素、改善油品色泽、提高油品质量的精炼工序称为脱色。脱色对于提高油脂的质量十分重要。脱除油脂色泽的方法有日光脱色法、化学药品脱色法、加热法和吸附法等，目前我国应用较多的是吸附脱色法。吸附脱色的原理是利用某些具有较强的选择性吸附作用的物质（如酸性活性白土、漂白土和活性炭等）加入油脂中，在加热情况下吸附油脂内的色素及其他不纯物质。吸附作用主要由吸附剂固体的表面张力所引起，在油与吸附剂两相经过充分的时间接触后，最后将达到吸附平衡关系，使油脂中的色素吸附在吸附剂上，除去吸附剂后得到很浅色的花生油。

5. 脱臭

花生油中纯净的甘油三酸酯是无味的，油料本身所含特殊成分和油脂在贮藏、制取过程中发生水解和氧化所生成的产物（如酮醛、游离酸、含硫化合物），或在油脂精炼过程中带来一些异味，如压榨过程中料坯过分受热生成的焦味、浸出过程中的微量溶剂味、碱炼油没有水洗干净带有肥皂味、脱色油带有白土味等。这些特殊气味统称臭味，脱除油中臭味物质的精炼工序称之为脱臭。其脱臭的机理是用蒸汽通过含有臭味组分的油脂，使汽—液表面相接触，蒸汽被挥发出的臭味组分所饱和，并按其分压的比率逸出，从而去掉油脂中含有的臭味。因为在相同条件下臭味组分蒸汽压远远大于甘油三酸酯的蒸汽压，所以通过蒸汽蒸馏可以使易挥发的臭味物质从不易挥发的油中除去。脱臭操作温度较高，因此需要采用较高的真空度，其目的是增加臭味物质的挥发性，保护高温热油不被空气氧化，防止油脂的水解，并可以降低蒸汽的耗用量。花生油经脱臭后的产品质量，应符合国家标准《花生油》（GB/T 1534—2017）的规定。

二、花生果、花生仁加工技术

花生果含仁70%～80%，含壳20%～30%。在花生仁中，脂肪占44%～54%，蛋白质占24%～36%，糖类占12%～13%，水分占7%～10%，胚占4%，种衣占3%。另外，花生仁还含有人体所必需的8种氨基酸及丰富的维生素、无机盐等。花生作为食品不仅营养丰富，而且口味香脆，吃法多样，颇受人们的喜爱。

（一）花生果制品

如烤花生果、日晒花生果、盐炒花生果、清煮或咸煮花生果等，加工极为简便，香酥可口。

（二）花生糖果及糕点

以花生仁为主要原料，加上其他佐料及调味品，经过一定的物理加工精制而成，具有香、甜、酥、脆等特点，是人们喜爱的副食品和开胃品。可以制作的糖果主要有花生糖、花生粘、花生蓉、鱼皮花生、琥珀花生、奶油花生米、南味花生糖、花生牛轧等。可以制作的糕点主要有花生珍珠糕、奶油花生酥、花生蛋白脆、奶油花生干点心、花生奶糕、花生蛋白酥饼、花生酱松饼等。我国许多地方以花生制成的特产食品而闻名遐迩，如四川天府花生、福建龙岩盐酥花生等。

（三）花生酱及花生佳肴

花生酱是一种新型的方便食品，以花生为主料，经过一系列物理化学方法制成。它营养丰富，口感滑润，味美可口，风味独特。在国外，尤其在美国，花生酱作为一种配料，被广泛用于薄脆饼干、三明治、花生味小甜饼、烘烤食品、早餐类食品以及冰激凌中。花生酱还可以调味再加工，生产出香、甜、咸、辣的怪味酱，根据不同地区不同消费者的嗜好，产品味道可适当调整。花生仁可制作许多美味佳肴，如花生肉丁、红袍花生、椒盐花生、酱花生仁等。

三、花生蛋白质加工技术

我国花生资源丰富，且花生蛋白质是一种较完全的蛋白质，蛋白含量仅次于大豆，因而花生蛋白的提取和利用备受人们的重视。当前花生蛋白质的提取主要通过水剂法、低温预榨—浸出法、超滤法和等电法等。花生蛋白在食品中的开发利用主要有以下途径。

（一）用来制作花生蛋白饮料

将花生蛋白粉配以糖料、矿物质、维生素和香料等物质，灭菌后配成饮料饮用。例如，山东滕州市乳品厂将花生蛋白与山羊乳混合，配成乳香花生蛋白粉；印度将花生蛋白粉与牛奶按 1∶1 的比例混合制成米尔顿替代母乳供婴儿食用。

（二）用来制作花生组织蛋白

将脱脂花生粉加 25%的水、0.7%纯碱和 1%食盐混合均匀，在挤压机上挤压即成有组织感的花生蛋白肉。山东平度市粮油加工厂，利用低温预榨—浸出工艺制取的脱脂花生粉生产出组织蛋白，产品质量可与国外同类产品相媲美。

（三）用于添加到多种食品中制成复合食品

把花生蛋白粉添加到多种食品，如面包、烘烤食品、快餐食品、肉饼、冰激凌中，不仅蛋白质含量有所提高，花生蛋白和小麦蛋白的氨基酸还可以平衡互补，而且还具有良好的保水性和膨胀性。将花生蛋白粉以 8%～10%的比例添加到小麦面粉中制作挂面，蛋白质含量提高 50%，耐煮性也明显提高。

（四）用于加工疗效食品

例如，加工血宁花生蛋白粉可以治疗流鼻血和血小板减少等病症。加工精制花生蛋白粉作为病员食品，对糖尿病、高血压、动脉硬化和肠胃病患者恢复健康都有一定的帮助。

四、花生种衣加工技术

现代医学研究表明，花生种衣含有止血的特种成分——维生素 K。维生素 K 是人体维持血液正常凝固功能所必需的一种成分，缺乏时可导致血液凝固迟缓和容易出血。花生种衣有抗纤维蛋白的溶解、促进骨髓制造血小板、缩短出血时间、加强毛细血管的收缩、调整凝血因子缺陷的功能。用花生种衣作原料制成的宁血片、止血宁注射液、宁血糖浆等，可治疗多种内外出血症。这些止血药物的研制成功，为花生种衣的合理开发利用开辟了广阔的前景。

五、花生壳加工技术

我国平均每年生产花生约 600 万吨，即约有 150 万吨花生壳。长期以来，大量的花生壳被抛弃或用作燃料，造成了很大的资源浪费。近年来，国内外对花生壳综合利用的研究，从化工、饲用扩展到建材、医药、处理污水等领域，变废为宝，创造了不错的经济效益。花生壳的开发利用主要有以下途径。

（一）用花产壳制取胶黏剂

花生壳中含有一定量的多元酚类化合物，对甲醛具有高度的反应活性，可用来代替或部分代替苯酚制取酚醛树脂胶黏剂。花生壳用氢氧化钠溶液浸提，提取液中含有多元酚、木质素、粗蛋白等物质。将花生壳碱提取液与苯酚、甲醛按一定比例混合加热可得到类酚醛树脂胶黏剂。用花生壳碱提取液取代 40％的苯酚制备出来的酚醛胶，用来黏合胶合板，表现出良好的黏合性能，同传统的酚醛树脂胶相比，其热压时间缩短。

（二）用花生壳制药剂

用花生壳作原料提取的药物对治疗高血压及高脂血症有显著疗效。云南省药物研究所的科研人员经过初步化学分离，从花生壳中得到 4 种化合物，即 β－谷甾醇、β－谷甾醇－D－葡萄糖苷、木樨草素及皂苷。β－谷甾醇有降血脂作用。木樨草素是一种黄酮类化合物，据文献记载有镇咳作用。对实验性的动脉粥样硬化家兔，给用木樨草素可使血胆固醇、β－脂蛋白及 β－脂蛋白结合的胆固醇明显降低，动脉的脂质也明显减少。动物实验表明，木樨草素为花生壳中降血压及治疗冠心病的有效成分。

（三）用花生壳制造碎料板

花生壳经粉碎后，同热固型黏合剂按一定比例混合，在 180～200℃和 15～30 g/m^3 压力下可热压成板材。与用碎木片制作的碎料板相比，这种用花生壳制作的碎料板不容易吸潮，不易燃，抗白蚁破坏，而且所用的树脂黏合剂可减少 10％～15％。

另外，花生壳经适当处理，可以不添加胶黏剂，直接加工成多种建筑板材和成型材料。首先，在高温条件下用蒸汽处理花生壳，使其纤维物质水解为单体糖、糖聚合物、脱水碳水化合物和其他分解产物。在一定的温度和压力条件下，将这种用蒸汽处理所得的花生壳分解产物热压成型。这种以花生壳为原料制备复合材料的工艺，具有成本低的特点，所得到的产品具有良好的强度和稳定性。

（四）用花生壳栽培食用菌

用花生壳栽培食用菌的方法比较简单。将花生壳直接浸入20%的石灰水中，消毒24小时，捞出后在清水中洗净，调至pH至7～8。把粉碎软化的花生壳放进蒸笼，在常压下蒸8～10小时，使其熟化。按花生壳78%、麸皮20%、熟石膏2%的比例配料，然后在菇床上铺平，播入菌种即可。同时，也可将花生壳用沸水煮20分钟，捞出后稍加冷却，待温度降至30℃，即可铺平于菇床，播上菌种进行培养。

（五）用花生壳加工饲料

花生壳经简单的粉碎加工，可成为家畜、家禽的好饲料。花生壳经硝酸处理木质后，加入一种连锁状的芽孢菌类的菌种，也可加入制作普通面包的酵母，使之产生分解作用。花生壳经微生物作用后消化率可达50%以上，蛋白质含量为15%，这就可把花生壳转变为易消化、有营养且便宜的牛饲料。

花生壳经粉碎后，同水混合，然后用含量为0.75%～6.8%的臭氧在室温和1～1.7个大气压下对花生壳处理若干小时，能够得到纤维素，这种纤维素适宜用来生产反刍动物的饲料。

（六）用花生壳处理污水

国外科研人员发现，花生壳可用来吸附废水中的重金属，花生壳粉碎得越细，吸附重金属（镍除外）的效果越明显。粉碎直径为100 μm的花生壳可以除掉40%的汞、40%的锌、55%的钙、80%的铜和92%的铅。花生壳中含有单宁类化合物，是极为有效的离子交换物质，可用来从废水中除去铜。当铜浓度高达200～1 000 ppm①的废水通过装有花生壳的分离柱后，可以减至0.5 ppm以下。在pH为5～7时，最适宜从废水溶液中除去铜。在水过滤系统中可以采用花生壳作过滤物质，从水中有效地除去汞。饱和的花生壳中的汞可以采用蒸发方法加以回收。

（七）用花生壳生产肥料

花生壳经粉碎后，用96%的硫酸和85%的磷酸的混合物处理，使之发生放热反应。分解完成后，添加一定量的碳酸钾和58%的氨水加以中和，最后经干燥、造粒，得到肥料。花生壳经适当处理，还可制得一种缓慢释放养分的肥料。用碳酸钾、硝酸钾等无机肥料和啤酒酿造厂的液体废料，浸润经处理的花生壳，接着经过干燥，使之牢固附着在花生壳上。最后用从花生壳中提取的含有木质素的液体物质加以浸泡，干燥后形成一层包覆膜。这种肥料只有在花生壳分解时才向土壤中释放养料。

① ppm：浓度单位，已不再使用。1 ppm=0.001‰。

第五章　大豆加工技术

第一节　概述

大豆起源于我国，我国学者大多认为其原产地是云贵高原一带，大豆古称菽，是黄豆、青豆、黑豆和杂色豆的总称。现种植栽培的大豆是从野生大豆通过长期定向选择、改良而成。大豆在中国栽培并用作食物及药物已有 5 000 年历史。大豆是豆科植物中最富有营养而又易于消化的食物，是蛋白质最丰富、最廉价的来源。现如今，大豆还是许多地方人和动物的主要食物。

20 世纪 90 年代中期，全世界大豆总产量约 1.5 亿吨，其中美国产量最高，约占全世界总产量的一半以上。在我国，大豆产量从 20 世纪 50 年代以后逐年下降，80 年代中期逐步回升，至 1998 年，种植面积约 850 万公顷，总产量为 515 万吨，全国每公顷平均单产为1 782 kg，总产量约占全世界总产量 1/10，居第二位。大豆于 7 世纪传入日本，17 世纪传入欧洲，1804 年传至美国，直到 20 世纪 30 年代以后在美国才有较大的发展。在我国，大豆产地可区划为北方春作大豆区、黄淮流域夏大豆区、南方多作大豆区；北方春作大豆区包括辽宁、吉林、黑龙江、内蒙古、宁夏、新疆、河北、河南、山西、山东、陕西、甘肃等省区，其中黑龙江总产量最高，约占我国总产量的 1/3，其次为山东、河南、吉林、河北等。

第二节　大豆的特征特性

一、大豆的形态特征

大豆是一年生草本植物，植株直立，粗壮，有分枝，密生褐色长硬毛，高度从几厘米到 2 m 以上。大豆由子叶、胚、种皮三部分构成，其内部形态结构如图 5−1 所示。

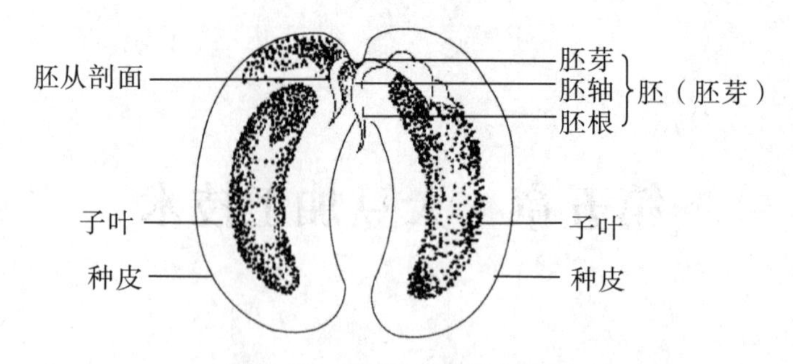

图 5−1　大豆的内部形态结构

（一）子叶

子叶（豆瓣）是大豆贮存营养的部位，大豆加工主要利用的部位就是种子的子叶，子叶占种子总质量的88%左右。大豆籽粒形态与玉米、高粱、小麦、水稻等作物不同。大豆种子在成熟过程中，营养素主要贮存于子叶中，属于无胚乳种子类型。

子叶中含有蛋白质、脂肪、碳水化合物、维生素、矿物质、水分、膳食纤维等营养素以及具有医疗保健作用的功能成分。

大豆的蛋白、脂肪等营养成分主要存在于子叶的细胞中，大豆细胞短径约 30 μm、长径约 70 μm，剖面面积约 2 000 μm^2，如图 5−2 所示。

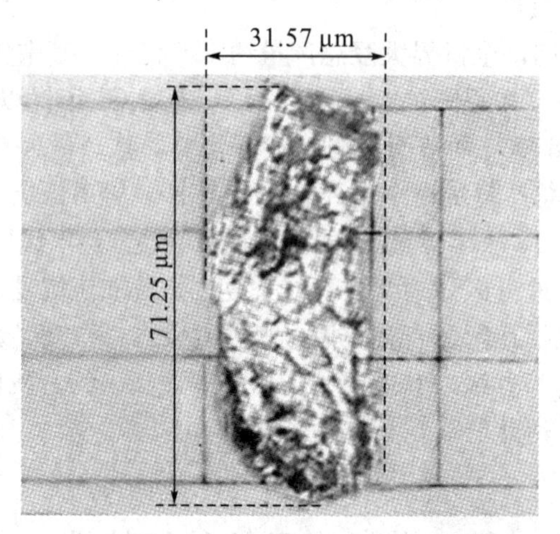

图 5−2　显微分光光度仪视野中大豆细胞剖面照片

大豆细胞结构在加工过程中，对于加工品质与有效成分提取率等项内容均具有重要作用，大部分工艺均需将籽粒粉碎，籽粒细胞如在粉碎过程保持完整，在食用时，人的味觉易产生粗糙难以下咽的感觉，粉碎粒度如能达到 30～50 μm，细胞被粉碎，则可显著提高食用品质；在大豆加工过程中通常采取工艺措施破坏细胞壁，以利于细胞中的蛋白质与脂肪等营养素的释放，提高大豆加工生产得率。例如，“超声破壁”技术用于大豆加工的前处理，可以提高大豆加工的产品得率；压榨法提油常进行“闷”“蒸”处理，所谓“以水引油”，实际是将子叶细胞中的脂肪引入细胞间隙，以利于在压榨时提高油脂加工效率与得率；在生产豆奶与豆奶粉时，常采用细胞粉碎措施，也是为了提高水溶性蛋白从子叶细胞中的溶出率；大豆全利用加工技术，常将大豆子叶粉碎细度达到 250～

300 目，相当于粒度 30～50 μm，即大豆种子细胞 90%以上被粉碎，即使不去除豆渣，食用时也不会产生粗糙感。

（二）胚

胚是种子繁育后代、植株发育最重要的组分，大豆种苗即由胚发育而成。胚的形态可分为胚芽、胚根、胚轴（胚茎）三部分，子叶着生在胚轴上。大豆加工领域又习惯地将胚芽、胚根、胚轴统称“胚芽”，大豆胚芽约占种子总质量的 2%。

大豆种子发芽是指胚芽萌发，所以又称为“萌芽”。在萌发过程中，首先要吸收足够水分，在适宜温度条件下才能发芽，例如当大豆种子吸水达到种子本身干重的 120%～140%时，在发芽最佳温度约为 25℃时，发芽起始需 24 小时左右，此时计为萌芽第一天。萌芽后，大豆种子产生一系列有益于加工的生理生化反应，主要表现在以下方面。

1. 营养素由贮存态向吸收态转化

种子胚芽萌发时，子叶中贮藏的碳水化合物、脂肪和蛋白质等，在酶的作用下发生明显的生理生化变化，子叶干重减少，而胚轴（即胚芽）的干重却相应增加。种子萌芽，大豆种子中贮存态营养素向吸收态转化，有利于人体食用后对大豆营养素的消化吸收。种子萌芽过程中子叶、胚芽的干重变化如图 5-3 所示。

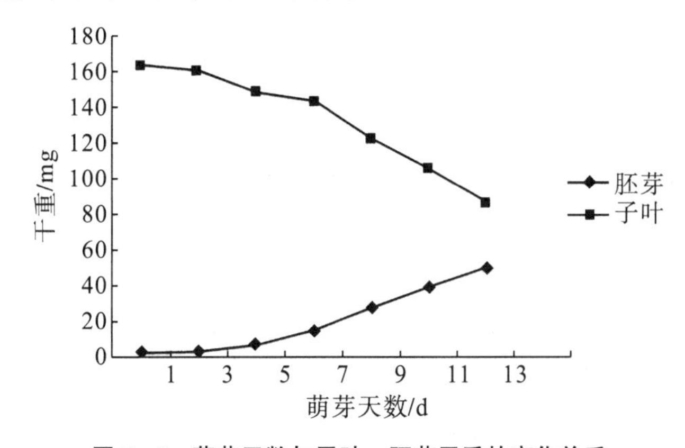

图 5-3　萌芽天数与子叶、胚芽干重的变化关系

2. 大豆生理活性有害因子逐渐消失，营养素利用率提高

大豆胚芽萌发过程，大豆生理活性有害因子逐渐消失。例如，大豆发芽 4 天，凝血素即不被检出；大豆胚芽萌动后，大豆生理活性有害因子胰蛋白酶抑制素逐渐消失，消除了蛋白质限制因素，使发芽大豆的蛋白质利用率（$NPU=\frac{体内保留氮量}{摄取氮量}\times 100\%$）提高 5%～10%；大豆萌芽过程中的植酸酶活性增强 227%，使植酸降解，呈植酸盐状态的钙、铁、锌等微量元素被释放，植酸降解后的豆芽中含钙 0.02%～0.8%，含磷 0.046%～0.1%，含铁 6.8～32 mg/kg。

3. 维生素含量提高

大豆胚芽萌发，维生素含量变化最大，维生素 A 由 0.12 mg/100 g 增加至 0.2 mg/100 g 以上，增加幅度高达 2～3 倍。维生素 B_2 增加 2～3 倍，烟酸增加 2 倍，叶酸增加

1倍。过去认为维生素 B_{12} 只存在于动物体或微生物体内，但在发芽的大豆中却发现有较多的维生素 B_{12}。大豆种子本身不含维生素C，但发芽的种子维生素C含量一般在10 μg/100 g左右。

4. 为减少加工损耗，在贮存期应防止胚芽萌发

为防止加工用原料大豆种子在贮藏阶段萌发而造成营养素与功能成分的转化损耗，生产实践证明，贮存环境以种子含水量≤11%、环境温度≤5℃为适宜，一般可贮存2～3年。

原无锡轻工学院研究发现，大豆在30℃经36小时萌发过程中，大豆干物质损失了2.9%，其中可溶性碳水化合物减少了2.5%。由此可见，大豆萌发生理活动所导致的干物质损失，绝大部分为碳水化合物，如图5-4所示。

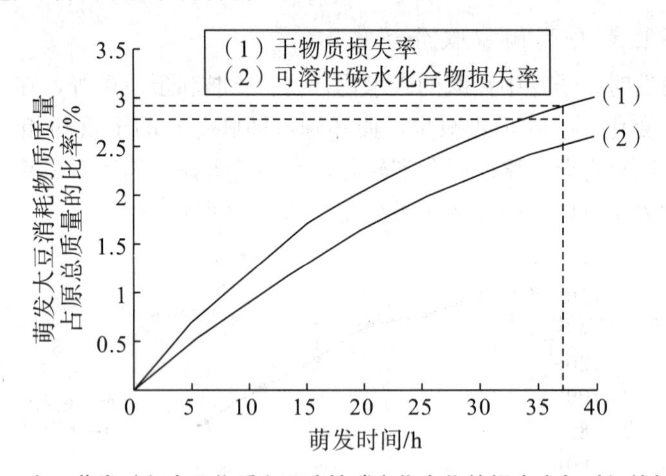

图5-4　大豆萌发过程中干物质和可溶性碳水化合物的损失率与时间的相关曲线

根据这一发现，为利用发芽大豆生产低碳水化合物、低分子、易吸收的大豆蛋白加工产品提供了可靠的实验依据。

利用大豆种子子叶与胚的形态、结构与加工有关的生物学特性，勤劳智慧的中国人民在两千年前，发明了豆芽、豆腐、豆酱和豆浆，合称为中国古代大豆加工的“四大发明”。

（三）种皮

1. 大豆种皮的成分与功能

大豆种皮是由多层细胞组织构成，表皮栅栏细胞全部角质化，干燥的种皮坚硬，对胚有保护作用。种皮占种子总质量的8%～10%，种皮中含有的膳食纤维素占种皮总质量的70%以上。现代大豆科学研究发现，大豆膳食纤维被人体摄入后，不被消化系统吸收，但具有促进胃肠蠕动、携带有毒代谢产物排出体外、改善人体内菌群平衡的功能。大豆种皮由于含有丰富的纤维素、半纤维素、果胶、木质素等，可作为加工膳食纤维的优质原料。

大豆种皮作为大豆加工企业的副产品，长期以来主要用作牲畜的饲料，附加值低，而大豆种皮是理想的膳食纤维源，纤维含量高，纤维质构好，口感好，可以加工成高纯

度、高质量、高附加值、应用广泛的低热量的膳食纤维。大豆种皮的化学成分见表 5－1。

表 5－1　大豆种皮的化学成分（单位：%）

项目	水	蛋白质	脂肪	灰分	碳水化合物	非水溶性膳食纤维（IDF）	水溶性膳食纤维（SDF）	非水溶性膳食纤维占总膳食纤维比率	水溶性膳食纤维占总膳食纤维比率
大豆种皮	9～13.5	8.4～12	0.9～2	3.7～5	4	55	13	80	20

2. 大豆种皮的开发利用

我国大豆加工每年可剥离的大豆种皮在 200 万吨以上，但绝大部分大豆加工企业在加工过程中未采用剥离种皮的工艺，而使大豆种皮资源混在豆渣或豆粕中用作饲料，造成极大浪费。

目前，国外发达国家开发的大豆种皮纤维产品规格见表 5－2。

表 5－2　国外发达国家开发的大豆种皮纤维产品规格

膳食纤维/%	脂肪/%	蛋白质/%	灰分/%	热量/（kJ/g）	吸水能力/%	pH	水分/%
92.0	0.5	1.5	2.5	≤0.42	350～400	6.57～7.50	3.5

参照国外大豆种皮膳食纤维产品规格要求，结合我国实际情况，笔者认为，大豆种皮中残留少量蛋白质与脂肪，对食用者无害，不必加大成本追求纯度，如膳食纤维纯度约 70%，则可使生产成本大幅下降。新型大豆膳食纤维将成为我国廉价的公众减肥保健食品。

二、大豆的生长发育过程

（一）种植期

一般为 6 月份，在玉米种植及冬小麦收割之后。如果天气变化使玉米种植受阻，农民就会选择转种大豆。这就会导致大豆价格下跌，大豆市场价格可能会出现波动。由于大豆生长周期较短，因此其种植期可持续至 6 月中旬，而且如果此后的天气情况良好，大豆亩产不会降低。

（二）发芽期

这一过程一般在大豆种子吸收水分达到种子重量的 50%后开始，通常在种植后一至两周内开始发芽，取决于土壤湿度、土壤温度及种植深度情况。如果土壤湿度情况较差，就会严重影响种子的发芽，农民就会等到有足够的水分时才会种植，或者在干燥的土壤上种植后再等待降雨后重新种植。

（三）早期生长

在大豆发芽后 25 天左右，作物高度能达到 6～8 英寸。如果土壤湿度较低就会使大豆生长缓慢，并可能由于根系较浅影响作物吸收养分。在大豆发芽后，大豆秧苗要比玉米秧苗的生长力强，高温天气通常只会影响到大豆秧苗的上半部分生长。此阶段大豆根系生长较快。

（四）出枝期

大豆长出0~6枝。一般是在发芽后40天左右，顶茎的芽体较为密集并开始形成花朵。这一阶段大豆生长能够补偿大豆早期发芽或受到冰雹天气影响所受到的影响。在发芽期（6月中旬至下旬）与开花期（7月中旬至下旬），大豆生长情况将决定大豆开花的数量，并最终决定大豆最后的产量。

（五）开花期

在大豆发芽后45~50天。开花期一般持续大约30天，使大豆对短期天气变化的敏感程度要低于玉米授粉期时受天气变化影响的程度。开花期时大豆高度能达到17~22英寸，已达到成熟期高度的50%左右。

（六）结荚期

在大豆发芽后55~60天，一般在7月下旬至8月上旬。如果气温过高或在开花及结荚期出现旱情，可能会使结荚数量减少、每个豆荚的大豆数量减少或大豆重量减轻，从而会使大豆亩产减少。通常情况下，7月份的气温对大豆最终产量影响较小，但在开花后期及结荚早期（8月份）如果出现异常高温天气，也会影响大豆亩产。

第三节　大豆的栽培和管理

一、大豆“深窄密”栽培技术

大豆“深窄密”技术是平作栽培技术，以矮秆品种为突破口，以气吸式播种机与通用机为载体，结合“深”即深松与分层施肥、“窄”即窄行、“密”即增加密度。大豆“深窄密”技术比70 cm的宽行距增产20%以上，其亩产量能稳定保持在200 kg以上。

（一）土地准备

选用地势平坦、土壤疏松、地面干净、较肥沃的地块，要求地表秸秆且长度在3~5 cm。前茬的处理以深松或浅翻深松为主。土壤耕层要达到深、暄、平、碎。秋整地要达到播种状态。

（二）品种选择和种子处理

选择秆强、抗倒伏的矮秆或半矮秆品种。由于机械精播对种子要求严格，所以种子在播种前要进行机械精选。种子质量标准，要求纯度大于99%，净度大于98%，芽率大于95%，水分小于13.5%，粒型均匀一致。精选后的种子要进行包衣。

（三）播种期

以当地日平均气温稳定通过5℃的日期作为当地始播期。在播种适期内，要根据品种类型、土壤墒情等条件确定具体播期。例如，中晚熟品种应适当早播，以便保证在霜前成熟；早熟品种应适当晚播，以便使其发棵壮苗，提高产量。土壤墒情较差的地块，应当抢墒早播，播后及时镇压；土壤墒情好的地块，应选定最佳播种期。播种时间是根据大豆种植的地理位置、气候条件、栽培制度及大豆生态类型确定的。就全国来说，春大豆播期为 4 月 25 日至 5 月 15 日。

（四）播种方法

“深窄密”采取平播的方法，双条精量点播，行距平均为 15～17.5 cm，株距为 11 cm，播深 3～5 cm。以大机械一次完成作业为好。

（五）播种标准

在播种前要进行播种机的调整，把播种机与拖拉机悬挂连接好后，要求机具的前后、左右调整水平，要与拖拉机对中。气吸式播种机风机的转速应调整到以播种盘能吸住种子为准，风机皮带的松紧度要适中，过紧对风机轴及轴承影响较大，易于损坏；过松转速下降，产生空穴。精量播种机通过更换中间传动轴或地轮上的链轮实现播种量的调整。同时，通过改变外槽轮的工作长度来实现施肥量的调整，调整时松开排肥轴端头传动套的顶丝，转动排肥轴，增加或减少外槽轮的工作长度来实现排肥量的调整。要求种子量和施肥量流量一致，播量准确。对施肥铲的调整，松开施肥铲的顶丝，上下窜动，调整施肥的深度，深施肥在 10～12 cm，浅施肥在 5～7 cm。行距的调整，松开长孔调整板上的螺栓，使行距调整到要实施的行距，锁紧即可。播种时要求播量准确，正负误差不超过 1%，100 m 偏差不超过 5 cm，耕后地表平整。

（六）播种密度

目前，黑龙江品种的亩播种密度可在 3 万～3.33 万株。各方面条件优越、肥力水平高的，密度要降低 10%；整地质量差的、肥力水平低的，密度要增加 10%。内蒙古东四盟和吉林东部地区可参照这个密度，吉林其他地区和辽宁亩播种密度可在 2.67 万～3 万株。

（七）施肥

进行土壤养分的测定，按照测定的结果，动态调剂施肥比例。在没有进行平衡施肥的地块，经验施肥的一般氮、磷、钾可按 1∶（1.15～1.5）∶（0.5～0.8）的比例。分层深施于种下 5 cm 和 12 cm。肥料商品量每亩尿素 3.33 kg、磷酸二铵 10 kg、钾肥 6.67 kg。氮、磷肥充足条件下应注意增加钾肥的用量。叶面肥一般喷施两次，第一次在大豆初花期，第二次在盛花期和结荚初期，可用尿素加磷酸二氢钾喷施，用量一般每亩用尿素 0.33～0.67 kg 加磷酸二氢钾 0.17～0.3 kg。喷施时最好采用飞机航化作业，效果最理想。

（八）化学灭草

化学灭草应采取秋季土壤处理、播前土壤处理和播后苗前土壤处理。化学除草剂的选用原则如下：

（1）把安全性放在首位，选择安全性好的除草剂及混配配方。

(2) 根据杂草种类选择除草剂和合适的混用配方。

(3) 根据土壤质地、有机质含量、pH值和自然条件选择除草剂。

(4) 选择除草剂还必须选择好的喷洒机械，配合好的施药技术。

(5) 要采用两种以上的混合除草剂，同一地块不同年份间除草剂的配方要有所改变。

(九) 化学调控

大豆植株生长过旺，要在分枝期选用多效唑、三碘苯甲酸等化控剂进行调控，控制大豆徒长，防止后期倒伏。

(十) 收获

大豆叶片全部脱落、茎干草枯、籽粒归圆呈本品种色泽、含水量低于18%时，用带有挠性割台的联合收获机进行机械直收。收获的标准要求割茬不留底荚，不丢枝，田间损失小于3%，收割综合损失小于1.5%，破碎率小于3%，泥花脸小于5%。

二、大豆“大垄密”栽培技术

“大垄密”是在“深窄密”的基础上，为了解决雨水多、土壤库容小、不能存放多余的水等问题，逐步发展起来的一种垄平结合、宽窄结合、旱涝综防的大豆栽培模式。“大垄密”技术比70 cm的宽行距增产20%以上，常年其大豆亩产量能稳定保持在200 kg以上。

(一) 土地准备

选用地势平坦、土壤疏松、地面干净、较肥沃的地块，要求地表秸秆且长度在3～5 cm，整地要做到耕层土壤细碎、地平。提倡深松起垄，垄向要直，垄宽一致。要努力做到伏秋精细整地，有条件的也可以秋施化肥，在上冻前7～10天深施化肥。要大力推行以深松为主体的松、耙、旋、翻相结合的整地方法。无深翻、深松基础的地块，可采用伏秋翻同时深松、旋耕同时深松或耙茬深松，耕翻深度18～20 cm，翻耙结合，耙茬深度12～15 cm，深松深度25 cm以上；有深翻、深松基础的地块，可进行秋耙茬，拣净茬子，耙深12～15 cm。春整地的玉米茬要顶浆扣垄并镇压；有深翻深松基础的玉米茬，早春拿净茬子并耢平茬坑，或用灭茬机灭茬，达到待播状态。进行“大垄密”播种地块的整地要在伏秋整地后，秋起平头大垄，并及时镇压。

(二) 品种选择与种子处理

选择秆强、抗倒伏的矮秆或半矮秆品种。由于机械精播对种子要求严格，所以种子在播种前要进行机械精选。种子质量标准，要求纯度大于99%，净度大于98%，芽率大于95%，水分小于13.5%，粒型均匀一致。精选后的种子要进行包衣，包衣要包全、包匀。包衣好的种子要及时晾晒、装袋。

(三) 播种期

以当地日平均气温稳定通过5℃的日期作为始播期。在播种适期内，要因品种类型、土壤墒情等条件确定具体播期。例如，中晚熟品种应适当早播，以保证在霜前成熟；早熟品种应适当晚播，以便其发棵壮苗，提高产量。土壤墒情较差的地块，应当抢墒早播，播后及时镇压；土壤墒情好的地块，应选定最佳播种期。播种时间是根据大豆栽培的地理位置、气候条件、栽培制度及大豆生态类型确定的。就全国来说，春大豆播期为4月25日至5月15日。

（四）播种方法

“大垄密”播法即把70 cm或65 cm的大垄，二垄合一垄，成为140 cm或130 cm的大垄。一般在垄上种植3行的双条播，即6行，理想的是把中间的双条播，即垄上5行，或者1.1 m的垄种4行。

（五）播种标准

在播种前要进行播种机的调整，播种机与拖拉机悬挂连接好后，机具的前后左右要调整水平与拖拉机对中。气吸式播种机风机的转速应调整到以播种盘能吸住种子为准，风机皮带的松紧度要适度，过紧对风机轴及轴承损坏较大；过松转速下降，产生空穴。精量播种机通过更换中间传动轴或地轮上的链轮实现播种量的调整，并通过改变外槽轮的工作长度来实现施肥量的调整，调整时松开排肥轴端头传动套的顶丝，转动排肥轴，增加或减少外槽轮的工作长度来实现排肥量的调整。要求种子量和施肥量流量一致，播量准确。施肥深度可通过施肥铲的调整实现，松开施肥铲的顶丝，上下窜动，深施肥在10～12 cm，浅施肥在5～7 cm。行距调整可松开长孔调整板上的螺栓，使行距调整到要实施的行距，锁紧即可。播种时要求播量准确，正负误差不超过1%，100 m偏差不超过5 cm，播到头、到边。

（六）播种密度

目前黑龙江品种的亩播种密度一般在3万～3.3万株。肥力水平高的，密度要降低10%；整地质量差的，肥力水平低的，密度要增加10%。内蒙古东四盟和吉林东部地区可参照这个密度，吉林其他地区和辽宁亩播种密度可在2.67万～3万株。

（七）施肥

经验施肥的一般氮、磷、钾可按1∶（1.15～1.5）∶（0.5～0.8）的比例。分层深施于种下5 cm和12 cm。肥料商品量每亩尿素3.3 kg，磷酸二铵10 kg，钾肥6.67 kg。氮、磷肥充足条件下应注意增加钾肥的用量。叶面肥一般喷施两次，第一次在大豆初花期，第二次在盛期和结荚初期，可用尿素加磷酸二氢钾喷施，一般每亩用尿素0.33～0.67 kg加磷酸二氢钾0.17～0.3 kg。

（八）化学灭草、秋季土壤处理

采用混土施药法使用除草剂，秋施药可结合大豆秋施肥进行。秋施广灭灵、普施特、阔草清、施田补等，喷后混入土壤中。播前土壤处理，使土壤形成5～7 cm药层，可速收、乙草胺或金都尔混用；播后苗前土壤处理，主要控制一年生杂草，同时消灭已出土的杂草，可乙草胺、金都尔与广灭灵、速收等混用。喷液量每亩10～13.3 L，要达到雾化良好，喷洒均匀，喷量误差小于5%。喷药的时候要注意以下几点：

（1）药剂喷洒要均匀。坚持标准作业，喷洒均匀，不重、不漏。

（2）整地质量要好，土壤要平细。

（3）混土要彻底。混土的时间和深度应根据除草剂的种类而定。

（4）药效受降雨影响较大。

（九）化学调控

大豆植株生长过旺，要在初花期选用多效唑、三碘苯甲酸等化控剂进行调控，控制大豆徒长，防止后期倒伏。

（十）收获

大豆叶片全部脱落，茎干草枯，籽粒归圆呈本品种色泽，含水量低于18%时，用带有挠性割台的联合收获机进行机械直收。收获的标准要求割茬不留底荚，不丢枝，田间损失小于3%，收割综合损失小于1.5%，破碎率小于3%，泥花脸小于5%。

三、大豆垄上行间覆膜技术

大豆行间覆膜栽培技术是黑龙江垦区针对黑龙江大豆产区连年干旱、低温而形成的一项增产增效创新栽培技术。这项技术通过覆膜充分利用地下水，变无效水为有效水，在干旱地区和干旱年份表现出极大的增产潜力。该技术同时具有抗旱、增温、保墒、提质、增产、增效作用，是北方高寒地区旱作农业的又一项创新综合栽培技术。

（一）整地

伏秋整地，严禁湿整地。对没有深松基础的地块采取深松，深松深度35 cm以上；有深松基础的地块采取耙茬或旋耕，耙茬深度15～18 cm，旋耕深度14～16 cm。秋起130 cm的大垄，垄面宽80 cm，并镇压。

（二）品种选择

选择优质、高产、抗逆性强、当地能正常成熟的品种，不能选择跨区种植的品种。

（三）地膜选择

选用厚度为0.01 mm、宽度为60 cm的地膜。

（四）播种时期

当土壤5～10 cm地温稳定通过5℃即可播种，比正常播种可提早5～7天。黑龙江东部地区可在4月25日至5月1日，北部地区可在4月28日至5月5日。

（五）种植密度

遵循肥地宜稀、瘦地宜密的原则，亩保苗1.47万～1.73万株。

（六）播种方法

选用八五二农场耕作机厂2BM－3覆膜通用耕播机或2BM－1行间覆膜通用耕播机，垄上膜外单苗带气吸精量点播，苗带距膜2～3 cm，不能超过5 cm。一次完成施肥、覆膜、播种、镇压等作业。

（七）覆膜标准

覆膜笔直，100 m 偏差不超过 5 cm，两边压土各 10 cm，东部地区每隔 10～20 m 膜上横向压土，西部地区每隔 1.3～1.4 m 膜上横向压土，防止大风掀膜。

（八）播种标准

播量准确，正负误差不超过 1%，播到头、到边。

（九）施肥

每亩施氮、磷、钾纯量 8～10 kg，氮、磷、钾的比例，黑土地为 1∶1.5∶0.6，白浆土地为 1∶1.2∶0.6。采用分层侧深施肥。肥在膜内种侧 10 cm，1/3 肥施于种侧膜下 5～7 cm，2/3 的肥施于种侧膜下 7～12 cm。

（十）叶面追肥

在大豆初花期、鼓粒期、结荚初期分别进行叶面追肥。参考配方为每亩施尿素 0.3 kg+磷酸二氢钾 0.15 kg。第一遍机车或航化均可，第二、三遍以航化为主，要做到计量准确、喷液量充足、不重不漏。

（十一）化学灭草

灭草方式以播前土壤处理为主，茎叶处理为辅。播前土壤处理和茎叶处理应根据杂草的种类和当时的土壤条件选择施药品种和施药量。茎叶处理可采用苗带喷雾器，进行苗带施药，药量要减 1/3。喷液量土壤处理每亩 10～13.3 L，茎叶处理喷液量每亩 10 L。要达到雾化良好，喷洒均匀，喷量误差小于 5%。

（十二）中耕管理

在大豆生育期内中耕 3 遍。第一遍中耕在大豆出苗期进行，深度 15～18 cm，或于垄沟深松 18～20 cm，要垄沟和垄帮有较厚的活土层；第二遍中耕在大豆 2 片复叶时进行，深度 8～12 cm；第三遍在封垄前进行，深度 8～12 cm。

（十三）化学调控

按照大豆长势，生长过旺时，要在分枝期选用多效唑、三碘苯甲酸等化控剂进行调控，防止后期倒伏。

（十四）残膜回收

在大豆封垄前，将膜全部清除回收，防止污染。起膜后在覆膜的行间进行中耕。

四、大豆原垄卡种少耕栽培技术

原垄卡种技术是保护性耕种的重要措施之一，它是在不翻动土壤的免耕情况下，配合前作秸秆还田，在原垄上直接播种的一项技术措施。该技术具有保护耕层、抗旱保墒、省工省时、节本增效等优点。

（一）选茬

在秋季收获时，有计划地选择垄形较好的玉米或其他茬作为来年大豆卡种的良好茬口，收获前茬作物时不要破坏垄体，不翻动土壤，原茬越冬。准备原垄卡种的玉米茬，可在玉米收获后，搞好田间清理；然后在结冻后、下雪前，用钢轨耢子耢垄除茬；春播前再耢一次，耢后随即播种。

（二）整地

有条件的可以视土壤状况进行秋季垄沟深松 30～35 cm。来年春季播前要进行耢茬管，即耢出平台为卡种做准备，可封墒防止水分蒸发。对紧实的土壤，还可在玉米收获后、结冻前，进行垄体深松，深松深度在 15 cm 上下，深松同时进行垄上除茬，然后垄体整形扶垄，搞好镇压，为卡种标准化打下基础。

（三）播种

应选择适合于当地、能够安全成熟的优质专用品种。种子质量要达到国家标准。种子播前要进行包衣，防治病虫害。当地地温稳定通过 5℃时即可播种。一般情况下，大豆的播种和施肥作业一次完成。大豆播种覆土为 3～5 cm，种子与肥料间距应保持 5 cm 以上。

（四）合理密植

播种密度依据地区、施肥水平和品种特性确定，东北地区通常公顷保苗在 22.5 万～30 万株之间。

（五）施肥

测土平衡施肥，有机肥、化肥和叶面喷洒追肥相结合，氮、磷肥充足的地块应注意增加钾肥施用量，改一次垄上单条施肥为行间侧深施肥。种下施肥和根外叶面追肥相结合，施肥总量要比常规垄作增加 15%以上。一般情况下，公顷施磷酸二铵 120～135 kg、尿素 45～60 kg、钾肥 30～45 kg，或用大豆专用肥 195～225 kg 做种肥，农家肥和化肥必须做到种下深施或种下分层施。叶面肥一般喷施两次，第一次在大豆初花期，第二次在结荚初期，可用尿素加磷酸二氢钾喷施，用量一般每公顷用尿素 5～10 kg 加磷酸二氢钾 2.5～4.5 kg。

（六）中耕

第一次中耕在大豆出苗后进行，垄沟深松 30 cm 以上，以达到增温、防寒、蓄水的目的，第二次中耕在大豆分枝期进行，第三次中耕在大豆封垄前结合培土进行。

（七）除草

大豆田的杂草控制一般以化学控制为主，人工控制为辅。除草方式以播后苗前土壤封闭为主，要选用高效、低残留、无毒副作用的药剂品种，在配方上最好选择三配方的除草组合，以达到安全、高效、低毒的效果。除草剂可选用 90%乙草胺、90%禾耐斯、72%都尔、75%宝收或 80%阔草清等，在保证安全的情况下可配合使用。

（八）收获

当植株落叶即可人工收割。机械收获，可在适期内抢收早收。割茬要低，不留底荚，田间损失不超过 5%，破碎粒不超过 3%。

五、大豆膜下滴灌栽培技术

大豆膜下滴灌栽培技术是以机械化精量播种和膜下滴灌技术为核心，集成先进的播种机械与大豆高密度栽培、滴灌、随水施肥、化学调控等技术形成的一项创新性大豆高产综合栽培技术体系。

（一）播前处理

1. 深施基肥

秋施腐熟的羊粪每公顷 45～75 t，或用复合肥每公顷 375 kg，伏翻或秋翻。

2. 化学除草

播前结合耙地公顷喷施菜草通（金都尔或施田补）1.575～2.7 kg，喷洒均匀，不重不漏。

（二）播种

1. 精选良种

选用高产、优质大豆品种。精选种子，保证种子大小均匀，发芽率高。公顷播量 75～90 kg，公顷保苗 30 万～36 万株。

2. 适期播种

5 cm 耕层连续 5 天通过 8℃时播种，底墒不足时可在播后滴水出苗。

3. 播种

采用气吸式精量点播机一次性完成铺设滴灌带、铺设地膜、膜上精量点播。两膜 16 行（2 m 的膜）模式，膜宽 2 m，播幅宽 4.6 m，每幅膜上播种 4 个双行、铺 2 条滴灌带，平均行距 28.8 cm，穴距 9.5 cm，每穴下种 1～2 粒，深 3～4 cm。

（三）田间管理

1. 滴水出苗

底墒不足时，可在播后 3～5 天公顷滴水 600～750 m^3 出苗水。

2. 及时定苗

在大豆出齐苗、第一片复叶展开前结束定苗，拔除弱苗、病苗。

3. 节水滴灌

开花后适时滴第一遍水，以后每 8～10 天滴一次水，每次公顷滴水量 375～450 m^3，全生育期滴水 10～11 次。

4. 随水施肥

结合滴水，每次公顷施 $N : P_2O_5 : K_2O = 14.7$ kg : 1.8 kg : 6.3 kg，生育期公顷施 $N : P_2O_5 : K_2O = 215.25$ kg : 38.7 kg : 67.5 kg。

5. 叶面追肥

于初花期、初荚期和鼓粒期用尿素、磷酸二氢钾、硼肥、锌肥、锰肥进行叶面喷肥，以保花、保荚、增粒重。

6. 人工除草

人工拔除大草2～3次。

7. 化学调控

根据植株生长情况用多效唑或缩节胺进行调控，预防倒伏。

8. 防病治虫

防治叶螨、棉铃虫可采用阿维菌素、甲维盐等生物制剂，对于霜霉病、叶斑病等可用多菌灵、代森锰锌等常用杀菌剂。

9. 适时收获

叶全落、荚全干时收获。机械割茬降低在15 cm下，滚筒转速不超过500转，以保证破碎率不超过3%，田间损失率不超过4%。

六、麦茬夏大豆节本栽培技术

麦茬夏大豆节本栽培技术是在小麦机械收获并全部或部分秸秆还田的基础上，集成保护性机械耕作、播后或苗后化学除草、病虫害防控、化学调控、根瘤菌接种等单项技术的配套栽培技术体系。

（一）小麦秸秆处理

灭茬直播技术采用联合收割机收获小麦，并加带秸秆粉碎抛撒装置，将秸秆粉碎后均匀抛撒。小麦留茬高度在20 cm以下，秸秆粉碎后长度在10 cm以下，如未在联合收割机上加装抛撒装置，可用锤爪式秸秆粉碎机将秸秆粉碎1～2遍。

（二）播种

1. 选种

选用高产、优质大豆品种。精选种子，保证种子发芽率。每公顷播种量为60～75 kg，保苗22.5万株。

2. 适期早播

麦收后抓紧抢种，宜早不宜晚，底墒不足时造墒播种。

3. 播种

灭茬直播技术采用机械播种，精量匀播，开沟、施肥、播种、覆土一次完成，行距40 cm，播种深度3～5 cm。

4. 施肥

公顷施种肥（复合肥N：P：K=15：15：15）150～225 kg，或在前茬（小麦）整地时，在小麦正常施肥的基础上公顷施磷肥（P_2O_5）150 kg、钾肥（K_2O）150 kg。注意肥料与种子分开。此外，也可在分枝期结合中耕培土施肥。

5. 拌种

按照每粒大豆种子接种根瘤菌 105~106 个的用量，以加水或掺土的方式稀释菌剂，均匀拌种以使根瘤菌剂粘在所有种子表面，拌完后尽快（12 小时内）播种。

（三）田间管理

1. 杂草控制

一是播种后出苗前用都尔、乙草胺等化学除草剂封闭土表；二是出苗后用高效盖草能（禾本科杂草）、虎威（阔叶杂草）等除草剂进行茎叶处理。

2. 病虫防治

做好蛴螬、豆秆黑潜蝇、蚜虫、食心虫、豆荚螟、造桥虫等虫害，以及大豆根腐病、胞囊线虫病、霜霉病等病害的防治工作。

3. 化学调控

高肥地块可在初花期喷施多效唑等植物生长调节剂，防止大豆倒伏。低肥力地块可在盛花、鼓粒期叶面喷施少量尿素、磷酸二氢钾和硼、锌微肥等，以防止后期脱肥早衰。

4. 及时排灌

大豆花荚期和鼓粒期遇严重干旱及时浇水，雨季遇涝要及时排水。

5. 适时收获

当叶片发黄脱落、荚皮干燥、摇动植株有响声时收获。

第四节　大豆的营养价值

一、大豆的营养价值概述

（一）蛋白质

大豆中的蛋白质含量位居植物性食品原料之首，高达 40%左右，其中有 80%~88%是可溶的，豆制品加工中主要利用的就是这部分蛋白质。组成大豆蛋白的氨基酸有异亮氨酸、亮氨酸、赖氨酸、蛋氨酸等 18 种，而且组成蛋白质的氨基酸比例接近人体所需的理想比例，尤其富含赖氨酸，正好补充了禾谷类食物赖氨酸不足的缺陷，使蛋白质互补。在所有植物性食物中，只有大豆蛋白可以和肉、蛋、奶、鱼等动物性食物中的蛋白质相媲美，在营养学上被称为“优质蛋白”，享有“豆中之王”“田中之肉”“绿色的牛乳”等美誉。

（二）脂肪酸

大豆中脂肪含量为20%，其中不饱和脂肪酸占61%，富含的卵磷脂有助于血管壁上的胆固醇代谢，可预防血管硬化。单不饱和脂肪酸为24%，亚油酸占52%～60%，亚麻酸占3%～8%，还含有较多的磷脂。大豆脂肪熔点低，易于消化吸收，并对儿童的生长发育、神经活动有重要作用。此外，大豆卵磷脂还具有防止肝脏内积存过多脂肪的作用，能预防脂肪肝。

（三）维生素

大豆中维生素含量很丰富，特别是B族维生素，见表5－3。大豆中脂溶性维生素主要有维生素A、β－胡萝卜素、维生素E等，水溶性维生素有维生素B_1、维生素B_2、烟酸、维生素B_6、泛酸、抗坏血酸等。

表5－3　大豆中的维生素含量（**单位**：mg/100 g）

维生素	含量	维生素	含量
维生素B_1	0.9～1.6	胡萝卜素	未成熟大豆0.2～0.9
维生素B_2	0.2～0.3		成熟大豆<0.08
维生素B_6	0.6～1.2		其中80%是β－胡萝卜素
泛酸	0.2～2.1	维生素E	20
烟酸	0.2～2.0	δ－生育酚	6（30%）
肌醇	229.0	γ－生育酚	12（60%）
抗坏血酸	2.1	α－生育酚	2（100%）

（四）钙

每100 g大豆中含有钙200 mg左右，其钙含量是小麦粉的6倍、稻米的15倍、猪肉的30倍。大豆中无机盐和微量元素也很丰富，无机盐总量为5%～6%，其种类有10余种，多为钾、钠、钙、镁、磷、硫、氯、铁、铜、锌、铝等。此外，大豆的含钙量与蒸煮大豆（整粒）的硬度有关，即钙含量越高，蒸煮大豆越硬。

（五）特殊营养成分

大豆中富含大豆多肽、大豆异黄酮、大豆低聚糖、大豆皂苷、大豆核酸、大豆磷脂等多种特殊营养成分。其中，大豆多肽是一种极具潜力的功能性食品基料，已逐渐成为21世纪的健康食品；大豆核酸具有增强机体抗病能力的功能，被广泛应用于医疗、食品工业和遗传工程；研究表明，大豆皂苷还具有抗高血压和抗肿瘤等活性。

二、大豆油的营养价值

大豆油中含有大量的亚油酸。亚油酸是人体必需的脂肪酸，具有重要的生理功能：①幼儿缺乏亚油酸，皮肤变得干燥，鳞屑增厚，发育生长迟缓；②老年人缺乏亚油酸，会引起白内障及心脑血管病变。大豆油的脂肪酸构成较好，它含有丰富的亚油酸，有显著降低血清胆固醇含量、预防心血管疾病的功效，因此大豆油是一种营养价值很高的优良食用油。

大豆油作为植物油的一种，含有大量人体必需的不饱和脂肪酸，不饱和脂肪酸可起到降低胆固醇含量的作用。

大豆中还含有大量的维生素 E、维生素 D 以及丰富的卵磷脂，对人体健康均非常有益。大豆油的人体消化吸收率高达 98%。

豆油不含致癌物质黄曲霉素和胆固醇，对机体具有保护作用。

大豆油营养价值较高。大豆油大量用于烹饪和制造人造奶油。工业上，大豆油用作油漆、油墨、高级润滑油、人造奶油、人造羊毛、人造纤维的原料；医药上，大豆油用作补养药品。此外，大豆油还具有防腐性能，可用作桐油、亚麻油的代用品。

第五节　大豆的综合利用

一、大豆油加工技术

大豆油的制取一般有压榨法和浸出法两种方法。压榨法是用物理压榨方式从油料中榨油的方法。它源于传统作坊的制油方法，现今的压榨法是工业化的作业。浸出法是用化工原理，用食用级溶剂从油料中抽提出油脂的方法。不管是压榨法还是浸出法制取的油脂，都还不能直接食用，被称作毛油。毛油中含有各种杂质，包括原料中的杂质，以及榨取或浸出过程中产生的杂质。有些杂质对人体极为有害，都需要通过碱炼、脱色、脱臭等化工过程进行精炼，去除油脂中的杂质，使之符合国家标准，才能成为可食用的成品油。大豆油加工技术大体上有压榨工艺、浸出工艺和精炼工艺。

大豆压榨工艺流程：

大豆→清理→破碎→软化→轧坯→蒸炒→压榨→过滤→大豆原油（毛油）

油饼

大豆浸出工艺流程：

大豆→清理→破碎→软化→轧坯→浸出→过滤→蒸发→汽提→大豆原油（毛油）

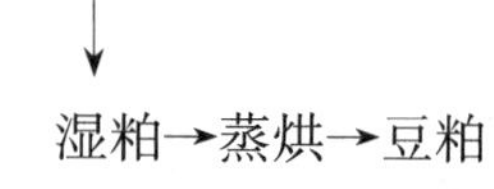

湿粕→蒸烘→豆粕

大豆油精炼工艺流程：

大豆原油（毛油）→过滤→水化（脱胶）→碱炼（脱酸）→脱色→脱臭→成品油

皂脚　　油脚

（一）大豆前处理工序

1. 清理

大豆中常混入一些沙石、泥土、茎叶及铁器、不成熟豆粒、异种油料等杂质，如果生产前不予清除，对生产过程非常不利。常用的清理方法有：一是风选法。利用大豆与杂质的空气动力学特性的不同，借助风力除杂，其目的是清除大豆中的轻杂质和灰尘。二是筛选法。利用大豆与杂质颗粒度大小的不同，借助含杂大豆与筛面的相对运动除杂，其目的是清除大于或小于大豆的杂质。三是磁选法。利用磁力清除大豆中磁性金属杂质。对清理工序的工艺要求，不但要限制大豆中的杂质含量，同时还要规定清理后所得下脚料中大豆的含量。清理后大豆含杂质限量一般小于 0.5%；清理下脚料含大豆限量不大于 0.5%，检查筛的筛网 4.72 目/平方厘米，金属丝直径 0.55 mm，圆孔筛直径 1.70 mm。

2. 破碎

破碎是指采用机械的方法将大豆粒度变小的方法，其目的是利于轧坯，为油脂提取创造良好的出油条件。大豆破碎时的原料入机水分为 10%～15%，破碎程度为 4～8 瓣，粉末为 7.87 目/平方厘米通过筛不超过 10%。

3. 软化

软化是调节大豆的水分和温度，使其变软和增加塑性的工序。为使轧坯效果达到要求，对于含油量较低的大豆，软化是不可缺少的。由于大豆含油量相对其他油料较低，质地较硬，如果再加上含水分少和温度不高，未经软化就进行轧坯，势必会产生很多粉末。对大豆软化的要求：如果是冷榨工艺，则软化水分为 10%～12%，软化温度不超过 60℃，用软化锅需要 20 分钟左右；如果是热榨工艺，则软化水分为 15%左右，软化温度为 80℃，用软化锅需要 20 分钟左右。以上参数均为针对螺旋压榨机而言，如用其他设备需相应调整这些参数。

4. 轧坯

轧坯也称压片或轧片。它是利用机械的作用，将大豆破碎软化后由粒状压成薄片的过程。轧坯的目的在于破坏大豆的细胞组织，为蒸炒创造有利的条件，以便在压榨或浸出时使油脂能顺利地游离出来。对轧坯的基本要求是料坯要薄，表面均匀，粉末少，不漏油，手捏发软，松手散开，粉末度控制在筛孔 1 mm 的筛下物不超过 10%～15%，料坯的厚度为 0.3 mm 以下。轧完坯后再对料坯进行加热，使其入浸水分控制在 7%左右，粉末度控制在 10%以下，有利于油脂的提取。

5. 蒸炒

大豆蒸炒是指生坯经过湿润、加热、蒸坯和炒坯等处理，使其发生一定的物理化学变化，并使其内部的结构改变，由生坯转变成熟坯的过程。蒸炒是制油工艺过程中重要的工序之一，因为蒸炒可以借助水分和温度的作用，使大豆内部的结构发生很大变化，例如，细胞受到进一步的破坏，蛋白质发生凝固变性等。而这些变化不仅有利于油脂从大豆坯料中分离出来，而且有利于毛油质量的提高。因此，蒸炒效果的好坏，对整个制油生产过程的顺利进行、出油率的高低以及油品、饼粕的质量都有着直接的影响。如果采用层式蒸炒锅时，大豆出料水分为5%～7%，出料温度为108℃左右；如果采用榨油机上的蒸炒锅，其炒坯后大豆的水分和温度通常就称为入榨水分和入榨温度，且入榨水分为1.5%～2.8%，入榨温度为128℃左右。

6. 挤压膨化

该方法是用于对大豆浸出前的油料预处理，通过挤压膨化可进一步破坏大豆细胞壁，使油脂更容易地游离出来，这是目前浸出工艺广泛采用的方法。挤压膨化设备是由两个半圆筒形机壳组成的圆筒形机膛，机膛内有一根具有固定螺距和直径的螺旋轴。螺旋轴上的螺旋线不连续，间隔中断。机膛内壁上有凸出的圆柱形破碎刮刀。油料出口处是一块有槽孔的模板，在接近进料器的机壳外壁上有加水管阀，在接近出料端的机壳外壁有数个直接蒸汽注入管阀。通过这些机件对大豆的相互作用和联动，实现对大豆的挤压膨化过程。

（二）大豆压榨取油工序

1. 压榨法取油的特点

压榨法取油是指借助机械外力的作用，将油脂从大豆中挤压出来的取油方法。按榨油设备的原理和性能的不同，大豆榨油主要有液压榨油设备和螺旋榨油设备两类，其中螺旋榨油设备使用比较普遍。压榨法取油与其他取油方法相比，其优点是工艺简单、配套设备少、生产灵活、油品质量好、色泽浅、风味纯正等；缺点是压榨后的油饼残油量高、出油效率较低、动力消耗大、零件易损耗等。

2. 压榨法取油的过程

在压榨取油过程中，主要发生的是物理变化，如大豆变形、油脂分离、摩擦生热、水分蒸发等。然而，在压榨过程中，由于温度、水分、微生物等的影响，同时也会产生某些生物化学方面的变化，如蛋白质变性、酶的破坏和抑制等。压榨时，受榨大豆坯的粒子受到强大的压力作用，致使其中的液体部分和凝胶部分分别发生两个不同的变化，即油脂从榨料空隙中被挤压出来和榨料粒子经弹性变形形成坚硬的油饼。油脂从榨料中被分离出来的过程中，在压榨的开始阶段，粒子发生变形并在个别接触处结合，粒子间空隙缩小，油脂开始被压出；在压榨的中间阶段，粒子进一步变形结合，其内空隙缩得更小，油脂大量压出。压榨的结束阶段，粒子结合完成，其内空隙的横截面突然缩小，油路显著封闭，油脂已很少被榨出。解除压力后的油饼，由于弹性变形而膨胀，其内形成细孔，有时有粗的裂缝，未排走的油反而被吸入。在强力压榨下，榨料粒子表面挤紧到最后阶段，必然会产生这样的极限情况，即在挤紧的表面上最终留下单分子油层或近似单分子的多分子油层。这一油层由于受到表面巨大分子力场的作用而结合在粒子表面。油饼的形成过程是在压力作用下，大豆坯粒子间随着油脂的排出而不断挤紧，由粒子间的直接接触，相互间产生压力而造成某些粒子的塑性变形，尤其在油膜破裂处将会相互结成一体。这样在压榨终了时，榨料已不再是松散体，而开始形成一种完整的油饼可塑体。

3．压榨法取油的必要条件

压榨法取油的必要条件：一是施在榨料上压力的大小需确保油脂的尽量挤出和克服榨料粒子变形时的阻力；二是榨料的多孔性且在压榨过程中随着榨料变形仍能保持到终了；三是流油毛细管的长度尽量短（榨料层薄）而暴露面积大，使排油路程缩短；四是保证必要的压榨时间；五是受压油脂的黏度要低，以减小油脂在榨料内运动的阻力。为满足压榨取油的必要条件，选用榨油机的适宜结构、原理和工作性能是非常重要的。目前，螺旋榨油机是比较好的大豆榨油设备，它具有结构紧凑、处理量大、操作简便、性能稳定、运转平稳、无异常振动和噪音、主要零部件坚固耐用等优点。尤其是有些榨油机上还附装有蒸炒锅，可调节入榨料坯的温度及水分，以取得较好的压榨效果。榨油机与辅助蒸炒锅配合，基本上实现了连续化生产。

（三）大豆浸出取油工序

1．浸出法取油的特点

浸出法取油的优点是豆粕残油量低，出油效率高，豆粕的质量好。浸出法取油的控制生产过程是在较低的温度下进行的，可以得到蛋白质变性程度很小的豆粕，以用于大豆蛋白的提取和利用。另外，浸出法取油的劳动生产率较高，容易实现大规模生产和生产自动化。但缺点是油脂浸出所用溶剂大多易燃易爆，具有一定的毒性，生产的安全性较差，如生产操作不当，有发生燃烧、爆炸和毒害的危险。此外，浸出毛油中含非油物质量较多，色泽较深，质量较差。然而，这些缺点可以依靠改进工艺、发展适宜的溶剂、完善生产管理来克服。目前，浸出法取油是一种先进的制油方法，在国内外得到广泛的应用。

2．浸出法取油的基本原理

浸出法取油是应用萃取的原理，选用某种能够溶解油脂的有机溶剂，经过对大豆的喷淋和浸泡作用，使大豆中的油脂被萃取出来。该方法是利用溶剂对不同物质具有不同溶解度的性质，将固体物料中有关成分加以分离的过程。在浸出时，油料用溶剂浸泡，其中易溶解的成分（主要是油脂）就溶解于溶剂。当大豆浸出在静止的情况下进行时，油脂以分子的形式进行转移，属分子扩散。但浸出过程中大多是在溶剂与料粒之间有相对运动的情况下进行的。因此，它除了有分子扩散外，还有取决于溶剂流动情况的对流扩散过程。

3．浸出法取油的基本过程

浸出法取油的基本过程是把大豆料坯、预榨饼或膨化颗粒浸于选定的溶剂中，使油脂溶解在溶剂中形成混合液（即混合油），再将混合油与浸出后的固体豆粕分离，然后利用溶剂与油脂的沸点不同对混合油进行蒸发、汽提，可使溶剂汽化与油脂分离，从而获得浸出毛油。浸出后的固体豆粕含有一定量的溶剂，经脱溶烘干处理后得到成品豆粕。从湿粕蒸脱、混合油蒸发及其他设备排出的溶剂蒸汽和混合蒸汽，经过冷凝、冷却以及溶剂与水的分离，分离出的溶剂可循环使用，分出的废水经蒸煮处理进一步回收溶剂后排放。为了排除系统中积存的空气以保持正常的工作压力，还需不断地将不凝气体集中并经回收溶剂后排空。

4. 浸出法取油的方式

一是按操作方式分类，可分成间歇式浸出和连续式浸出。其中，间歇式浸出是将大豆坯进入浸出器后，豆粕自浸出器中卸出，新鲜溶剂的注入和浓混合油的抽出等工艺，操作都是分批、间断、周期性进行的。而连续式浸出是大豆坯进入浸出器后，豆粕自浸出器中卸出，新鲜溶剂的注入和浓混合油的抽出等工艺操作，都是连续不断进行的。二是按接触方式分类，可分成浸泡式浸出、喷淋式浸出和混合式浸出。其中，浸泡式浸出是将大豆坯浸泡在溶剂中，在一定条件下完成浸出过程。喷淋式浸出是将溶剂呈喷淋状态与料坯接触，在给定环境下完成浸出过程。而混合式浸出则是一种喷淋与浸泡相结合的浸出方式。

5. 湿粕脱溶和混合油的处理

一是湿粕脱溶。从浸出器中卸出的豆粕中含有25%～35%的溶剂，为了使这些溶剂得以回收和获得质量较好的豆粕，可采用蒸脱设备加热以蒸脱溶剂。二是混合油固液分离。让混合油通过过滤介质（100目筛网），其中所含的固体豆粕末即被截留，得到较为洁净的混合油；或者采用离心沉降的方法分离混合油中的粗末，它是利用混合油各组分的密度不同，采用离心旋转产生离心力大小的差别，使豆粕末下沉而液体上升，达到清洁混合油的目的。三是混合油的蒸发。利用油脂几乎不挥发，而溶剂沸点低、易于挥发的特性，用加热的方法使溶剂大部分气化逸出，从而使混合油中油脂的浓度大大提高。在蒸发设备的选用上，油厂多选用长管蒸发设备。四是混合油的汽提。通过蒸发，混合油的浓度大大提高，然而溶剂的沸点也随之升高。无论继续进行常压蒸发或改成减压蒸发，欲使混合油中剩余的溶剂基本除去都是相当困难的。只有采用汽提，才能将混合油内残余的溶剂基本除去，以得到比较纯净的大豆原油（毛油）。汽提即水蒸气蒸馏，其原理是混合油与水不相溶，向沸点很高的浓混合油内通入一定压力的直接蒸汽，从而降低了高沸点溶剂的沸点。未凝结的直接蒸汽夹带蒸馏出的溶剂一起进入冷凝器进行冷凝回收。完成汽提后，溶剂蒸汽经冷凝和冷却进行回收，可循环利用。

（四）大豆油精炼工序

大豆毛油一般是指从大豆浸出或压榨工序提取的含有不宜食用的带杂质的油脂，其主要成分是甘油三脂肪酸酯的混合物（俗称中性油），还含有非甘油酯物质（统称杂质），其种类、性质和状态大致可分为机械杂质、脂溶性杂质和水溶性杂质三大类，需通过精炼的方法将其除去，得到符合一定质量标准的大豆成品油。大豆油精炼的方法大致可分为机械法、化学法和物理化学法三种，这些方法往往不能截然分开，有时采用一种方法的同时会产生另一种精炼作用。大豆油精炼工序包括过滤、水化（脱胶）、碱炼（脱酸）、脱色和脱臭等环节。

1. 过滤

大豆毛油的过滤一般采用机械的方法除去杂质。一是利用毛油和杂质的不同密度，借助重力的作用达到自然沉淀。该方法将毛油置于沉淀设备内，一般在20～30℃下静止，使之自然沉淀。沉淀法的特点是设备简单，操作方便，但其杂质的自然沉淀速度很慢，所需的时间很长，不能满足大规模生产的要求。二是将毛油在一定压力（或负压）和温度下，通过带有毛细孔的介质（滤布）使杂质截留在介质上，让净油通过而达到分离油脂和杂质的目的。该方法在许多大豆油厂被广泛采用，根据不同生产规模采用不同生产效率的过滤设备。三是利用离心力分离大豆毛油悬浮杂质的一种方法。近年来，在部分油厂用离心机分离毛油中的悬浮杂质，取得了较好的工艺效果。

2. 水化（脱胶）

水化是指用一定数量的热水或稀碱、盐及其他电解质溶液加入毛油中，使水溶性杂质凝聚沉淀而与油脂分离的一种去杂方法。水化时，凝聚沉淀的水溶性杂质以磷脂为主，磷脂的分子结构中既含有疏水基团，又含有亲水基团。当大豆毛油中不含水分或含水分极少时，它能溶解并分散于油中；当磷脂吸水湿润时，水与磷脂的亲水基结合后，就带有更强的亲水性，吸水能力增强。随着吸水量的增加，磷脂质点体积逐渐膨胀，并且相互凝结成胶粒。然后胶粒又相互吸引，形成胶体，其相对密度比油脂大得多，因而从油中沉淀析出。水化（脱胶）的工艺参数：一是对毛油的质量要求为水分及挥发物≤0.3%，杂质≤0.4%；水的总硬度（以氧化钙计）＜250 mL/L，其他指标应符合生活饮用水卫生标准；水化温度通常采用70～85℃，水化的搅拌速度应能变动。二是对水化成品的质量要求为磷脂含油＜50%，含磷量50～150 mg/kg，杂质≤0.15%，水分＜0.2%。

3. 碱炼（脱酸）

碱炼是利用碱溶液与大豆毛油中的游离脂肪酸发生中和反应，使之生成钠皂（通称为皂脚），并同时除去部分其他杂质的一种精炼方法。碱炼所用的碱有多种，如石灰、有机碱、纯碱和烧碱等，国内应用最广泛的是烧碱。碱炼除了中和反应外，还有某些物理化学作用。碱炼的方法有间歇式和连续式两种，小型油厂一般采用间歇低温法。碱炼的工艺参数：一是对脱胶油的质量要求为水分＜0.2%，杂质＜0.15%，磷脂含量＜0.05%；水的质量要求为总硬度（以氧化钙计）＜50 mg/L，其他指标应符合生活饮用水卫生标准；烧碱的质量要求为杂质＜5%的固体碱，或相同质量的液体碱。二是对碱炼成品质量的要求为间歇式酸价≤0.4 mg/g，连续式酸价≤0.15 mg/g；间歇式油中含皂150～300 mg/kg，连续式油中含皂＜80 mg/kg，如不再脱色可取＜150 mg/kg；油中含水为0.1%～0.2%，油中含杂质为0.1%～0.2%。

4. 脱色

大豆毛油中含有一定的色素，在前面所述的精炼方法中，虽可同时除去油脂中的部分色素，但不能达到令人满意的地步，必须经过脱色处理方能如愿。脱色的方法有日光脱色法（亦称氧化法）、化学药剂脱色法、加热法和吸附法等。目前，大豆油厂应用最广的是吸附法，即将某些具有强吸附能力的物质（酸性活性白土、漂白土和活性炭等）加入油脂中，在加热情况下吸附除去油中的色素及其他杂质（蛋白质、黏液、树脂类及皂等）。吸附脱色一般为间歇脱色，即油脂与吸附剂在间歇状态下通过一次吸附平衡而完成脱色过程。吸附脱色对脱酸油的质量要求：生产二级油时，要求水及挥发物≤0.2%，杂质≤0.2%，含皂量≤100 mg/kg，酸价（以氢氧化钾计）≤0.4 mg/kg，色泽

(罗维朋 25.4 mm) Y50R3 (黄 50 红 3)；生产一级油时，要求水及挥发物≤0.2%，杂质≤0.2%，含皂量≤100 mg/kg，酸价（以氢氧化钾计）≤0.2 mg/g，色泽（罗维朋 25.4 mm）Y50R3（黄 50 红 3）。关于脱色成品的质量要求按国家标准规定执行。

5. 脱臭

大豆毛油具有自己特殊的气味（也称臭味），将这种特有气味除去的工艺过程称为脱臭。在脱臭之前，必须先进行水化、碱炼和脱色，以创造良好的脱臭条件，有利于油脂中残留溶剂及其他气味的除去。脱臭的方法很多，有真空蒸汽脱臭法、气体吹入法、加氢法和聚合法等。目前，国内外应用最广、效果最好的是真空蒸汽脱臭法。真空蒸汽脱臭法是在脱臭锅内用过热蒸汽（真空条件下）将油内呈臭味物质除去的工艺过程。真空蒸汽脱臭的原理是水蒸气通过含有呈臭味组分的油脂进行汽、液接触，使水蒸气与被挥发出来的臭味组分饱和，并按其分压比率选出而除去。脱臭的工艺参数：一是间歇脱臭油温为 160～180℃，残压为 800 Pa，时间为 4～6 小时，直接蒸汽喷入量为油重的 10%～15%；二是连续脱臭油温为 240～26℃，时间为 60～120 分钟，残压在 800 Pa 以下，直接蒸汽喷入量为油重的 2%～4%；三是柠檬酸加入量应小于油重的 0.02%；四是导热油温度应控制在 270～290℃。大豆油经脱臭后的产品质量，应符合国家标准《大豆油》（GB/T 1535—2017）的规定。

二、传统豆制品加工技术

（一）内酯豆腐

内酯豆腐生产利用了蛋白质的凝胶性质和 δ－葡萄糖酸内酯的水解性质，其工艺流程如下：

原料大豆→清理→浸泡→磨浆→滤浆→煮浆→脱气→冷却→混合→罐装→凝固成型→冷却→成品

（1）制浆。采用各种磨浆设备制浆，使豆浆浓度控制在 10～11 °Bé。

（2）脱气。采用消泡剂消除一部分泡沫，采用脱气罐排出豆浆中多余的气体，避免出现气孔和砂眼，同时脱除一些挥发性的成分，使内酯豆腐质地细腻，风味优良。

（3）冷却、混合与罐装。根据 δ－葡萄糖酸内酯的水解特性，内酯与豆浆的混合必须在 30℃以下进行，如果浆温过高，内酯的水解速度过快，造成混合不均匀，最终导致粗糙松散，甚至不成型。按照 0.25%～0.30%的比例加入内酯，添加前用温水溶解，混合后的浆料在 15～20 分钟罐装完毕，采用的包装盒或包装袋需要耐 100℃的高温。

（4）凝固成型。包装后进行装箱，连同箱体一起放入 85～90℃恒温床，保温 15～20 分钟。热凝固后的内酯豆腐需要冷却，这样可以增强凝胶的强度，提高其保形性。冷却可以采用自然冷却，也可以采用强制冷却。通过热凝固和强制冷却的内酯豆腐，一般杀菌、抑菌效果好，储存期相对较长。

（二）腐竹

腐竹是由煮沸后的豆浆，经过一定时间的保温，豆浆表面蛋白质成膜形成软皮，揭出烘干而成的。煮熟的豆浆在较高温度条件下，一方面豆浆表面水分不断蒸发，表面蛋白质浓度相对提高；另一方面蛋白质胶粒热运动加剧，碰撞机会增加，聚合度加大，以致形成薄膜，随着时间的延长，薄膜厚度增加，当薄膜达到一定厚度时，揭起即为腐竹。

生产工艺流程如下：

大豆→清理→脱皮→浸泡→磨浆→滤浆→煮浆→揭竹→烘干→包装→成品

（1）制浆。腐竹生产的制浆方法与豆腐生产制浆一样，这里要求豆浆浓度控制在6.5～7.5 °Bé，豆浆浓度过低难以形成薄膜；豆浆浓度过高，虽然膜的形成速度快，但是形成的膜色泽深。

（2）揭竹。将制成的豆浆煮沸，使豆浆中的大豆蛋白质发生充分的变性，然后将豆浆放入腐竹成型锅内成型揭竹。在揭竹工序中应该注意3个因素：①揭竹温度。一般控制在82℃±2℃。温度过高，产生微沸会出现“鱼眼”现象，容易起锅巴，腐竹的产率低；温度过低，成膜速度慢，影响生产效率，甚至不能形成膜。②时间。揭竹时每支腐竹的成膜时间为10分钟左右。时间过短，形成的皮膜过薄，缺乏韧性，揭竹时容易破竹；时间过长，形成的皮膜过厚，色泽深。③通风。揭竹锅周围如果通风不良，成型锅上方水蒸气浓度过高，豆浆表面的水分蒸发速度慢，形成膜的时间长，影响生产效率和腐竹质量。

（3）烘干。湿腐竹揭起后，搭在竹竿上沥浆，沥尽豆浆后要及时烘干。烘干可以采用低温烘房或者机械化连续烘干法。烘干最高温度控制在60℃以内。烘干至水分含量达到10％以下即可得到成品腐竹。

三、豆乳加工技术

豆乳制品是20世纪70年代以来迅速发展起来的一类蛋白饮料，主要包括豆乳、豆炼乳、酸豆乳、豆乳晶等。该类产品采用现代技术与设备，已实现了规模化工业生产。豆乳制品具有特殊的色、香、味，营养也非常丰富，可与牛奶相媲美。

豆乳的生产工艺流程如下：

大豆→清理→脱皮→浸泡→制浆→浆渣分离→真空脱臭→调制→均质→杀菌→包装

1. 清理与脱皮

大豆经过清理除去所含杂质，得到纯净的大豆。脱皮可以减少细菌，改善豆乳风味，限制起泡性，同时还可以缩短脂肪氧化酶钝化所需要的加热时间，极大地降低储存蛋白质的变性，防止非酶褐变，赋予豆乳良好的色泽。脱皮方法与油脂生产一致，要求脱皮率大于95％。脱皮后的大豆迅速进行灭酶。这是因为大豆中致腥的脂肪氧化酶存在于靠近大豆表皮的子叶处，豆皮一旦破碎，油脂即可在脂肪氧化酶的作用下发生氧化，产生豆腥味成分。

2. 制浆与酶的钝化

豆乳生产的制浆工序与传统豆制品生产中制浆工序基本一致，都是将大豆磨碎，最大限度地提取大豆中的有效成分，除去不溶性的多糖和纤维素。磨浆和分离设备通用，但是豆乳生产中制浆必须与灭酶工序结合起来。制浆中抑制浆体中异味物质的产生，因此可以采用磨浆前浸泡大豆工艺，也可以不经过浸泡直接磨浆，并要求豆浆磨得要细。豆糊细度要求达到120目以上，豆渣含水量在85%以下，豆浆含量一般为8%～10%。

3. 真空脱臭

真空脱臭的目的是要尽可能地除去豆浆中的异味物质。真空脱臭首先利用高压蒸汽（600 kPa）将豆浆迅速加热到140～150℃，然后将热的豆浆导入真空冷凝室，对过热的豆浆突然抽真空，豆浆温度骤降，体积膨胀，部分水分急剧蒸发，豆浆中的异味物质随着水蒸气迅速排出。从脱臭系统中出来的豆浆温度一般可以降至75～80℃。

4. 调制

豆乳的调制是在调制缸中将豆浆、营养强化剂、赋香剂和稳定剂等混合，充分搅拌均匀，并用水将豆浆调整到规定浓度的过程。豆浆经过调制可以生产出不同风味的豆乳。

5. 均质

均质处理是提高豆乳口感和稳定性的关键工序。均质效果主要受均质温度、均质压力和均质次数的影响。一般豆乳生产中采用13～23 MPa的压力，压力越高效果越好，但是压力大小受设备性能及经济效益的影响。均质温度是指豆乳进入均质机的温度，温度越高，均质效果越好，温度应控制在70～80℃较适宜。均质次数应根据均质机的性能来确定，最多采用2次。

均质处理可以放在杀菌之前，也可以放在杀菌之后，各有利弊。杀菌前处理，杀菌能在一定程度上破坏均质效果，容易出现“油线”，但污染机会减少，储存安全性提高，而且经过均质处理的豆乳再进入杀菌机不容易结垢。如果将均质处理放在杀菌之后，则情况正好相反。

6. 杀菌

豆乳是细菌的良好培养基，经过调制的豆乳应尽快杀菌。在豆乳生产中经常使用以下3种杀菌方法：

（1）常压杀菌。这种方法只能杀灭致病菌和腐败菌的营养体，若将常压杀菌的豆乳在常温下存放，由于残存耐热菌的芽孢容易发芽成营养体，并不断繁殖，成品一般不超过24小时即败坏。若经过常压杀菌的豆乳（带包装）迅速冷却，并储存于2～4℃的环境下，可以存放1～3周。

（2）加压杀菌。这种方法是将豆乳罐装于玻璃瓶中或复合蒸煮袋中，装入杀菌釜内分批杀菌。加压杀菌通常采用121℃、15～20分钟的杀菌条件，这样即可杀死全部耐热型芽孢。杀菌后的成品可以在常温下存放6个月以上。

（3）超高温短时间连续杀菌（UHT）。这是近年来豆乳生产中普遍采用的杀菌方法，它是将未包装的豆乳在130℃以上的高温下，经过数十秒的时间瞬间杀菌，然后迅速冷却、罐装。

超高温杀菌分为蒸汽直接加热法和间接加热法。目前，我国普遍使用的超高温杀菌设备均为板式热交换器间接加热法。其杀菌过程大致可分为3个阶段，即预热阶段、超高温杀菌阶段和冷却阶段，整个过程均在板式热交换器中完成。

7. 包装

根据进入市场的形式，包装包括玻璃瓶包装、复合袋包装等。采用哪种包装方式，是豆乳从生产到流通环节上的一个重大问题，它决定成品的保藏期，也影响质量和成本。因此，要根据产品档次、生产工艺方法及成品保藏期等因素做出决策。一般采用常压或加压杀菌只能采用玻璃瓶或复合蒸煮袋包装。无菌包装是伴随着超高温杀菌技术而发展起来的一种新技术，大中型豆乳生产企业可以采用这种包装方法。

四、豆乳粉及豆浆晶加工技术

豆乳是一种老少皆宜的功能性营养饮料，但是含水量高，不耐储存，运输销售不便。豆乳粉和豆浆晶的生产不同程度地解决了上述问题，并保留了豆乳的全部营养成分。

（一）基料制备

豆乳粉和豆浆晶的基料制备过程，就是豆乳生产去掉杀菌、包装工序的全过程。只是根据产品不同，调配工序的操作及配料略有差别。

豆乳粉、豆浆晶的生产，不仅要注意改善产品风味和营养平衡，还要提高其溶解性。它们的溶解性除与后续的浓缩、干燥工序有关外，与基料的调制关系密切。

在两者的生产中，一方面糖的加入对其溶解性影响很大，糖可以在浓缩前加入，也可以在浓缩后加入；另一方面，在浓缩前向豆乳粉的基料中加入一定量的酪蛋白，可以大大改善豆乳粉的溶解性。通过试验发现，随着酪蛋白添加量的增加，豆乳粉的溶解度随之增大，但是增加到一定量时，其溶解度增大不明显，而且会影响豆乳的风味。一般酪蛋白的添加量占豆乳固形物含量的20%为最佳。再如用碱性物质醋酸钠、碳酸钠、磷酸铵、磷酸氢铵、磷酸三钠、磷酸三钾、氢氧化钠等调节pH值接近7.5时，豆乳的溶解性可以明显提高。

提高豆浆晶和豆乳粉的溶解性，也可以在喷雾干燥前添加高HLB（亲水疏水平衡值）的蔗糖脂肪酸酯，它将与酪蛋白一起提高豆乳的溶解性。添加量为固形物的10%以内。在豆乳粉中混入一些蔗糖、乳糖、葡萄糖等可以提高豆乳的溶解性，其中以乳糖为最好，添加量为5%～15%。用蛋白酶对蛋白质进行适当水解，可以明显提高耐热性和耐储存性。

豆乳粉、豆浆晶在基料调制完毕后，要进行均质和杀菌，然后再进行浓缩。

（二）豆浆晶的生产

经过浓缩后的基料，经过真空干燥进行脱水。真空干燥是豆浆晶生产的关键工序，是在真空干燥箱内完成的。

操作时首先将浓缩好的浆料装入烘盘内，每盘浆料量要相等，缓慢放入真空干燥箱内，然后关闭干燥箱，立即抽真空，接着打开蒸汽阀门通入蒸汽。

干燥过程大致分为以下 3 个阶段：

第一阶段为沸腾段。此阶段为使浆料迅速升温，蒸汽压力一般控制在 200～250 kPa，但是为了防止溢锅，真空度不宜过大，应控制在 83～87 kPa。从蒸汽到浆料沸腾结束，约需 30 分钟，料温可以从室温升至 70℃左右。

第二阶段为发胀阶段。此阶段从浆料开始起泡到定型，大约需要 1.5 小时。随着干燥的进行，干燥箱内浆料沸腾程度越来越慢，浆料浓度越来越高，黏度增大。胞膜坚厚，表面张力也大，如果此时真空度不大，温度高，浆料内部水分蒸发困难，会造成干燥速度慢，产生焖浆现象，并造成蛋白质变性，成品溶解性差，色泽深。因此，当浆料沸腾趋于结束时，应逐渐减少蒸汽进量、提高真空度。此阶段的蒸汽压力维持在 100～150 kPa，温度 45～50℃，真空度 96～99 kPa。

第三阶段为烘干阶段。此阶段是为了进一步蒸发出豆浆晶中的水分，不需要供给过多的热量，蒸汽压应维持在 50 kPa 以下，温度保持在 45～50℃。为了干燥迅速，真空度应保持在 96 kPa 以上。

整个干燥过程完成以后，通入自来水冷却，消除真空，出炉、粉碎。

真空干燥后的豆浆晶为疏松多孔的蜂窝状固体，极易吸湿受潮，干燥后应马上破碎。破碎时先剔除不干或焦煳部分，然后投入破碎机破碎。粉碎后的豆浆晶呈细小晶体，分袋包装即为成品。粉碎包装车间应安装有空调机、吸湿机，空气相对湿度控制在 65％以下，温度为 25℃左右。

（三）豆乳粉的生产

喷雾干燥是目前将液体豆乳制成固体豆乳粉的唯一方法。制取的固态豆乳粉销售、储存、运输方便。但是食用时须将固态豆乳粉与水混合制成浆体，豆乳粉的溶解性成为必须考虑的因素。

影响豆乳粉溶解性有以下 5 个因素：

（1）豆乳粉的物质组成及存在状态。

（2）粉体的颗粒大小。溶解过程是在固液界面上进行的，粉的颗粒越小，总表面积越大，溶解速度也就越快，但是小颗粒影响粉的流散性。

（3）粉体的重度。较大的重度有利于水面上的粉体向水下运动，重度小的粉体容易漂浮形成表面湿润、内部干燥的粉团，俗称“起疙瘩”。

（4）颗粒的相对密度。颗粒密度接近水的相对密度时，颗粒能在水中悬浮，保持与水的充分接触顺利溶解，相对密度大于水的颗粒迅速下沉，颗粒与水的接触面减少，并停止与水的相对运动，溶解速度减慢；颗粒相对密度小于水时，颗粒上浮，产生同样的效果。

（5）粉体的流散性。粉体自然堆积时，静止角小的则表明粉的流散性好，这样的粉容易分散，不结团。颗粒之间的摩擦力是决定粉体流散性的主要因素。为了减少摩擦力，应要求粒度均匀，颗粒大且外形为球形或接近球形，表面干燥。

以上 5 个因素，第一个因素是基本的，它决定溶解的最终效果，其余 4 个因素影响豆乳粉的溶解速度。

由喷雾干燥塔出来的豆乳粉，经过降温、过筛、包装即为成品。

第六章　油菜籽加工技术

第一节　概述

油菜是世界上重要油料作物之一，也是我国传统的油料作物。油菜种子含油量为其自身干重的35%~50%。菜油含有10余种脂肪酸和多种维生素，特别是维生素E的含量较高，营养丰富，自古以来为我国人民长期食用。普通菜油在进行脱色、脱臭、脱脂或氢化等精炼加工程序之后，可用于制造色拉油、人造奶油、起酥油等产品。而低芥酸菜油则色泽清淡，味香无臭，不混浊，可直接用于加工。20世纪60年代以后，世界各国先后育成了一批低芥酸的油菜新品种，使菜油中芥酸含量降至3%以下，大大提高了菜油的品质。

普通菜油芥酸含量在45%以上，可直接用于加工高温绝缘油和选矿工业的矿物浮选剂等。高芥酸菜油（含芥酸55%以上）则是理想的冷轧钢及喷气发动机的润滑剂和脱模剂，以及金属工业高级淬火油。还可以将菜油硫化、氢化及硫酸化的产物用于橡胶、油漆、皮革生产。菜油水解所得到的芥酸油，每吨售价900美元以上。芥酸的衍生物和氢化产物山嵛酸等具有黏附、软化、疏水和润滑特性，可用作食品添加剂、化妆品、护发素、去垢剂以及塑料添加物，并可作摄影和录音用的原材料。芥酸裂解生成壬酸和十三碳二元酸，可用于制造香料、增塑剂、高级润滑油。

菜籽榨油后得到约60%的饼粕，成分与大豆饼粕相近，是良好的精饲料。20世纪70年代后，各国培育成了含量低于30~40 μmol/g的低硫苷品种，使菜饼的饲用价值大大提高。菜饼粗蛋白质由72%氨基酸、12%酰胺酸、16%非溶性氮组成，其营养价值高于其他植物油料蛋白质。菜饼经过加工后营养更加丰富，且具有可溶性、抽油性、乳化性和起泡性，可广泛用于蛋白质食品工业。

菜油的自然沉降物和水化脱磷残渣（油脚），可加工提取磷脂，用于食品加工，并用作磁带、胶卷、橡胶、塑料等多种工业原料。菜油与其他植物油还有取代部分石油产品及作为能源使用的趋势。

第二节　油菜籽的特征特性

一、油菜籽的形态特征

油菜籽由种皮（俗称壳）和胚（俗称籽仁）两部分组成。三大类型油菜籽（甘蓝型、白菜型和芥菜型）的种皮和籽仁的含量稍有差异，白菜型和芥菜型油菜籽种皮的含量约比甘蓝型油菜籽种皮高 2%左右。我国种植面积和产量最大的是甘蓝型油菜，黑色甘蓝型油菜籽种皮在菜籽中约占 17%，黄色甘蓝型油菜籽种皮在菜籽中约占 13%，二者相差约 4%，见表 6−1。

表 6−1　甘蓝型油菜籽中种皮、籽仁含量（单位：%）

	黑皮油菜籽	黄皮油菜籽
种皮	16.5～17.5	12.5～13.5
籽仁	82.5～83.5	86.5～87.5

黑皮油菜籽种皮厚度一般为 26～28 μm。其主要成分为纤维素、脂肪和蛋白质。种仁含有大量油脂和蛋白质。黄皮油菜籽的含油量往往高于黑皮油菜籽含油量 3%以上，其主要化学组成见表 6−2。

表 6−2　常规油菜各部分的主要化学组成（单位：%）

组成	种子	籽仁	种皮	籽仁饼粕	带壳菜籽粕
油脂	40～41	45～46	11～16	1～2	1～2
粗蛋白	21～30	28～30	10～15	48～55	35～45
植酸	1.5～3.0	1.5～3.0	0.2～0.5	2～5	2～4
菜籽多酚①	1.0～2.0	1.0～2.0	1.0～2.0	1.5～3.0	1.5～3.0
芥子碱	0.5～1.0	0.5～1.0	0.2～0.5	1.0～1.5	1.0～1.5
硫代葡萄糖苷	2～4.5	3～5	0.1～0.2	4～7	4～7
纤维素	11～12	3～3.6	31～34	4.5～6.0	16～18
矿物质	4～5	4～5	3～4	6～8	7～8
碳水化合物	15～18	16～20	10～13	22～25	20～23

注：①菜籽多酚主要包括酚酸与单宁两大类。种皮中主要为缩合单宁，籽仁中主要为酚酸与水解单宁。

油菜籽细胞壁由纤维素、半纤维素等物质组成，这些纤维素分子呈细丝状，并互相交织成毡状结构或不规则的小网结构，油菜籽细胞壁厚度一般在 1 μm 以内。油菜籽细胞壁的孔隙度和微孔直径分别为0.093%和87 nm，与其他油料种子相比要小，这意味着油脂穿过细胞壁渗流出来的阻力相对较大。油菜籽细胞壁的这种结构使其具有较强的韧性和较低的渗透性，这给油脂的有效提取增大了难度。因此，通过各种预处理方法使细胞壁更多地破裂有利于油脂的有效提取。

二、油菜的生长发育过程

油菜的发育过程可以分为苗期、蕾薹期、开花期和角果发育成熟期4个阶段。

（一）苗期

油菜从出苗至现蕾这段时间称为苗期。现蕾是指揭开主茎顶端1～2片小叶能见到明显花蕾的时期。冬油菜苗期较长，一般占全生育期的一半或一半以上，为120多天。春油菜苗期较短，为40～50天。油菜苗期通常又分为苗前期和苗后期。

（二）蕾薹期

油菜从现蕾至初花称为蕾薹期。我国冬油菜蕾薹期一般在2月中旬至3月中旬，时间迟早因品种和各地气候条件而有差异。油菜一般先现蕾后抽薹，但有些品种，或在一定栽培条件下，油菜先抽薹后现蕾，或现蕾、抽薹同时进行。油菜在蕾薹期营养生长和生殖生长同时进行，在我国长江流域甘蓝型油菜蕾薹期一般为25～30天。

（三）开花期

油菜从开始开花到开花结束的一段时间称为开花期，花期长30～40天。开花期迟早和长短，因品种和各地气候条件而有差异，白菜型品种开花早，花期较长，甘蓝型和芥菜型品种开花迟，花期较短。早熟品种开花早，花期长，反之则短；气温低，花期长。油菜开花期是营养生长和生殖生长最旺盛的时期。

（四）角果发育成熟期

从终花到角果籽粒成熟的一段时间称为角果发育成熟期，具体又可分为绿熟期、黄熟期和完熟期。

第三节　油菜籽的栽培和管理

一、育秧技术

油菜育秧是油菜栽培体系中十分重要的一个环节。实践证明，培育壮秧是实现油菜高产的基础。油菜壮秧的特征为秧龄适中、植株矮壮、叶间距小、根系发达、叶色青绿、无病虫害。形态指标为：苗高20～25 cm，绿叶6张左右，根茎粗0.5～0.6 cm，叶间距2 cm以内，叶面积250 cm^2以上。要达到壮苗移栽，需做好以下几项技术措施。

（一）选好秧田，培肥床土

秧田好坏，与培育壮秧有密切关系，因此一定要选择好的苗床田。一般应选择土质肥沃疏松、地势高爽平整、靠近水源、排灌方便的田块。并且按秧：大田比例为1：(6～7)留足秧田，保证每株秧苗具有一定的营养生长空间，促进个体生长发育，防止因留苗过密引起的高脚苗、弱小苗。为满足油菜子叶平展后即进入自养阶段对养分的需求，播种前苗床应施足基肥。基肥以每亩人粪尿20担，复合肥40～50 kg或碳铵25 kg加过磷酸钙20～25 kg为宜。苗床应做到泥细而平整，上松下实，干湿适度。

（二）适期播种，控制播量

本区适播期一般在9月20日至30日，播时应以畦定量，均匀播种，要求一次播种一次齐苗，力争早出苗、早全苗。播种时严格控制播种量，均匀播种，一般亩播种量0.6 kg左右。

（三）加强管理，前促后控

油菜出苗后应及时间苗，要求做到"五去五留"，即去弱苗留壮苗，去小苗留大苗，去杂苗留纯苗，去病苗留健苗，去密苗留匀苗。同时还要拔除杂草。一般每平方尺[①]留苗不宜超过20株。

在肥料运筹上，三叶期前以促为主，应于一叶一心时及时施用断奶肥，一般每亩以尿素2.5～3 kg或复合肥5～7.5 kg施用。三叶至五叶期一般以促平衡生长为主；五叶期以后一般不宜施肥，以控为主。移栽前一周左右，每亩施用3～3.5 kg尿素作起身肥，以促进移栽后早活棵早返青。

（四）化学调控，防病治虫

多效唑具有控上促下、提高苗期抗逆能力的作用，可以有效防止油菜高脚苗的发生。因此，在油菜三叶一心时，亩用15%多效唑40～50 g，加水40～50 kg，用小机均匀喷施。

针对近年来由于暖冬天气，田间蚜虫、菜青虫发生呈上升趋势的情况，应加强农药防治。

二、大田栽培技术

移栽质量的好坏可直接影响到油菜的冬前生长，对油菜栽后活棵返青、减轻落难、延长冬前有效生长期、促进冬壮春发有着十分重要的作用。因此，必须高质量、严要求地抓好移栽质量。

（一）移栽前一周，施好起身肥

移栽前2～3天打好起身药，防止将病虫害带入大田。

---

① 1平方尺$=\frac{1}{9}m^2$。

（二）移栽前的化学除草

（1）移栽油菜田：在移栽前1~2天至移栽后5~7天内，趁土壤湿润时，亩用20%敌草胺EC 200~250 mL兑水50 kg均匀喷雾；或在移栽后2天，亩用50%异丙隆WP 150 g兑水喷雾。

（2）套种直播油菜田：在油菜秧苗4~5叶期，亩用10.8%高效盖草能EC 20 mL兑水均匀喷雾。

（3）补除措施：对冬前未用药的重草地或用药后杂草仍较多的田块，在12月下旬或早春前（2月中下旬），亩用10.8%高效盖草能EC 30~40 mL补除。

注意：前期用药，应抢土壤湿润有利时机，用足水量，均匀喷雾。冬前和早春补除，应抓冷尾暖头天气喷药，以确保药效。

（三）适时移栽，合理密植

适期移栽可以延长油菜冬前的有效营养生长期，得以积累较多的营养物质，达到壮苗越冬的目的。常规油菜的移栽期以11月上旬为佳，双低油菜春性较强，移栽期以11月10日前后为好。为充分利用地力和光能，使油菜个体和群体协调发展，取得高产，本区油菜的合理密度应掌握在8 500~9 000株/亩。

（四）施足底肥，三肥配施

施足底肥能在整个生育过程中稳定而持久地供给油菜所需的养分，并且做到氮、磷、钾三肥配合施用。一般亩施复合肥50 kg，或碳铵40 kg加过磷酸钙30 kg和氯化钾5~7.5 kg。

（五）合理运筹肥料

科学运筹肥料是夺取高产稳产的一项关键技术。肥料施用必须符合油菜生长发育及需肥规律，肥料种类应合理配置，各阶段用肥数量及用肥时间也应合理掌握。在总用肥量每亩16~18 kg纯氮，氮磷钾1∶0.34∶0.39配套的前提下，针对双低油菜的生长特性，应把握“施足底肥，早施活棵肥，补施冬腊肥，普施、重施蕾薹肥”的施肥原则；苔肥施用时间应提前至现蕾期，防止双低油菜春发势过猛，导致营养生长失衡。用肥总量的年前、年后分配原则为常规油菜6∶4，双低油菜由于年前生长量偏小，比例为7∶3。

（六）加强抗灾思想

油菜是旱地作物，既要水又怕水。上海地区地下水位较高，雨水较多，历年来对油菜生长发育影响较大的是水害，因此必须立足抗灾，开好沟系。但近年来虽然沟系配套率较高，但质量不高，为了加快排水速度，提高防涝、防渍效果，必须建立起一套高标准、高质量的沟系。在油菜越冬期和早春还应及时清理沟系，保证根系正常生长，同时有助于改善田间小气候，减少菌核病的发生，是一项一举多得的技术措施。

三、绿肥栽培技术

（一）适期早播，壮苗越冬

播种期是决定绿肥产量高低的重要因素，也是近年来一直存在却始终难以解决的问题，导致绿肥产量受气候因素左右，难以实现高产稳产的目标。播种期应根据绿肥的种类、品种特点、前茬作物收获时间决定。在适播期内提倡早播，充分利用冬前有效温光资源，促苗生长，保证蚕豆冬前达到2～3个分枝，紫云英、金花菜3～4个分枝的壮苗指标，实现安全越冬。紫云英适期套播时间在10月5—12日，最迟不宜超过10月15日，与水稻共生期掌握在25～30天。金花菜在10月15—20日，与水稻共生期15～20天。蚕豆稻田套播适期在水稻收割前5～7天，蚕豆稻后播种最迟不超过11月10日。

（二）适量播种，保证群体

播种量应根据绿肥的不同类型和品种确定，以保证合理的群体结构，提高单位面积生物学产量。一般紫云英每亩用种量2.5～3 kg；蚕豆每亩为10～15 kg（日本大白豆12.5～15 kg，启豆7.5～10 kg）；金花菜每亩为7.5～10 kg。

（三）完善沟系配套，立足抗灾

绿肥喜温暖湿润环境，但不耐涝渍，尤其在水稻田种植绿肥，土壤湿度较大，更忌田间积水。上海地区地势较低，地下水位偏高，春秋雨水也较多，因此要立足抗灾，完善沟系配套，为保证高产稳产奠定基础。要求蚕豆绿肥在播种结束后，抓住晴好天气，结合覆土及时开沟；紫云英和金花菜宜在水稻收割后土壤墒情适宜时及时开沟。

（四）科学运筹肥料，提高产量

施用适量肥料，达到以小肥养大肥的目的。一般蚕豆和紫云英绿肥亩施25～30 kg过磷酸钙作基肥，可提高单株根瘤的固氮活性酶，并提高其产量和含氮量，可以起到“以磷增氮”的效果。蚕豆在幼苗长出6～7张真叶时，紫云英至“立春”节气，应每亩追施尿素7.5～10 kg，以保证一定的生物学产量。由于钾对磷的吸收有较为突出的效果，施用钾肥，磷、钾的利用率都有明显提高，而且固氮指数和固氮量也高于单施磷、钾肥效益之和。因此有条件的地区还应在施用磷肥时，亩施氯化钾5 kg。金花菜一般为经济型绿肥，肥料施用水平相对较高。在稻茬割除后，亩施商品有机肥500 kg增产效果较好。立春前后施尿素5 kg作追肥，促进营养生长。以后每割一茬，追施尿素3～5 kg，最后一茬收割后，再追施尿素2～3 kg，以保证一定量的生物学产量，达到耕翻肥田的目的。

（五）及时耕翻，发挥肥效

绿肥在不同的生长发育阶段，其产量、干物质量和营养成分并不一样，一般应考虑下茬农作物的种植时间和吸收养分的时期，以及不同绿肥作物的腐解速度等因素来确定翻压适期。一般蚕豆在盛花至结荚初期，紫云英在盛花期后4～5天，金花菜在初荚期，均为其各自的最适腐解和利用时期，此时翻压最为适宜。

一般来说，在一定范围内，翻压数量与后茬作物产量成正比。同时，随着翻压数量的增加，培肥地力的效果也逐渐提高。但绿肥翻压的数量并不是越多越好，后茬播种水稻的田块，绿肥在腐解过程中会产生硫化氢，造成水稻根系中毒，影响其正常生长。因此，必须控制绿肥翻压的数量，一般在 20～30 担/亩为宜，同时应保证绿肥翻压后与水稻播种间保持足够的腐解时间，一般蚕豆为 25～30 天，紫云英和金花菜为 15～20 天。

翻压时做到要做到埋严压实，使绿肥与土壤密合无孔隙。水稻田的绿肥翻压应结合耕翻进行，尽量做到深耕、深埋，深度掌握在耕层范围内。翻耕后，应尽快耙地和镇压，并做到先晒垡后灌水，提高土温，加速绿肥腐解，这是提高绿肥肥效的有效途径。

四、油菜直播全苗高产栽培技术

油菜直播栽培技术较之育苗移栽省去了育苗、拔苗、栽苗及浇定根水等环节，减少了劳力用工投入，每个工按照 100 元/天计算，则每亩可节约劳动力投入 200～300 元，降低了劳动强度和生产成本，且没有缓苗期在采取配套栽培措施条件下，直播油菜产量可获得与育苗移栽相当产量。

（一）安排好前茬作物

前茬作物不能安排生育期过长、成熟过迟的品种。

（二）品种选择

应选用早熟耐迟播、种子发芽势强、抗倒性好、主花序长、株型紧凑、抗病性强（抗寒、抗倒、抗菌核病）的双低油菜高产品种。主推 7 个优质双低油菜品种：湘杂油 1 号、湘杂油 6 号、湘杂油 753 号、湘杂油 743 号、中双 4 号、沣油 737 号、阳光 2009 号等。

（三）大田准备

前茬抢晴收割后立即追施底肥并开好“三沟”，有墒或遇雨天立即播种。底肥慎用氨态氮，以免烧芽烧苗。

（四）种子处理及播种

长江流域适宜播期为 9 月 20—30 日，最迟不超过 10 月中旬。播种时每千克种子用过筛干土粪及 15%多效唑 1.5 g（防止高脚苗）充分混匀，在田无积水、不陷脚时即可播种，一般亩用种 0.2～0.3 kg。如播后遇干旱天气，可沟灌抗旱促出苗，但严禁畦面漫灌。

（五）化学除草

根据上年间杂草群落分布把好播前、播后苗前、苗期 3 个除草关。

播种前处理：油菜播种前用灭生性除草剂处理一次。如田间存在较多数量的大刺儿菜、苣荬菜等多年生杂草，可在播种前 7～15 天用草甘膦（10%水剂 500 mL，兑水 50 kg 喷雾消灭老草）或草铵磷或农达于晴天细水喷雾。

如田间只有 1 年生杂草，在播种前 3～7 天，可用百草枯水剂 100～150 毫升/亩于晴天细水喷雾，杀灭田间已出土杂草；或者每亩用48%氟乐灵乳油100～150 mL兑水均匀喷布土表，立即混土。主要用于防除稗草、野燕麦、狗尾草、马唐、牛筋草、碱茅、千金子、早熟禾、看麦娘、藜、苋、繁缕、猪毛菜、宝盖草、马齿苋等一年生禾本科杂草及部分双子叶杂草，也可用燕麦畏，对于看麦娘和早熟禾有较好的控制作用。

成苗后茎叶处理：在油菜出苗后，对田间又长出杂草的情况，可用除草剂进行茎叶处理除草。

五、中稻油菜轮作高产栽培技术

长江流域是我国水稻及油菜的主产区，而稻油轮作模式是该区的重要栽培模式。如前茬水稻收获时间较早，可采用翻耕栽培模式；如前茬水稻收获时间较迟，可采用免耕栽培模式。

（一）选择适宜栽培模式

如前茬水稻腾茬早，且土壤墒情好，可选择直播栽培模式；如前茬水稻腾茬迟，则可选择育苗移栽模式。

（二）选择适宜品种

直播油菜应选用早熟耐迟播、种子发芽势强、春发抗倒、主花序长、株型紧凑、抗病性及耐渍性强的双低油菜品种。移栽油菜应选用分枝能力强、抗倒、抗病及耐渍性强的双低油菜品种。

（三）稻田整地

水稻收获前适时排水晒田，收获后抓住晴天及时耕翻坑土晒垡，切忌湿耕。耕翻后的土壤应耖细整平，开沟作畦。在土壤黏重、地势低、排水困难的田块，宜采用深沟窄畦。畦宽1.5 m，沟深0.25 m。如采用直播模式，则应趁土壤湿润进行翻耕，在土壤干湿适宜时进行耕耙保墒，要求达到土细土碎，厢面平整无大土块，不留大孔隙，土粒均匀疏松，干湿适度。厢宽一般为2 m，沟深0.2 m。

（四）适时播栽

长江流域移栽油菜的苗床一般在9月中下旬播种，10月中下旬移栽；直播油菜一般在9月下旬播种。秋雨多或秋旱严重的地区，应抓住时机及时播种和移栽。同时考虑移栽油菜的苗龄及移栽期，与前茬顺利连接，避免形成老苗、高脚苗。

（五）确定适宜密度

移栽油菜密度以0.8万～1.0万株/亩为宜，直播油菜密度以2.5万～3.0万株/亩为宜。土壤地力差、肥料投入少的田块可适当增加密度；反之，则应适当降低种植密度。

（六）肥料运筹

一般每亩用肥量为纯氮15～18 kg，五氧化二磷8～10 kg，氧化钾8～12 kg，硼砂1～1.5 kg。磷钾肥及硼肥在施底肥时一次施入。直播油菜的50%氮肥作基苗肥，腊肥或早春接力肥在20%左右，薹肥占30%；移栽油菜的60%氮肥作基苗肥，腊肥或早春接力肥在10%左右，薹肥占30%。

(七) 大田管理

如叶色变黄，要结合墒情每亩追施尿素3~5 kg提苗，要及时做好抗旱防渍及病虫草害防治工作。

(八) 适时收获

适宜的收获时间在油菜终花后30天左右。以全田有2/3的角果呈黄绿色、主轴中部角果呈枇杷色、全株仍有1/3角果显绿色时收获为宜。采用机械收获的田块其收获时间应推迟3~5天。油菜的适宜收获期较短，要掌握好时机，抓紧晴天抢收。

六、油菜少免耕高效栽培技术

油菜免耕栽培技术是在前茬作物收获后，不经过耕翻整地，在封杀老草和简单整平后板田直接播种或移栽油菜，使油菜达到高产的一套轻型栽培技术。该技术可减少用工，降低劳动强度，提高油菜综合生产能力。

(一) 安排好前茬作物

前茬作物不能安排生育期过长、成熟过迟的品种。

(二) 品种选用

在棉田、三熟制稻田进行油菜免耕栽培需要选择早熟品种，免耕直播油菜需选择耐密植、抗倒性好的双低品种，免耕移栽油菜需要选择分枝性强、抗倒性好的双低品种。

(三) 播栽准备

移栽油菜要抓好壮苗关，直播油菜可进行适当种子处理，提高发芽成苗率。播栽前施入底肥，开好“三沟”，要求沟沟相通，并将沟土打碎整平或借助于机械开沟的作用，将沟土旋散在厢面上，把肥掩埋好。

(四) 合理密植

免耕油菜一般比翻耕的春发差，株高略矮，二次分枝少，需适当增加密度来弥补。移栽油菜密度要达到1.0万~1.2万株/亩，直播油菜密度应达到2.5万~3.0万株/亩。肥田、早栽、施肥水平高的应适当稀一些，而瘦苗、薄田、迟栽和施肥水平低的应适当密一些。

(五) 灭茬除草

这是免耕油菜高产的关键。可根据上一年田间杂草及前茬再生情况采取相应灭茬除草方法。目前用得较多的是在油菜移栽前3~5天，每亩用草甘膦250~300 g兑水50 kg在冷尾暖头、日平均气温5~10℃以上进行土壤表面喷雾。

(六) 大田管理

亩施肥量为纯氮16~20 kg、五氧化二磷10 kg、氧化钾8 kg、硼砂1~1.5 kg，氮肥按底肥、苗肥、蕾薹 4∶2∶4 合理运筹，磷钾硼作底肥；有杂草发生的田块可在移栽油菜成活后 5～7 天，直播油菜 3～5 叶期进行化学除草；长江流域免耕油菜要避免渍害，雨后清沟，其他产区油菜要预防干旱；在初花期做好菌核病的防治。

（七）适时收获

适宜收获时间约在油菜终花后 30 天左右。以全田有 2/3 的角果呈黄绿色、主轴中部角果呈枇杷色、全株仍有 1/3 角果显绿色时收获为宜。采用机械收获的田块其收获时间应推迟 3～5 天。油菜适宜收获期较短，要掌握好时机，抓紧晴天抢收。

七、油菜机械化生产技术

油菜机械化生产技术主要包括机械播种和机械收获两个主要环节，还要做好合理密植、平衡施肥、化学除草、熟期调控、适时收获等工序。发展油菜机械化生产，既有利于减轻劳动强度，提高劳动生产率，降低生产成本，促进农业增产，农民增收，又能实行秸秆粉碎还田，减少了秸秆焚烧带来的环境污染。该技术有利于加快油菜区域化、规模化种植的步伐，促进我国油菜生产，推进农业现代化的进程。

（一）选择适合机械化生产的品种

宜选用产量高、抗病、抗裂角、株高 165 cm 左右、分枝少、分枝部位高、分枝角度小、偏早熟、花期集中便于机械收获的品种，如中双 11 号、油研 10 号、秦优 7 号、浙油 50 号、蓉油 16 号等。三熟制地区宜选用早熟品种。

（二）适期播种

根据长江流域常年油菜直播的实际情况，播种期宜在 9 月中下旬至 10 月上旬，提倡适期早播提高油菜产量。三熟制地区播期宜在 10 月底之前播种。

（三）机械直播

（1）播种前准备。正式作业前，在地头试播 10～20 m，调试播种及施肥的均匀性。

（2）抢墒播种。播种前土壤表面喷雾化学除草剂封闭除草，土壤含水量为 30%～40%时有利于播种和出苗。种子与油菜专用肥 25 千克/亩机械条播，行距为 40 cm，播种深度 1.5～2.0 cm。播种机械推荐选用 2BFQ－6 型油菜精量直播机，同时完成灭茬、旋耕、开沟、施肥、播种、覆土工序。

（四）合理密植

每亩用种 0.2～0.25 kg，免耕条播或机械耕耙后条播，确保基本苗达到 2.0 万～2.5 万株/亩，减少后期补苗、间苗的用工量。

（五）合理施肥

最好用油菜专用配方肥或缓释肥（N∶P∶K=16∶16∶16）。机械播种时重施基肥，每亩施复合肥 50 kg、尿素 5 kg 和硼砂 1～1.5 kg。5 叶期亩施苗肥 4～5 kg，12 月下旬至次年 1 月上旬施用腊肥，亩施复合肥 18 kg 或尿素 6 kg＋过磷酸钙 15 kg＋氯化钾 8 kg。为防止花而不实，在花蕾期每亩用 50 g 硼肥兑水 50 kg 混合喷施。

（六）田间管理

（1）化学除草。如油菜播前未喷封闭除草剂，播种后 2 天用 50％乙草胺 60 mL 兑水 40 kg 喷施。油菜苗后，在一年生禾本科杂草发生初期（3～5 叶期），用烯草酮乳油（有效成分 120 g/L）30～40 毫升/亩茎叶喷雾。

（2）早间苗、定苗。在 3 叶期前及早间苗，对断垄缺行田块，尽早移栽补空，4～5 叶期前后定苗，11 月中下旬每亩用 30～50 g 多效唑促壮苗。

（3）清沟排渍。春后及时清沟排渍，使流水通畅，田间无渍水。

（4）病虫害防治。冬前主要防治虫害，花期防治菌核病。用 10％吡虫啉可湿性粉剂 10～15 g 防治蚜虫，防治菜青虫可用大功臣、虫杀净等药剂。密植油菜要注意防菌核病，初花期 40％的菌核净防治菌核病一次，7～10 天后再防治一次，从下向上喷雾油菜中下部叶片。

（七）调节成熟期

采用植物生长调节剂调控油菜成熟期，一般在油菜种子蜡熟期喷施乙烯利等催熟剂，可达到一次收获的目的。

（八）适时收获

应在油菜完熟期进行机械收获，全田油菜冠层微微抬起、主茎角果全部变黄、籽粒呈固有颜色、分枝上角果约有 90％以上呈枇杷黄、倒数第 2～3 个以上分枝籽粒全部变黑时机收。最佳收获时间是早、晚或阴天，应尽量避开中午气温高时进行收割，减少收获损失。

八、油菜与马铃薯、蔬菜、玉米等套作技术

油菜套马铃薯主要是指套种秋马铃薯。马铃薯生育期较短，秋马铃薯生育期一般在 3～4 个月，对油菜的生长不会产生大的影响。田间种薯覆盖稻草，能促进秸秆还田增肥，有效避免焚烧造成的环境污染问题，而且能有效抑制油菜田间杂草生长。密度的降低和肥料利用效率的提高，油菜个体得到强化和充分发育，单株分枝数和荚果数显著提高，从而使油菜个体产量增加。油菜套作马铃薯技术有效地解决了传统耕制两季有余、三季不足、晚秋光热资源浪费问题，增加了稻田复种指数，提高了油菜田综合经济效益，有效地缓解了粮油争地问题，促进了农民增收。

（一）优选品种

油菜选用近年审定的高产优质双低油菜品种，如川油 58 号、川油 21 号、川油 39 号、蜀杂 11 号、蓉油 16 号、绵油 17 号、南油 9 号等。马铃薯一般选用菜用型、生育期较短、商品性好的优良品种，如川芋 56 号等。

（二）选好苗床地

选择土质肥沃、保水保肥力好前茬不宜是十字花科作物的沙壤土或壤土。苗床要精细，畦面平整，表层土细碎。

（三）薯种处理

马铃薯秋播时气温高、湿度大，为确保种薯不感病，可用1500倍高锰酸钾水液对种薯进行消毒处理，摊开晾干。对播种前10～15天未见醒芽的马铃薯种，须作催芽处理，常用0.000 1%～0.000 2%浓度的920喷雾1～2次，再用湿润稻草等物覆盖，不见光，排除积水，7～10天即可萌芽，也可用稻草、河沙等保湿催芽。

（四）适时播种，提高播种质量

水稻收获后，尽早开沟开厢播种。马铃薯在8月下旬或9月上旬播种。油菜采用育苗移栽的方式，9月上中旬育苗，10月上中旬移栽。

（五）合理密植

套种规格：开厢2.6 m，厢面2.4 m，厢沟宽0.2 m。厢面上种6行（3个双行）马铃薯，6行油菜（靠沟各1行、中间2个双行）。马铃薯实行宽窄行栽培，窄行行距20 cm，宽行行距60 cm，边行距厢面边缘30 cm，马铃薯窝距20 cm，双行错窝栽培，马铃薯亩植7 692窝。油菜移栽密度根据品种特性、肥水条件等特点可适当稀植，通常为窝距23.3 cm，亩植6 602株。

（六）适当提高施肥水平

施足底肥。秋马铃薯不宜过重施肥，一般以腐熟有机肥为主。亩用渣厩肥2 000～2 500 kg，配合复合肥40～50 kg，混合均匀施入窝内，再按亩用猪粪水15～25 kg兑水施用，兑水多少视土壤干湿情况而定，土湿少兑，土干多兑。

在移栽的头一天下午，先用清粪水适度浸泡苗床地，起苗时不伤根，同时使苗体有足够的水分贮藏。选择根系发育良好、生长健壮、大小均匀的苗移栽。移栽时做到“全、匀、深、直、紧”，即全叶下田，大小苗分开匀栽，根部全部入土中，苗根直，压紧土，移栽后立即施用清粪水作定根水。油菜移栽后5～7天追施尿素5～7.5 kg，过磷酸钙40～50 kg，氯化钾10 kg。移栽后第28～30天继续在窄行撒施尿素，亩用量5～7.5 kg，促进早发壮苗及花芽分化。

（七）稻草覆盖

施肥后，用湿稻草顺盖于厢面，厚度以5～7 cm为宜。盖草太薄，达不到效果，太厚既增加稻草用量，又影响出苗，稻草上严禁再盖土。

（八）加强管理

马铃薯出苗后及时除草，并视情况用清粪水对尿素1.5千克/亩追施。

（九）及时防治病虫

晚疫病对秋马铃薯的产量影响很大，必须加强观察，及时防治。一旦在田间发现中心病株，应及时拔除，或摘下病叶销毁，并立即用内吸性杀菌剂瑞毒霉等药物进行防治1～2次。

（十）适时收获

秋马铃薯生育期较短，生育期为80～90天，以地上部萎蔫时收获较为合适。

（十一）加强油菜中后期管理

马铃薯收获后，及时壅根培土，预防倒伏，后期防治菌核病。

九、油菜蔬菜套作技术

充分利用油菜田宽行套种一季蔬菜，实现秋冬作物的优化配置，可解决春节前后蔬菜供应相对较紧张的问题。蔬菜生育期短，油菜前期生长量小，如果管理得当，油菜产量不受影响。

（一）选择适宜的品种

套种蔬菜实行早、中熟和根、茎、叶用蔬菜两类搭配，如莴笋、大头菜、白菜、萝卜、花椰菜等，先种蔬菜，后套油菜，做到“冬至前油让菜，冬至后菜让油”。油菜选择适宜长江上游产区种植的高产优质高抗油菜新品种，以分枝性强的品种为主。

（二）整地开厢

施足底肥在前作收后及时翻耕整地，理好围沟和厢沟。套种规格：开厢 2.2 m，厢面 2.0 m，厢沟宽 0.2 m。配合耕地施足腐熟有机肥，亩施复合肥 80～100 kg。

（三）适期早播早栽，合理密植

莴笋等在 9 月 20 日左右栽植，萝卜等在 9 月 10 日左右播种。莴笋、大头菜等小叶型蔬菜每厢种 4 行，窝距 0.33 m；白菜、花椰菜等大叶型蔬菜，每厢种 2 行，窝距 0.4～0.5 m。10 月中旬在蔬菜行间套栽油菜，油菜适当提早育苗，保证壮苗移栽，增加密度，预留行栽 6 行油菜，宽窄行，窄行行距 30 cm，宽行行距 50 cm，窝距 30 cm，亩植 6 600 株左右。

（四）及时追肥，适时收获

10 月中旬油菜移栽时要把底肥施足，由于蔬菜需肥较多，同时可对蔬菜进行一次肥水补给，在施足底肥的基础上可追施氮肥等速效肥，亩施纯氮 5～10 kg，并增加施肥次数。10 月中下旬或 11 月上旬根据市场行情，萝卜可进行分批采收。11 月下旬至春节前后白菜可大量上市。

（五）加强油菜中后期管理

与油菜同属于十字花科的蔬菜，有一些共患病害，如根肿病、霜霉病等。蔬菜采收后，把油菜厢面上的蔬菜腐叶、枯叶捡拾干净，尽量减少共患病害的发生，并对油菜进行一次追肥，追肥的量与净种油菜时的追肥量相当，及时壅根培土，预防倒伏，提高油菜产量。同时，要注意油菜后期菌核病的防治。

第四节　油菜籽的营养价值

一、双低油菜（即低芥酸、低硫甙）的营养价值

根据甘蓝型油菜籽油中芥酸和菜籽粕中硫甙葡萄糖苷（以下简称硫苷或硫甙）含量高低，可将油菜分为普通油菜和双低油菜。普通油菜籽粕的硫甙含量为100～150 μmol/g，普通菜籽油中芥酸（C22：1）含量高达40%以上。加拿大双低菜籽粕的硫甙含量为10～15 μmol/g；目前，我国双低油菜品种菜籽粕的硫甙含量为20～45 μmol/g，一般低于30 μmol/g。我国农业部双低油菜籽标准是：芥酸<5%，硫甙<45 μmol/g。2005年国家粮食局科学研究院在进行“改进制油工艺生产新型高效低毒饲用菜籽粕”的项目研究中提出了我国新型高效低毒菜籽粕质量标准：粗蛋白质含量为40%～44%，赖氨酸利用率≥80%，粗纤维≤7%，粗灰分≤7%，恶唑烷硫酮（OZT）≤500 mg/kg，异硫氰酸酯（ITC）≤100 mg/kg，腈≤200 mg/kg。

世界上除印度和我国外，已普及双低油菜。加拿大1974年开始大面积推广、种植双低油菜，其种子硫甙含量标准为12.0 μmol/g，换算为菜籽粕中硫甙含量为20.4～21.6 μmol/g。近年来，我国双低油菜发展较快，种植面积已占油菜总面积的近80%。我国最好的双低菜籽在长江流域，大部分商品菜籽含油率为39%～40%，但是和国外比起来仍有很大差距。含油率比进口菜籽低2%～3%；芥酸和硫甙含量偏高，芥酸含量一般在3%左右，比国外高1%～2%。目前长江流域已选育出含油量42%以上的双低油菜品系，芥酸和硫甙分别达到1%（油）和30 μmol/g（饼）以下。由于地理位置、生长环境不同，油菜的品质也有所不同，不同双低油菜品种芥酸含量变化不明显，油菜品种芥酸含量与收获时间的早晚无显著关系。油菜籽的收获时间与硫苷含量关系不大。

从菜籽油的变化可清楚地看到，双低菜籽相比普通菜籽，营养价值发生了根本性的改变。普通菜籽油中脂肪酸组成特点是：单不饱和脂肪酸（油酸平均15.79%）、多不饱和脂肪酸中的亚油酸含量较低（平均14.57%），而芥酸含量高（平均达48.37%）。但对于双低菜籽油，油酸60%～61%，亚油酸20%～21%，芥酸0～5%。双低菜籽油中油酸和亚油酸的含量大幅度升高，芥酸含量大大降低，使得双低菜籽油的脂肪酸组成发生了很大的变化，从根本上改善了菜籽油的营养品质，其油酸含量甚至可以与橄榄油和茶籽油相媲美。双低菜籽富含不饱和脂肪酸，并含有较高的动物体必需脂肪酸——亚油酸、亚麻酸，饱和脂肪酸的水平极低，亚油酸和α-亚麻酸含量适中（这些不饱和脂肪酸是维持生命的重要物质），脂肪酸组成合理，是一种优质的营养油脂资源。双低菜籽油与普通菜籽油的脂肪酸组成对比见表6-3。此外，双低菜籽中维生素E的含量比普通菜籽高出1倍多，其氧化稳定性优良，而天然维生素E则是风靡全球的营养补充剂和抗氧化剂。

表 6－3　双低菜籽油与普通菜籽油的脂肪酸组成对比

菜籽油	棕榈酸（C16：0）	硬脂酸（C18：0）	油酸（C18：1）	亚油酸（C18：2）	亚麻酸（C18：3）	廿烯酸（C20：1）	芥酸（C22：1）
普通	305	1.0	13.0	14.0	9.0	7.5	47.5
双低	2.5～6.0	0.9～2.1	50.0～60.0	11.0～23.0	5.0～13.0	0.1～4.3	0～0.5

双低菜籽粕与普通菜籽粕相比，在粗蛋白质、粗脂肪、粗纤维、钙、磷等常规营养成分的含量方面没有明显改变。从有效能值来看，双低菜籽粕略高于普通菜籽粕；从氨基酸组成来看，双低菜籽粕的赖氨酸含量显著高于普通菜籽粕，蛋氨酸、精氨酸的含量也比普通菜籽粕高。此外，双低菜籽粕中还有多种微量元素和多种维生素。

菜籽蛋白是一种全价蛋白，消化率达 95%～100%，蛋白效价 2.8～3.5，比大豆蛋白高，是一种优良的植物蛋白，营养价值等于或优于动物蛋白。双低菜籽粕的粗蛋白含量一般在 35%～38%，脱皮菜籽粕可达到 42%以上。采用双低油菜籽脱皮工艺，可以去除菜籽皮中含有的大量纤维素、胶质以及单宁等多酚类化合物，提高牲畜的适口性和菜籽蛋白的利用率。菜籽脱皮率>98%，仁中含皮率<2%，皮中含仁率 2%左右。

二、菜籽油的营养价值

菜籽油富含维生素 E、胡萝卜素、饱和以及不饱和脂肪酸、磷脂、甾醇、豆甾醇、角鲨烯、菜油甾醇、环木菠萝烯醇等。

人体对菜籽油的吸收率极高，可达到 99%。菜籽油中含有丰富的不饱和脂肪酸以及维生素 E，能够使人体很好地吸收其中的营养成分，对于软化血管、延缓衰老等具有重要的意义。菜籽油所使用的原料是植物的果实，因此成品菜籽油里面含有一定的种子磷脂，这种物质对于人体的血管、神经、大脑等发育具有重要的作用。

菜籽油中几乎不含有胆固醇，因此需要控制胆固醇摄入量的人群可以放心食用菜籽油。菜籽油中的芥酸含量比较高，对于是否会引起心肌脂肪沉积和导致心脏受损仍然存在争议，有冠心病以及高血压的患者应尽量少吃菜籽油。菜籽油味甘、辛，性温，具有补虚、润肠的功效。

（一）清肝利胆

肝胆异常的人，如有脂肪肝、肝炎、胆结石或者胆囊炎的患者，炒菜的时候一定要选择菜籽油。

（二）降血脂、瘦身

菜籽油促进脂肪分解的作用很强，对于血脂高、肥胖的人群来说，吃菜籽油可以降脂减肥。另外，菜籽油是众多食用油中比较容易消化吸收的一种油，它在人体内的消化吸收率达 99%。

（三）消炎

菜籽油既能凉血排毒又能促进皮肤生长，如果身上有烫伤的地方，不妨用生的菜籽油擦拭受伤的地方，可以促进伤口愈合。古人用它外敷调治风疹、湿疹以及各种皮肤瘙痒。

（四）养眼

菜籽油有助于眼睛抵抗各种强光刺激，对于预防老年性眼病、小儿弱视具有重要的作用。

（五）软化血管、延缓衰老

菜籽油中含有不饱和脂肪酸以及维生素 E，能够软化血管、延缓衰老。

（六）促进大脑发育

菜籽油中的种子磷脂有利于血管、神经、大脑的发育。

第五节　油菜籽的综合利用

一、菜籽油加工技术

油菜籽含油量较高，菜籽油的制取一般采用压榨工艺、预榨—浸出工艺，其中压榨工艺与大豆油生产类似，而预榨—浸出工艺是目前比较先进、经济、合理的加工工艺。其原理是先将经过前处理的油菜籽进行预榨，提出一部分预榨菜籽毛油（以减轻后续浸出的负荷）；然后将预榨饼进行浸出，浸出的混合油经蒸发、汽提后得到浸出毛油；最后对预榨菜籽毛油和浸出毛油进行精炼，得到符合国家标准的成品菜籽油。

油菜籽压榨工艺流程：

油菜籽→清理→软化→轧坯→蒸炒→压榨→过滤→菜籽原油（毛油）

菜籽饼

油菜籽预榨—浸出工艺流程：

油菜籽→清理→软化→轧坯→蒸炒→预榨→预榨饼→浸出→过滤→蒸发汽提→浸出毛油

↓　　　　↓

预榨毛油←过滤←预榨油　　　湿粕→脱溶→花生粕

菜籽油精炼工艺流程：

菜籽毛油→过滤→水化（脱胶）→碱炼（脱酸）→脱色→脱臭→成品油

皂脚　　　油脚

（一）油菜籽前处理工序

1. 清理

油菜籽在收获、运输和贮藏过程中，会混有一些沙石、泥土、灰尘、茎叶及铁器等杂质，在菜籽油加工之前必须将其去除，如果不清除对生产过程非常不利。常用的清理方法有多种，如依油菜籽与杂质的空气动力学特性不同采用风选法、依油菜籽与杂质颗粒度大小的不同采用筛选法、依油菜籽与磁性金属杂质的磁力不同采用磁选法等。对清理的工艺要求，不但要限制油料中的杂质含量，同时还要规定清理后所得下脚料中油料的含量。清理后的油菜籽含杂质限量应小于0.5%，下脚料中油菜籽含量不大于1.0%，检查筛筛网为11.81目/厘米，金属丝直径0.28 mm，圆孔筛直径0.70 mm。

2. 软化

软化是调节油菜籽的水分和温度，使其变软和增加塑性的工序。为使轧坯效果达到加工要求，对于含水分较少的油菜籽，软化是不可缺少的。对含水分低的油菜籽（尤其是陈油菜籽），未经软化就进行轧坯势必会产生很多粉末，难以达到加工要求。而对于新收获的油菜籽，当水分含量高于8%时，一般不予软化，否则轧坯时易黏辊而造成操作困难。对油菜籽的软化水分，如果压榨设备为螺旋榨油机则为9%左右，压榨设备为水压机为10%～12%；对油菜籽的软化温度，如果压榨设备为螺旋榨油机为50～60℃，压榨设备为水压机为65～70℃；用软化锅对油菜籽的软化时间，如果压榨设备为螺旋榨油机需要12分钟左右，压榨设备为水压机需要10分钟左右，其他设备为10分钟左右。

3. 轧坯

轧坯是利用机械的作用，将油菜籽由粒状压成薄片的过程。轧坯的目的在于破坏油菜籽的细胞组织，为蒸炒创造有利的条件，以便在压榨或浸出时使油脂能顺利地游离出来。对轧坯的基本要求是料坯要薄，表面均匀，粉末少，不漏油，手捏发软，松手散开，粉末度控制在筛孔1 mm的筛下物不超过10%～15%，油菜籽料坯的厚度为0.35 mm以下。轧完坯后再对料坯进行加热，使其入浸水分控制在7%左右，有利于机械压榨和溶剂的浸出。

4. 蒸炒

油菜籽蒸炒是指生坯经过湿润、加热、蒸坯和炒坯等处理，使其发生一定的物理化学变化，并使其内部的结构改变，由生坯转变成熟坯。蒸炒可以借助水分和温度的作用，使油菜籽内部的结构发生很大变化，如细胞受到进一步的破坏、蛋白质发生凝固变性等。而这些变化不仅有利于油脂从油菜籽坯料中比较容易地分离出来，而且有利于毛油质量的提高。因此，蒸炒效果的好坏，对整个制油生产过程的顺利进行、出油率的高低以及油品、饼粕的质量都有着直接的影响。如果采用层式蒸炒锅，油菜籽出料水分为4%～6%，出料温度为110℃左右；如果采用榨油机上的蒸炒锅，油菜籽的入榨水分为1.0%～1.5%，入榨温度为130℃左右。

（二）提油工序

1. 压榨和预榨

压榨工艺是我国广大油菜籽产区常用的油料加工方法，尤其是中小加工厂一般都采用这种方法。其工作过程是利用一定的压力将油菜籽的细胞壁尽量破坏，从而使油脂挤压出来。此时从油菜籽中提取的油脂，我们称为油菜籽原油（毛油）。这种油脂中的杂质还比较多，需经过一定的处理后才能食用。而预榨则是先将油菜籽中提取出一部分油脂，然后再进行浸出制油。在预榨取油过程中，主要发生的是物理变化，如油菜籽变形、油脂分离、摩擦生热、水分蒸发等。然而，在压榨过程中，由于温度、水分、微生物等的影响，同时也会产生某些生物化学方面的变化，如蛋白质变性、酶的破坏和抑制等。预榨时，受榨油菜籽坯的粒子受到强大的压力作用，致使其中的液体部分和凝胶部分分别发生两个不同的变化，即油脂从榨料空隙中被挤压出来和榨料粒子经弹性变形形成油饼，我们称为“预榨饼”。预榨采用的设备是一种新型的螺旋榨油机，是在原来螺旋榨油机的基础上重新改进设计的机型。其特点是产量大，单位处理量下的动力消耗较其他压榨机小，榨料在榨膛停留的时间短，压榨比小，预榨饼粉末度小，预榨毛油色清，杂质少，有利于精炼。

2. 浸出

浸出取油是应用萃取的原理，选用某种能够溶解油脂的有机溶剂，经过对预榨饼的接触（喷淋和浸泡），使预榨饼中的油脂被萃取出来。浸出方法是利用溶剂对不同物质具有不同溶解度的性质，将固体物料中有关成分加以分离。在对预榨饼浸出时，易溶解的成分（主要是油脂）就溶解于溶剂之中。溶解的速度取决于溶剂与料粒之间的相对运动。浸出法制油具有菜粕中残油率低、出油率高、劳动强度低、工作环境好、菜籽粕的质量好等优点。浸出是在较低温度下进行的，可以得到蛋白质变性程度很小的菜籽粕，以便于综合利用。其缺点是油脂浸出所用溶剂大多易燃易爆，具有一定的毒性，生产的安全性较差。因此，必须注意安全生产问题。浸出法取油的方式较多，按操作方式分类有间歇式浸出和连续式浸出，按接触方式分类有浸泡式浸出、喷淋式浸出和混合式浸出。关于从浸出器中卸出的菜籽粕中含有25%～35%的溶剂，为了使这些溶剂得以回收和获得质量较好的菜籽粕，可采用蒸脱设备加热以蒸脱溶剂，这个加工环节也叫湿粕脱溶。

3. 混合油的处理

浸出器送出的混合油主要是油脂与溶剂组成的溶液，需经处理使油脂与溶剂分离。分离方法是利用油脂与溶剂的沸点不同，首先将混合油加热蒸发，使绝大部分溶剂气化而与油脂分离。然后，再利用油脂与溶剂挥发性的不同，将浓混合油进行水蒸气蒸馏（即汽提），把毛油中残留溶剂蒸馏出去，从而获得含溶剂量很低的浸出毛油。但是在进行蒸发、汽提之前，需将混合油进行过滤，以除去其中的固体菜籽粕末及胶状物质，为混合油的分离创造条件。目前，混合油有以下3个处理环节。

一是混合油固液分离。让混合油通过过滤介质（100目筛网），其中所含的固体菜籽粕末即被截留，得到较为洁净的混合油；或者采用离心沉降的方法分离混合油中的粗末，它是利用混合油各组分的密度不同，采用离心旋转产生离心力大小的差别，使菜籽粕末下沉而液体上升，达到清洁混合油的目的。二是混合油的蒸发。利用油脂几乎不挥发，而溶剂沸点低、易于挥发的特性，通过加热使混合油中的溶剂被大部分气化，从而使混合油中油脂的浓度大大提高。三是混合油的汽提。通过蒸发，使混合油的浓度大大提高，然而溶剂的沸点也随之升高。汽提是用水蒸气进行蒸馏，即利用混合油与水不相溶的特点，向沸点很高的浓混合油内通入一定压力的直接蒸汽，从而降低了高沸点溶剂的沸点，使未凝结的直接蒸汽夹带蒸馏出的溶剂一起进入冷凝器进行冷凝回收。完成汽提后，溶剂蒸气经冷凝和冷却进行回收利用，而经过上述处理后的混合油则成为菜籽毛油。

（三）菜籽油精炼工序

菜籽毛油是从压榨工艺和预榨—浸出工艺中得到的产物，还含有机械杂质、脂溶性杂质和水溶性杂质，必须通过一定的精炼过程才能食用。菜籽油精炼的方法有机械法、化学法和物理化学法，其精炼的过程主要有过滤、水化（脱胶）、碱炼（脱酸）、脱色和脱臭等环节。

1. 过滤

菜籽毛油的过滤一般采用机械的方法除去杂质。一是利用毛油和杂质密度的不同，借助重力的作用达到自然沉淀的一种方法。该方法将毛油置于沉淀设备内，使之自然沉淀。但其杂质的自然沉淀速度很慢，所需的时间很长，不能满足大规模生产的要求。二是将毛油在一定压力（或负压）和温度下，通过带有毛细孔的介质（滤布），使杂质截留在介质上，让净油通过而达到分离油和杂质的目的。三是利用离心分离的方法将菜籽毛油中的悬浮杂质除去，主要以分离毛油中的悬浮杂质为主。

2. 水化

水化是指用一定数量的蒸汽或热水及其他电解质溶液加入菜籽毛油中，使水溶性杂质凝聚沉淀而与油脂分离。水化时，凝聚沉淀的水溶性杂质以磷脂为主，磷脂的分子结构中既含有疏水基团，又含有亲水基团。当菜籽毛油中不含水分或含水分极少时，它能溶解分散于油中；当磷脂吸水湿润时，水与磷脂的亲水基结合后，就带有更强的亲水性，吸水能力更加增强。随着吸水量的增加，磷脂质点体积逐渐膨胀，并且相互凝结成胶粒。胶粒又相互吸引，形成胶体，其密度比油脂大得多，因而从油中沉淀析出。关于水化对菜籽毛油的质量要求为水分及挥发物≤0.3%，杂质≤0.4%；对水的质量要求为总硬度（以氧化钙计）＜250 mg/L，其他指标应符合生活饮用水卫生标准，其水化温度要求70～85℃。关于水化后对成品的质量要求为磷脂含油＜50%，含磷量50～150 mg/kg，杂质≤0.15%，水分<0.2%。

3. 碱炼

碱炼是利用碱溶液与菜籽毛油中的游离脂肪酸发生中和反应，使之生成皂脚，并同时除去部分其他杂质。碱炼时所用的碱有石灰、有机碱、纯碱和烧碱等，国内应用最广泛的是烧碱。碱炼除了中和反应外，还有某些物理化学作用。碱炼的方法有间歇式和连续式两种，小型油厂一般采用间歇低温法碱炼。关于碱炼对脱胶油的质量要求：水分＜

0.2%，杂质<0.15%，磷脂含量<0.05%；要求水的质量总硬度（以氧化钙计）<50 mg/L，其他指标应符合生活饮用水卫生标准；烧碱的质量要求杂质<5%的固体碱或相同质量的液体碱。关于碱炼成品的质量要求：间歇式碱炼的酸价≤0.4 mg/g，连续式酸价≤0.15 mg/g；间歇式油中含皂 150～300 mg/kg，连续式油中含皂<80 mg/kg，如不再脱色可取含皂<150 mg/kg。此外，要求油中含水率为 0.1%～0.2%，油中含杂量为 0.1%～0.2%。碱炼中碱液的浓度和用量必须正确选择，应根据油的酸价、色泽、杂质等进行确定，碱液浓度一般为 10～30 °Bé。

4. 脱色

菜籽毛油中含有较多的色素，如叶绿素使油脂呈墨绿色，胡萝卜素使油脂呈黄色等，必须经过脱色处理才能达到要求。脱色的方法有氧化法、化学药剂脱色法、加热法和吸附法等。目前菜籽油厂主要采用吸附法，即将具有强吸附能力的物质（酸性活性白土、漂白土和活性炭等）加入油脂中，在加热情况下吸附除去油中的色素及其他杂质。由于吸附脱色难以连续作业，所以一般采用间歇脱色，即油脂与吸附剂在间歇状态下通过一次吸附平衡而完成脱色过程。关于吸附脱色对脱酸油的质量要求：生产二级油时，要求水及挥发物≤0.2%，杂质≤0.2%，含皂量≤100 mg/kg，酸价（以氢氧化钾计）≤0.4 mg/g，色泽（罗维朋 25.4 mm）Y50R3（黄 50 红 3）；生产一级油时，要求水及挥发物≤0.2%，杂质≤0.2%，含皂量≤100 mg/kg，酸价（以氢氧化钾计）≤0.2 mg/g，色泽（罗维朋 25.4 mm）Y50R3（黄 50 红 3）。关于脱色成品的质量要求应符合有关标准规定。

5. 脱臭

菜籽毛油具有自身特有的气味，在制油过程中经过进一步氧化会产生臭味，将这种呈臭味物质除去的过程就称为脱臭。在脱臭之前，必须先进行水化、碱炼和脱色，为脱臭过程创造良好的条件，有利于油脂中残留溶剂及其他气味的除去。脱臭的方法有真空蒸汽脱臭法、气体吹入法、加氢法和聚合法等。目前，国内外应用最广、效果最好的是真空蒸汽脱臭法。真空蒸汽脱臭法是在脱臭锅内，在真空条件下用过热蒸汽将油内呈臭味物质除去。真空蒸汽脱臭的原理是水蒸气通过含有呈臭味组分的油脂进行汽、液接触，水蒸气被挥发出来的臭味组分所饱和，并按其分压比率选出而除去。脱臭工艺可分为间歇式、连续式和半连续式，一般小型油厂宜采用间歇脱臭工艺，大型油厂可采用连续脱臭工艺。连续式脱臭的加热方法采用导热油加热法，间歇脱臭可采用蒸汽加热法或电加热法。关于脱臭的工艺参数：一是间歇脱臭油温为 160～180℃，残压为 800 Pa，时间为 4～6 小时，直接蒸汽喷入量为油重的 10%～15%；二是连续脱臭油温为 240～260℃，时间为 60～120 分钟，残压在 800 Pa 以下，直接蒸汽喷入量为油重的 2%～4%；三是柠檬酸加入量应小于油重的 0.02%；四是导热油温度应控制在 270～290℃。菜籽油经脱臭后的产品质量，应符合国家标准《菜籽油》（GB 1536—2004）的规定。

二、水化油脚的精深加工

菜籽毛油精炼过程中，首先要进行水化脱胶处理，其目的是除去磷脂等胶溶性杂质。脱胶后得到的水化油脚占毛油质量的5%～10%。水化油脚中含有10%～20%的磷脂，此外还含有中性油（甘油酯）、水分、类脂物及少量的蛋白质、糖类、蜡和色素，以及有机杂质和无机杂质等。由于各个油脂行业水化脱胶的生产工艺和生产条件并不完全相同，因此水化油脚中各种成分的含量有较大差异。我们对湖北省一些油脂企业的水化油脚中各种成分的测定见表6-4。表6-4表明，水化油脚中除水分外，其主要成分为磷脂、中性油和游离脂肪酸。因此，水化油脚的深加工主要是回收油、脂肪酸和磷脂。

表6-4 湖北省一些油脂企业水化油脚中各种成分（单位:%）

	水分	中性油和游离脂肪酸	磷脂	其他
菜籽水化油脚	28～35	20～28	30～40	10～15
大豆水化油脚	30～50	15～25	15～20	3～8
花生水化油脚	30～45	25～38	5～12	2～5

然而，我国的油脂生产工厂，除少量大豆油、菜籽油水化油脚生产浓缩磷脂外，相当数量的水化油脚没有得到很好的利用，造成了资源上的浪费。水化油脚极易酸败发臭，不易存放太久，否则会造成环境污染。同时，酸败后的水化油脚颜色加深，已不适于作提取脂肪酸或磷脂的原料。因此，水化油脚的合理利用，成为油脂工业重要的技术攻关开发项目。

（一）水化油脚制备脂肪酸

1. 从菜籽水化油脚中提取脂肪酸的工艺流程

水化油脚中回收脂肪酸的原理大同小异。最常用的工艺是用加酸水解的方法将水化油脚中的中性油、磷脂中的脂肪酸释放出来。然后水洗去无机酸，减压蒸馏得混合脂肪酸，再用减压分馏的方法进行精制。工艺流程如下：

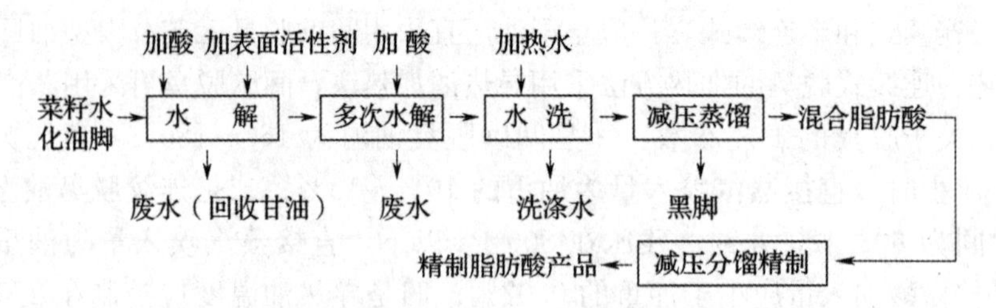

2. 菜籽水化油脚中提取脂肪酸的工艺参数

菜籽水化油脚中提取脂肪酸的工艺参数因水化油脚中的中性油和磷脂含量不同而有差异。本书研究的原料均来自湖北省一些油脂企业的水化油脚（其含量见表6-4）。因此，所列工艺参数均以此为原料。

（1）水解用酸量。水化油脚中的中性油和磷脂水解一般在常压下进行。常用的水解酸主要是硫酸。硫酸加入量与水化油脚中的中性油和磷脂含量有关。对湖北省一些油脂企业水化油脚的研究表明，硫酸加入量为油的8.5%～10.5%，加入太少起不到加快水解作用，加入量太多易造成副反应，油脚色泽加深，黏度增加，对水解的进行不利。

（2）表面活性剂的选择和加入量。由于油脂和磷脂在水中分层，与水解酸接触机会较少，水解速度很慢。为了加快水解，常加入一些表面活性剂以提高水在油脂中的溶解度。常用的表面活性剂有烷基磺酸钠、烷基苯磺酸钠、曲拉通－100等。研究表明，其催化顺序依次为曲拉通－100＞烷基磺酸钠＞烷基苯磺酸钠。考虑到成本，建议用烷基磺酸钠，如十二烷基磺酸钠、十六烷基磺酸钠等，加入量为2%～4%。

（3）水解时间和次数。油脂和磷脂的水解反应，随着反应时间延长，油脂、磷脂解离度增加。经过水解一定时间后，反应达到平衡，再增加水解时间，解离度很慢。此时，需除去废液，再次进行水解。对于菜籽水化油脚，一般需水解两次，每次8～10小时。

水解反应过程中，需不断补充水分，保持原试样水分在28%～35%。水解4～6小时后，取样测定酸值。以后每间隔1小时左右取样测定酸值，直至酸值不变为止。水解时间一般在8～10小时。停止水解，分层后排除废水，重新添加清水至28%～35%，进行第二次水解，不断取样测定酸值达到平衡，停止水解。

（4）水解温度。水解温度越高，水解时间越快。对于菜籽水化油脚，一般维持在100～150℃。

3. 脂肪酸的精制

由于菜籽油脚中的脂肪酸大部分为油酸和亚油酸，在混合脂肪酸中两者含量在75%以上。如需进一步精制，可采用减压分馏技术。表6－5列出了菜籽油主要脂肪酸在不同压力下的沸点，可作减压分馏精制参考。

表6－5　菜籽油主要脂肪酸在不同压力下的沸点①

脂肪酸 压力/kPa	0.133	0.667	1.333	2.666	5.333	7.999	13.332	26.666	53.329	101.325
豆蔻酸	142	174.1	190.8	207.6	223.5	237.2	250.5	272.8	294.6	318
棕榈酸	153.6	188.1	205.8	223.8	244.4	256	271.5	298.7	326	353.8
硬脂酸	173.7	209	225	243.4	263.3	275.5	291	316.5	343	370
油酸	176.5	208.5	223	240	257.2	269.8	286	309.8	334.7	360
亚油酸	202.0②									
亚麻酸	157～158②									
花生烯酸	203②									
芥酸	206.7	239.7	254.5	270.6	089.1	300.2	314.4	336.5	358.8	381.5

注：①大部分数据摘自谷克仁、梁少华主编的《植物油料资源综合利用》。

②亚油酸为0.187 kPa；亚麻酸为0.133 kPa；花生烯酸为0.195 kPa。

（二）从菜籽水化油脚制备磷脂

从菜籽水化油脚中制备浓缩磷脂主要是采用溶剂萃取法。制备原理是利用磷脂可溶于脂肪烃、芳香烃、卤代烃类有机溶剂，如乙醚、正己烷、苯、三氯甲烷、石油醚等，而不溶于水、丙酮等这一特性。菜籽水化油脚组成主要有水、中性油、游离脂肪酸和磷脂四大类物质，以及其他杂质。因此，从水化油脚中制备磷脂，常用的方法是先除去中性油、游离脂肪酸和水后，再用有机溶剂萃取磷脂以分离杂质，最后减压蒸馏除去萃取溶剂，得到浓缩磷脂。

1. 从菜籽水化油脚中制备磷脂

（1）菜籽水化油脚中制备磷脂工艺流程。菜籽水化油脚中制备磷脂的工艺流程大同小异。最常用的工艺是先用碟片离心机离心除去中性油和游离脂肪酸，再减压真空脱水。然后用丙酮多次萃取残留的油脂。最后去除丙酮，得到磷脂粉末。加乙醚多次萃取磷脂而与其他杂质分离，减压蒸馏回收乙醚，并得到精制磷脂。工艺流程如下：

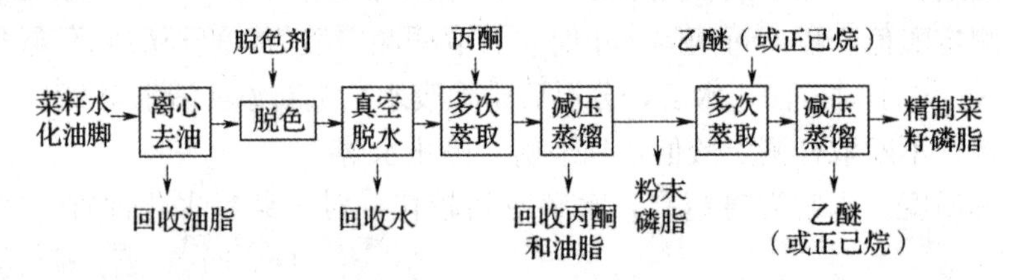

（2）菜籽水化油脚中提取磷脂的工艺参数。

①离心分离中性油和游离脂肪酸：加工工艺不同，新鲜菜籽水化油脚中性油和游离脂肪酸的含量不等，通过离心（一般采用碟片离心机），可将80%以上的中性油和游离脂肪酸分离。分离后的中性油和游离脂肪酸可进一步加以利用。

②脱色：磷脂的色泽直接影响其产品质量和应用。菜籽水化油脚中色素一是来源于油菜籽中的天然色素，如叶绿素、胡萝卜素、类胡萝卜素、叶黄素、黄酮色素、花色素等；二是来源于油料加工过程中在高温下一些糖类、蛋白质和黏液物氧化分解的产物；三是水化油脚置于空气中时间放置过长，氧化酸败变质形成。加工过程中温度越高，放置时间越长，形成的棕褐色产物越深。

新鲜的菜籽水化油脚一般呈淡黄色，可不必脱色即可进入下一工序。如已呈黏稠状的棕褐色流体时，需加以脱色。比较简单的脱色方法是将水化油脚升温至60～70℃，在搅拌下加入磷脂量的1%～3%的 H_2O_2（H_2O_2浓度为30%），再搅拌40～60分钟即可。

此外，一些企业，有时也用2%～3%（原料质量）的活性白土，在60℃下进行物理脱色。然而，在温度和白土酸性的交互作用下，产品的酸价和过氧化值会随温度升高和脱色时间的延长而有所提高。

③干燥（脱水）：为了防止微生物的作用而变质，脱色后的胶体应尽快干燥。可在60～70℃下，真空干燥2～3小时，至水分含量低于2%即可。含水量越低，对后续处理越有利。

④萃取残油与杂质：利用磷脂不溶于丙酮的特性，常用原料量的1～3倍的无水冷

丙酮（温度为20～30℃）萃取2～3次，脱除所含的残油、游离脂肪酸和杂质。

⑤粉末菜籽磷脂：减压蒸馏除去丙酮后的磷脂呈粉末状或颗粒状，丙酮不溶物一般达95%以上。

⑥磷脂的精制：将粉末磷脂再加1∶1乙醚溶解，同样操作2～3次，直到滤液无色。合并乙醚溶液在50℃以下减压蒸馏回收乙醚，即得到精制菜籽磷脂。精制菜籽磷脂呈白色或淡黄色，磷脂含量在98%以上。

2. 从菜籽浓缩磷脂中提取卵磷脂和脑磷脂

由于菜籽水化油脚中的磷脂大部分是磷脂酰胆碱（卵磷脂，PC）和磷脂酰乙醇胺（脑磷脂，PE），两者各占35%～40%。因此，从精制磷脂中还可进一步将卵磷脂和脑磷脂分离，从而得到卵磷脂和脑磷脂。

（1）卵磷脂和脑磷脂分提的工艺原理。卵磷脂和脑磷脂分提方法大同小异。其原理是利用卵磷脂能溶解于乙醇、丙醇、异丙醇等低碳醇中，而脑磷脂不溶于低碳醇中这一特性而分提出来的。

（2）卵磷脂和脑磷脂分提的一般工艺。常用原料量的1～3倍的乙醇，在浸提温度50～70℃下，浸提2～3次。合并乙醇浸提溶液，在50～70℃下减压蒸馏回收乙醇，即得到精制卵磷脂。乙醇浸提后的残留物，在50～70℃下经真空减压回收乙醇，干燥物即为脑磷脂。

（3）精制卵磷脂和脑磷脂的质量指标。精制后的卵磷脂和脑磷脂质量指标可达到：丙酮不溶物≥98%；乙醚不溶物≤0.2%；干燥失重≤1%；色泽淡黄色。

三、菜籽饼粕的综合利用

菜籽饼粕中菜籽蛋白应用的困难在于油菜籽中含有有毒物质与抗营养成分。有毒物硫苷是应用菜籽蛋白的最大限制因素，双低油菜品种的育成与推广较好地去除了这一限制因素，但植酸、多酚等抗营养成分目前还无法通过育种加以解决，只有通过加工的方法将它们除去。目前，国内外有很多脱除菜籽饼粕中植酸与多酚的研究，但这些研究只是把植酸与多酚当作菜籽饼粕中的废弃物去掉。现有研究结果表明，植酸与多酚的应用领域很广。多酚具有抗炎、抗癌、抗突变、预防心脑血管疾病等多方面的作用，是一种很有前途的功能食品原料。基于此，国内外对植物多酚的兴趣很浓厚。除了茶叶、葡萄等多酚含量高、原料丰富的材料外，连豆角、花椰菜等原料量相对少，多酚含量低的植物也进入了研究者的视线。从多酚的资源量来看，很难有其他植物可与油菜籽媲美。此外，菜籽饼粕中还含有菜籽多糖，它是重要的生理活性物质，必须加以综合利用。

目前在油菜加工方面，产品非常单一。油菜加工产业只是生产油和饼粕，是一个低值、低利，甚至亏损的产业。菜籽饼粕的深加工基本上是空白，只集中在脱毒和饲用浓缩蛋白的制取工艺上。浓缩蛋白的制取工艺主要是从大豆蛋白的制取工艺演变而来，由Eapen和Jones等开发的菜籽浓缩蛋白制取工艺已在加拿大和瑞典进行了半工业化生产。多酚、植酸、多糖的综合提取制备鲜见报道。因此，研发出一条脱除油菜饼粕中的有害和抗营养物质，将饼粕加工成饲用浓缩蛋白，同时回收菜粕中的菜籽多酚、植酸以及活性多糖等高附加值的具有保健作用的食品或化工产品的高效增值深加工综合技术路线迫在眉睫。这条工艺路线的实施，将成为油菜产业新的增长点，产生巨大的经济效益和社会效益，可彻底解决目前我国油菜加工业只生产菜籽油和菜籽饼粕的低值、低利的难题，缓解我国蛋白资源的匮乏。它获得的高额利润，还能够通过企业与广大基地农户之间完善的利益关联机制，提高油菜籽收购价格，实现农民增收、企业获利、财政增长的目的。

基于目前油菜籽的制油工艺绝大部分都是压榨或压榨—浸出法取油的现实，本节介绍以油菜籽压榨取油后的饼粕为原料的菜籽饼粕综合利用工艺流程。其工艺流程不但完全适用于双低油菜籽脱壳冷榨得到的菜籽饼粕，而且效果更好。

（一）菜籽饼粕综合利用的总体工艺流程

通过大量的研究与探索，将前几节的菜籽饼粕深加工工艺综合起来，形成了菜籽饼粕综合利用的总体工艺流程。总体工艺流程如下：

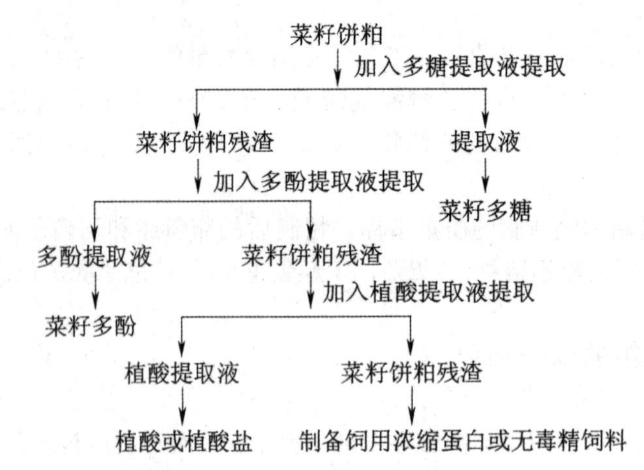

（二）菜籽饼粕综合利用的总体工艺流程的特点

（1）菜籽饼粕综合利用的总体工艺流程。国内外尚未见报道，可获得菜籽浓缩蛋白、多酚、多糖和植酸 4 个产品。同时，各产品可独立成线，提取工艺可分步实施、配套，具有工艺流程短、生产成本较低以及无环境污染等特点。此外，植酸、多糖和多酚生产线稍加改造还可用于其他多糖、多酚的生产，具有一线多用的特点。

（2）饲用浓缩蛋白中的有毒物质硫苷和抗营养物质去除效果好。对提取多糖、多酚与植酸后的饲用浓缩蛋白与原料组成的比较结果见表 6－6 和表 6－7。

表 6－6　饲用浓缩蛋白与原料组成的比较 1

	蛋白质/％	水分/％	多酚/％	植酸/％	硫苷/（μmol/g）
饲用浓缩蛋白	70.23	6.9	1.33	3.01	0.76
脱壳冷榨菜籽饼粕	56.12	8.2	3.23	4.89	22
脱除率/％			95.88	38.45	96.55

表 6-7　饲用浓缩蛋白与原料组成的比较 2

	蛋白质/%	水分/%	多酚/%	植酸/%	硫苷/（μmol/g）
饲用浓缩蛋白	60.69	7.4	0.07	1.12	2.38
脱壳冷榨菜籽饼粕	38.22	11.2	3.45	3.88	52
脱除率/%			97.97	71.13	95.42

表 6-6 与表 6-7 表明，剩余菜籽饼粕中蛋白质含量在 60%以上，达到浓缩蛋白的蛋白质含量标准，其多酚与硫代葡萄糖苷含量降到了极低水平，植酸含量也明显降低。这表明剩余菜籽饼粕的毒性与抗营养性被显著降低，剩余菜籽饼粕可以作为一种较好的蛋白质资源应用于很多领域。

目前，我国已建成了万吨级的饲用浓缩蛋白生产线并回收植酸、多糖等产品。

第七章　玉米加工技术

第一节　概述

玉米又名玉蜀黍、苞米、苞谷、棒子等，是我国的主要粮食作物之一，也是良好的牲畜饲料和工业原料。全国玉米播种面积仅次于水稻、小麦而居第三位。

玉米营养丰富，籽粒中含淀粉72%、蛋白质9.8%、脂肪4.5%。此外，还含有大量的矿质元素和多种维生素等。玉米食用具有发热量高的特点，用玉米掺和其他食品制作各种糕点，味美可口。

玉米不仅是重要的粮食作物，而且有“饲料之王”之称。每100 kg玉米籽粒含有270饲料单位，其营养价值相当于120 kg高粱、130 kg大麦。利用玉米饲养猪、牛等家畜，增重很快，一般育肥猪日喂玉米1.5 kg，再配合其他少量动、植物饲料，每天可增重0.5 kg左右；玉米的茎、叶和穗轴含有丰富的粗蛋白和可消化蛋白，如玉米在乳熟期前后收获，切碎做成青贮饲料，营养素及维生素都十分丰富，是优质的饲料。

在工业上，玉米籽粒是制造淀粉、葡萄糖的主要原料，也可制成酒精、醋酸、丙酮等化工产品。玉米胚含脂肪30%～40%，可榨油，玉米油可作肥皂、油漆涂料等。甜玉米可制罐头食品。在医药上，玉米淀粉是金霉素、链霉素和青霉素等抗生素的原料，玉米的花丝可医治高血压、尿路结石、肝脏疾病等。

玉米传入我国的时间尚未有定论，大约已有460年的历史。发展到现在，我国玉米种植面积和总产量仅次于美国，居世界第二位。玉米在我国分布很广，南自北纬18°的海南岛，北至北纬53°的黑龙江省的黑河以北，东起台湾和沿海省份，西到新疆及青藏高原，都有一定种植面积。玉米在我国各地区的分布并不均衡，主要集中在东北、华北和西南地区，大致形成一个从东北到西南的斜长形玉米栽培带。种植面积最大的省份是山东、吉林、河北、黑龙江、辽宁、河南、四川7省。

我国幅员辽阔，玉米种植形式多样。东北、华北北部有春玉米，黄淮海有夏玉米，长江流域有秋玉米，在海南及广西可以播种冬玉米，海南因而成为我国重要的南繁基地。但最重要的种植形式还是春玉米和夏玉米。

春玉米主要分布在黑龙江、吉林、辽宁、内蒙古、宁夏全部玉米种植区，河北、陕西两省的北部、山西省大部和甘肃省的部分地区，西南诸省的高山地区，以及西北地区。其共同特点是由于纬度及海拔，积温不足，难以实行多熟种植，以一年一熟春玉米为主。相对于夏播区，大部分春播区玉米生长期更长，单产水平也更高。

夏玉米主要集中在黄淮海地区，包括河南全省、山东全省、河北省的中南部、陕西省中部、山西省南部、江苏省北部、安徽省北部，西南地区也有部分面积。

由于积温的差异，夏玉米的种植形式也不相同。在黄淮海地区的北界，种植一年一熟春玉米热量有余，而一年两熟平作热量条件又显不足。因此，麦田套种玉米形式在河北石家庄以北及山西等地区比较常见。近年来，随着小麦联合收割机的普及，套种玉米因在小麦收割时易伤苗，小麦收后贴茬播种小麦，有取代套种玉米的趋势。

我国是最成功利用玉米杂交种的国家之一，除边远地区外，都已采用了杂交种。随着高产、抗逆的优良玉米杂交种不断选育成功与推广，水利设施的不断完善，化肥、农药施用水平的提高，以及养殖业、加工业大量需求的拉动，我国的玉米种植面积迅速扩大，产量急剧增长。1950 年，我国玉米种植面积、总产量和单产分别是 1 258 万公顷、1 685 万吨和 1 335 千克/公顷，到 1992 年分别为 2 109 万公顷、9 743 万吨和 4 622 千克/公顷，增长幅度分别为 67.6％、236.1％和 465.8％。其发展速度高于小麦、水稻等作物。

第二节　玉米的特征特性

一、玉米的形态特征

（一）根系

1. 根系的组成

玉米的根属须根系，由初生根、次生根和气生根组成。

初生根包括初生胚根和次生胚根。垂直向下生长，是玉米幼苗期吸收肥水的根系。次生根是随茎节的形成，自下而上一层一层地生于地下密集茎节上，因此次生根又称节根或层根。次生根是玉米根系的主体，依品种不同，可形成 7～9 层，数量多达百余条。开始水平分布，达一定范围后垂直下扎，是决定玉米产量的主要根系。

支持根是玉米地上茎近地面茎节上轮生的层根。一般 3 层左右，从抽雄前开始出现，发根迅速，先端分泌黏液，入土后产生侧根，能支持植株，增强抗倒能力。支持根不同于其他作物的根，还有合成氨基酸、进一步形成蛋白质的作用。

2. 玉米根系的功能

①吸收作用；②合成作用；③支持作用。

3. 根系生长与其他器官的关系

（1）根干重与产量正相关。

（2）根系的生长与地上部生长相适应。

（3）节根条数与穗粒数、穗粒重也成正相关。

(4) 节根的条数与大喇叭口期至腊熟期的光合生长率成正相关。

4. 根系的生长

玉米根系发达，入土深 140~150 cm，横向约 1 m；通常一株玉米有 50~120 条次生根。玉米根系水平方向延伸可达，总面积约为地上绿色面积的 200 倍，干物重占生物产量的 12%~15%，根系干物质重的 85%集中在以植株主茎为轴心、20 cm 为半径的土柱内，根系的垂直分布主要在 0~40 cm 的根层中（90%左右）。这种分布是确定玉米土壤耕作、施肥及种植密度的重要依据。

玉米根系苗期生长缓慢，拔节前后生长加快，抽雄后生长变缓慢并开始逐渐衰亡。玉米根系干重增长呈单峰曲线，其最大干重出现在抽雄散粉期，成熟时根系干重只有最大干重的 1/2。

5. 根系生长要求的环境条件

包括温度、空气、水分条件、营养等。

（二）茎

1. 茎的结构

由节和节间组成，一般为 14~25 节，晚熟品种多于早熟品种。

株高最矮仅 0.5 m，高的可达 9 m。生产栽培种一般为 2~3 m；株高因品种和栽培条件有差异，一般矮秆株高只有 0.5~0.8 m，高秆有 3~4 m。

节间的长度由茎秆下部向上逐渐变长，花序最长，节间的粗度由下向上逐渐变细。

近地表的 1~2 个节间粗短是根系发育良好，抗风力强，不易倒伏的外观表现；反之，根系则发育差，易于倒伏。

2. 茎秆的生长

玉米茎秆由节和节间组成，每个节间上长一片叶。到拔节时，玉米全部节和节间都已分化完成。各节间的生长由下向上依次逐渐伸长。玉米的茎节早在拔节以前的幼苗期就已经形成，拔节时各节间由下而上陆续经过慢—快—慢的生长。

同一时期有 4~5 个节间同时伸长。n 节定长，$n+1$ 节间缓慢伸长，$n+2$ 节间快速伸长，$n+3$ 节间快速伸长，$n+4$ 节间缓慢伸长。

玉米的茎直径为 2~4 cm，玉米植株各节间长度表现出一定的规律性：基部粗短，向上逐节加长，至穗位节以上又略有缩短，而以最上面一个节间最长，且细。

3. 茎秆的功能

①输导作用；②支持作用；③贮存作用。

植株基部节间粗短与否，是鉴别玉米根系发育和植株健壮生长的重要标志。基部节间粗短，根系发育好，抗倒力强，是高产的象征；反之，则根系弱，易倒伏。苗期适当蹲苗可以起到茎基粗壮的作用。

玉米茎秆粗壮是高产的重要基础。茎秆的生长受到光照、温度和肥水供应等的影响。

4. 玉米的分枝

玉米茎秆除最上部5~7个节以外，每节都有一个腋芽。地下部几节的腋芽可发育成分蘖（杈），茎秆中上部节上的腋芽可发育成果穗。

玉米各节上的腋芽能否形成果穗、发育成单果穗还是双果穗，主要取决于两个条件：一是两个雌穗的穗分化时期是否始终处于同一个阶段或相紧邻的时期；二是植株本身是否健壮，孕穗期肥水供应是否充足，外界通风透光性是否良好。

（三）叶

1. 叶的形态

叶的构成：叶片、叶鞘、叶舌。叶片互生、平行叶脉。

叶片数与成熟期有关，早熟品种14~17片，中熟品种18~20片，晚熟品种21~25片。生产栽培品种一般为18~23片。

第一片真叶顶端圆形，5光、7毛、6过渡；玉米的叶片由表皮、叶肉和微管束组成。叶片与叶鞘交界处紧贴茎秆的地方是叶舌。玉米叶片表皮的运动细胞能起到控制叶片表面水分蒸腾作用。

叶片长度：自基部开始逐渐增长，穗位叶最长，向上又逐渐缩短。

叶片宽度：自基部开始逐渐增大，穗位叶最大，向上又逐渐变窄。

叶面积：自基部开始逐渐增大，穗位叶最大，向上又逐渐减小。

2. 叶的生长

一个叶片从前一叶叶鞘中露出叶尖，称为可见叶。当该叶片的叶鞘与叶片交接处（称为叶枕或叶环）露出前一叶时，称为展开叶。

3. 叶片大小的空间分布

中部叶片大，上部和下部叶片较小。

4. 叶面积和叶面积指数

叶面积=叶长×叶宽×0.75，玉米的叶面积指数为3~4，高产田可达到4~5，而紧凑型品种可以达到5以上。

5. 叶的功能

（1）叶片的功能期：叶片全部展开到有一半以上枯衰这一时期，称为叶片的功能期。

（2）叶片功能期的空间分布：下部短；穗位长；上部较短。

（3）叶龄与光合速率的关系：新展叶光合速率最高，之后缓慢降低，在展开后30天内保持较高水平，40天起光合速率迅速下降。

（4）叶位与光合速率的关系：玉米叶片中以棒三叶（穗位及其上下各1叶）的光合速率最高，其次是上部叶片，下部叶片光合速率较弱。

（5）叶片的功能分组。

①三组划分法。

a. 根叶组：茎基部占总叶数1/3的叶片，主要为根系发育和中下部叶片生长提供光合同化物质。

b. 茎（雄）叶组：中部占总叶数1/3的叶片，主要为拔节伸长和雄穗分化发育提供光合同化物质。

c. 穗（粒）叶组：上部占总叶数1/3的叶片，主要为雌穗分化发育和籽粒灌浆提供同化物质。

②四组划分法。

第一组：胚生叶组，为第一叶到叶序数30%的叶。着生于地下茎节，叶光滑无刺毛，叶小生长慢，功能期短，合成的养分主要供给根系生长。

第二组：茎生叶组，为下部茎生叶，叶序数30%～60%的叶。着生于明显伸长的下部茎节上，有茸毛，其叶面积、生长速度、功能期均随叶序数的提高而明显增加。它是茎及雄穗生长发育所需养分的提供者。

第三组：穗粒叶组，为中部茎生叶，叶序数60%～80%的叶。着生于中部伸长节间的茎节上，即雌穗上下的茎节上。叶面有茸毛，其叶面积最大，生长速度最快，功能期最长。它是雌穗和籽粒生长所需养分的提供者。

第四组：粒叶组，为上部茎生叶，叶序数80%～100%的叶。着生于茎秆上部茎节上，叶面有茸毛，叶面积、生长速度及功能期逐渐减少。其合成有机物主要供给子粒。

（四）穗分化

1. 雄穗和雌穗的结构特征

（1）雄穗：雄穗为圆锥花序，着生于茎秆顶部，由主轴和若干分枝构成。主轴和分枝上着生成对的小穗，每对小穗由位于上方的一个有柄小穗和位于下方的无柄小穗组成。小穗内有两朵雄花，每个雄花有3个雄蕊。

玉米是雌雄同株的异花作物，天然异交率在95%以上。少数会有同株同花的现象，称为返祖现象。玉米的制种田要进行隔离。

（2）雌穗：雌穗是一个变态的侧枝，为肉穗状花序。下部是分节的穗柄，上端连接一个结实的穗轴，果穗外的苞叶实质是无叶片的叶鞘。有的品种特别是自交系果穗苞叶顶尖上有小剑叶，对光合作用和防虫有益，但对抽丝授粉不利。

果穗穗轴通常有6～10行成对排列的无柄小穗，每一个小穗内有两朵小花，上位花结实，下位花退化。故果穗行数通常呈偶数，一般有12～16行。小花上具有细长的花丝。不同部位的花丝抽伸的时间和速度不同。基中部1/3处的花丝伸长最快，最先伸出苞叶，顶部花丝最晚伸出。最后抽伸的花丝已到散粉后期，花粉量不足易造成缺粒秃顶。

2. 雄穗分化过程

雌穗分化较雄穗晚10～15天。

（1）生长锥未伸长期。

（2）生长锥伸长期：这一时期延续5～7天。生长锥伸长，基部出现分枝突起，中部出现小穗原基裂片。

（3）小穗分化期：这一时期可以延续6～7天。每个小穗基部又迅速分裂为成对的两个小穗突起，大的在上，发育为有柄小穗，小的在下，发育为无柄小穗。

（4）小花分化期：每个小穗进一步分化出两个大小不等的小花突起。在小花突起的基部形成3个雄蕊原始体，中央形成一个雌蕊原始体，称为雌雄蕊形成期，此后雄蕊生长，雌蕊退化。

（5）性器官发育形成期：雄蕊原始体迅速生长，花粉母细胞进入四分体时期。随后花粉形成并充实内容物植株进入孕穗期。此期可以延续10～11天。

3. 雌穗分化过程

雌穗由腋芽发育而成的肉穗状花序，穗轴粗大、节密，每节生着成对排列着两个无柄小穗，每个小穗着生着两朵小花，一般下位花退化，上位花结实，由此籽粒着生为偶数排列。

（1）生长锥未伸长期：生长锥呈光滑的圆锥体，生长锥基部分化出节和缩短的节间，即将来形成的穗柄，每节上的叶原始体以后发育为苞叶。

（2）生长锥伸长期：该时期可延续3～4天。生长锥显著伸长，长大于宽。随后生长锥基部出现节和叶的突起，在这些突起的叶腋间，形成小穗原基（裂片），以后突起退化消失。

（3）小穗分化期：此期延续3～4天。生长锥进一步伸长，出现小穗原基。每个小穗原基又分裂为两个小穗突起，形成并列的小穗。

（4）小花分化期：每个小穗突起进一步分化为大小不等的两朵小花突起（上位花原基和下位花原基），在小花突起的基部外围出现三角形排列的3个雄穗突起，中央形成1个雌穗原始体，称为雌雄蕊形成期。在小花分化末期，雄蕊退化。此期是决定穗粒数和整齐度的关键时期。

（5）性器官发育形成期：此期延续6～9天。雌穗花丝逐渐伸长，顶端出现分裂，花丝上出现绒毛，子房体增大。随后胚囊母细胞发育成熟，整个果穗急剧增大，不久花丝吐出苞叶。雌穗花丝开始伸长期正值雄穗花粉粒进入内容物充实期。

4. 雌雄穗分化

（1）♀、♂穗分化的特点。

相同点：①分期进程基本一致（5个）；②在小花分化过程中均出现两性花（♀、♂蕊）。

不同点：①小穗：雄穗中每小穗中的两个花都发育，而雌穗中只有上位小花发育、下位花退化；②小花：雄蕊中♂蕊生长♀蕊退化，雌蕊中♀长♂退分别形成♂、♀单性花。在生产上常见到雄穗上结子粒，雌穗上开♂花的现象称为返祖现象。

（2）雌穗中花数与粒数。

决定花数与粒数的因素有遗传因素与外界条件两种。决定每穗花数的主要因素是遗传性，环境是次要的。决定每穗粒数的主要是外界条件，遗传性是次要的。

每个雌穗可发育的花数：早熟品种600朵，中熟800朵，晚熟900～1 000朵。导致花粒败育的主要因素是败育籽粒，其次是未受精花，再次是发育不完全花。

（3）玉米雌穗花粒败育的原因。

①无机营养不足：一般田、低产田易出现（增肥）。

②有机营养不良：高产田易出现（过密、光照条件差）。

③水分不足：特别是在开花期缺水影响更大。

④低温危害：开花灌浆低于18℃受阻（早播）。

⑤授粉不良：未吐丝或吐丝未受精（人工辅助授粉）。

5. 穗分化进程在生产中的指导意义

雄穗生长锥伸长，标志着玉米植株进入营养生长和生殖生长并进阶段，即叶片分化总数已确定，茎节开始伸长。

雌穗生长锥伸长，当叶龄指数40%时，标志着玉米株高增长出现转折，生育进入旺盛时期，吸收肥水强度大，是追施穗肥的关键时期。雌穗小花分化期，当叶龄指数为60时，决定雌穗可分化小花的数目，追肥增产的效益最大。

（五）开花、授粉、受精

玉米的开花是指雄穗散出花粉，雌穗花丝露出苞叶。授粉是指雄穗花粉散落到雌穗花丝上的过程，此期延续6～9天。

玉米的抽雄后2～3天开始开花，开花后2～5天为盛花期，全穗开花经历7～11天。晴天玉米以上午7～11时开花比较多，占开花数的45%～50%。其中9～10时开花最多，占32%～43%。

玉米吐丝：雌穗花丝逐渐伸长，顶端出现分裂，花丝上出现绒毛，子房体增大。随后胚囊母细胞发育成熟，整个果穗急剧增大，不久花丝吐出苞叶。

1. 花丝形态

花柱和柱头合在一起细长顶端茸毛最多，利于接受花粉，花丝任何部位都可接受花粉，雄穗散粉时间短花粉活力极易丧失；花丝的任何部位都可接受花粉完成受精过程，受精后花丝先变为淡红色，后逐渐枯萎，未授粉的花丝可持续生长15天左右。花丝活力维持时间长，生产当中应当特别注意雌雄协调问题。

子房受精后花丝颜色变为淡红色，后逐渐枯萎，未授粉的花丝可持续生长15天左右。

2. 花粉及花丝的生活力

玉米田间的花粉生活力可维持5～6小时，24小时后生活力丧失。花丝的生活力一般可维持15天左右，以抽丝后10天内活力最高，之后活力迅速降低。

3. 吐丝过程

雌穗吐丝比雄穗开花晚3～5天。抽丝以果穗基部1/3处最先抽出，然后自下向上抽丝。距果穗顶端越远，抽出的时间也比较晚，顶部小花分化时间最晚，抽出时间最晚，常因为没有授粉而形成秃尖。花丝抽出后就有授粉的能力，最适宜的授粉时期为抽出后的3～5天，可以保持10～15天。

4. 授粉与受精

玉米为风媒花，花粉粒轻，大风天气可被送至500 m以外。因此，玉米制种必须设置隔离区。

（六）籽粒发育

1. 玉米种子的形态结构

玉米种子实际上是果实（颖果），俗称籽粒。其形状、大小和色泽多样。千粒重一般为 200～350 g，籽粒颜色有黄色、白色、紫色、红色、花斑色等。

果穗出籽率一般为 75%～85%；鲜果穗含水量一般为 50%左右。种皮占种子重量的 6%～8%，胚占籽粒成分的 10%～15%，胚乳占籽粒成分的 80%～85%，提供种子萌发时所需的大部分营养。

2. 籽粒建成

籽粒发育从受精到成熟一般需时 40～55 天，分为以下 4 个阶段：

（1）籽粒形成期：授粉后 15 天左右。果穗变粗，籽粒迅速膨大，此时籽粒呈胶囊状，胚乳为清浆状，含水量大，干物质积累少，体积增大快。胚已经初具雏形，胚和胚乳可以分离，籽粒外形基本形成，含水量占 70%～80%。

（2）乳熟期：授粉后 10～33 天，胚和胚乳达到正常大小，含水量为 62%～58%，此时的种子发芽率可以达到 95%。干物质呈直线增长，千粒重日增 10 g，是决定粒重的关键时期，也是青食的最佳收获时期。种胚基本形成，已分化出胚芽、胚轴、胚根。胚乳由乳状至糊状，籽粒体积达最大，此期为粒重增长的重要阶段。

（3）蜡熟期：授粉后 30～35 天，籽粒的内容物质变为糊状，进而变为蜡状，籽粒脱水，含水量下降到 40%～42%，已表现出品种的颜色，日平均增长干重 0.8～1.0 克/1 000 粒。种子已具有正常的胚，胚乳由糊状变为蜡状，干物质积累继续增加，但灌浆速度减慢，处于缩水阶段，干物质重量占成熟时粒重的 70%以上。

（4）完熟期：授粉后 40～45 天，干物质增长缓慢，籽粒脱水变硬，含水量下降到 25%，有光泽，尖冠处出现黑色物质（黑层），茎叶、苞叶变黄，逐渐呈现品种固有的外观特征乳线消失，为收获玉米的最佳时期。

（七）秃顶和缺粒

1. 秃顶缺粒的原因

（1）内因：品种本身的遗传性状不佳。

（2）外因：土壤肥力水平差，植株生长弱，养分供应状况差；干旱缺水，尤其是抽雄吐丝期受旱，造成吐丝受精受阻；种植密度过大，群体光照不足；开花期高温干旱。

2. 秃顶缺粒的防止途径

选用结实性强的高产品种。合理密植，加强田间管理，增加肥水供应，特别是开花吐丝期不能受旱，并人工辅助授粉。

二、玉米的生长发育过程

玉米的生长发育过程从播种到新的种子成熟为止。它经过若干生育时期和生育阶段，才能完成其生活周期。

（一）生育期和生育时期

1. 生育期

玉米从播种至成熟的天数，其长短因品种、播种期和温度而异，一般早熟品种、播种晚的和温度高的情况下，生育期短，反之则长。

2. 生育时期

在玉米一生中，由于自身量变和质变的结果及环境变化的影响，不论外部形态特征还是内部生理特性，均发生不同的阶段性变化，这些阶段性变化称为生育时期。

（1）出苗期幼苗出土高约 2 cm 的时期。

（2）三叶期植株第三片叶露出叶心 2～3 cm。

（3）拔节期植株雄穗伸长，基部茎节总长度达 2～3 cm，叶龄指数 30 左右。

（4）小喇叭口期雌（♀）穗进入伸长期，雄（♂）穗进入小花分化期，叶龄指数 46 左右。

（5）大喇叭口期♀小花分化期，♂四分体期，叶龄指数 60 左右，♂穗主轴中上部小穗长度达 0.8 cm，棒三叶甩开呈喇叭口状。

（6）抽雄期植株雄穗尖端露出顶叶 3～5 cm。

（7）开花期植株雄穗开始散粉。

（8）抽丝期植株雌穗的花丝从苞叶中伸出 2 cm 左右。

（9）籽粒形成期植株果穗中部籽粒体积基本建成，胚乳呈清浆状，亦称灌浆期。

（10）乳熟期植株果穗中部籽粒干重迅速增加并基本建成，胚乳呈乳状后至糊状。

（11）蜡熟期植株果穗中部籽粒干重接近最大值，胚乳呈蜡状，用指甲可以划破。

（12）完熟期植株籽粒干硬，籽粒基部出现黑色层，乳线消失，并呈现出品种固有的颜色和色泽。

一般大田或试验田，以全用 50%以上植株进入该生育时期为标志。

（二）玉米的生长发育阶段及其生育特点

苗期（播种—拔节）：30～50 天，根系建成为中心，培育壮苗；穗期（拔节—抽雄）：营养、生殖生长同时并进，促叶、壮秆、促穗分化；花粒期（抽雄—成熟）：生殖生长为中心，养根保叶防早衰

1. 苗期阶段（播种—拔节）

（1）生育特点：地上部分生长缓慢，根系生长迅速。玉米幼苗对环境条件反应敏感，管理不及时或管理不当，容易形成大小苗、弱苗、病残苗。因此，玉米的苗期管理十分重要，应采取综合管理措施。地下以生根为主，根系发育得比较快，到拔节期已形

成了强大的根系。而地上部分以茎叶生长为主，但生长得比较缓慢。

（2）营养物质的运输的主要方向：根系。

（3）主攻目标：促进根系生长，使根系增多，增深，培育壮苗，达到苗齐、苗壮，为高产打下基础。

2. 穗期阶段（拔节—抽雄）

（1）生育特点：营养生长与生殖生长同时并进期，叶片增大，茎节伸长，雌、雄穗等生殖器官也在强烈地分化形成，这一时期是玉米生长发育最旺盛阶段，也是田管最关键时期。

（2）营养物质的运输方向：茎叶，雌雄穗。

（3）主攻目标：促叶壮秆，达到穗大、穗多的目的。

3. 花粒期阶段（抽穗—成熟，包括抽雄期、散粉期和结实期三个时期）

（1）生育特点：营养体生长基本停止，进入籽粒产量形成为中心的阶段。这一时期是玉米产量形成的关键时期，依靠叶片光合产物和茎秆储存的营养物质向果穗中运输来完成果穗、籽粒的产量形成，产量形成阶段必须建立在前期良好的营养生长基础之上。

（2）营养运输方向：果穗，籽粒。

（3）主攻方向：防止茎叶早衰，保持秆青、叶绿，增强叶片的光合强度，促进灌浆，争取粒多、粒重。

第三节　玉米的栽培和管理

一、地膜覆盖栽培技术

（一）要认真选地，精细整地

地膜玉米根层密，根长而数量多，且主要分布在20～30 cm的土层中。要使地膜玉米有个发育良好活力较强的根群，就必须认真选地，要选择那些地势平坦、土层深厚、土质疏松、有机质丰富、肥力中等以上、保水保肥能力较强、排灌方便的地块，这样才有利于根系的生长。而不应选择土层贫瘠、有机质缺乏、排水不良、低洼、易渍水的地块。

地膜玉米如果整地粗放，畦面高低不平，土块过大，就很难使地膜紧贴地面，产生空隙，通风漏气，便失去地膜的保温、保湿、保肥、防雨水冲刷等作用。因此，播种前必须要进行精细整地，要求翻耕的深度为18～20 cm，深浅一致，耙松、耙碎、平整。由此可见，精细整地是确保盖膜质量和全苗、获得较大增产的重要措施之一。

（二）合理密植采用宽窄行单株植

一般的栽培密度为每亩3 000～3 500株，宽行为80～90 cm，窄行为40 cm，株距为30～33 cm；紧凑型品种为每亩4 500株左右，宽行为70～80 cm，窄行为35 cm，株距为 25～30 cm。

（三）选用优良的玉米杂交种

地膜玉米宜选用中迟熟的杂交种，比当地露地品种的生育期长 10～15 天，或所需积温多 250～300℃，叶片数多 1～2 叶，且穗部上面叶片上冲，下部叶片平展，这样能充分发挥地膜玉米的增产优势，提高经济效益。

（四）施足基肥

玉米种植覆盖地膜后，能显著提高土壤的保水保肥能力，但地膜玉米苗期不便于施肥管理。如果施肥不足，则直接影响幼苗生长发育，造成叶黄，植株矮小，扎根浅。因此，播种时应一次性施足全部农家肥和磷、钾肥及 60%～70%的氮肥作播种基肥，以达到前期攻苗，中期攻秆，为后期生殖生长打基础的目的。留 30%～40%的氮肥在玉米抽雄前 10 天施用用作攻苞肥，以防后期早衰而造成空秆、穗小、秃顶增加和粒重下降。一般每亩施土杂肥 1 000～1 500 kg，水粪 750～1 000 kg，尿素 10～15 kg，磷肥 20～25 kg，钾肥 10～15 kg。

（五）适时早播

地膜玉米的播种期可比露地玉米提早 7～10 天。土壤水分在田间持水量的 60%以上，有利于种子发芽出苗。因此，在适宜播种期内，抓住雨后有利时机及时播种是保证地膜玉米全苗的关键。

（六）提高播种质量，保证一次全苗

地膜玉米的播种应开沟进行，播种深浅一致（3.5～4.5 cm），防止盖土过厚、过薄。盖土过薄，不利种子吸湿，影响发芽；杂交玉米顶土能力较弱，盖土过厚，不利幼苗出土，易造成缺苗。此外，地膜玉米的基肥用量大，化肥用量也较多，且集中施用，肥料浓度很大，播种时应避免种子与肥料直接接触，以免引起烧芽，造成缺苗。氮、磷、钾化肥混合施放在两穴种子之间，土杂肥盖在化肥上面，然后覆土。

播种后，把畦面刮平，除去大土块，喷洒除草剂，每亩用拉索 100 g 或西玛津 150 g，兑水 50 kg 均匀喷洒于畦面，然后覆膜，膜要紧贴地面，膜边用土压紧、压严、压实，防止通风漏气。

（七）加强田间管理

（1）及时破膜接苗，这是保证地膜玉米苗全的重要环节。播种后 7～10 天到田间检查，如发现玉米漏尖出土，要及时用竹签破膜，接苗出膜。膜开孔 1 cm 左右，不要太大，然后把幼苗轻轻提出膜外，随之用细土封压破孔，以利于保温。破膜宜在无风的晴天进行，如果气温低于 12℃，可待 1～2 叶期再破膜接苗。

（2）间苗、补苗和定苗。玉米长至 2～3 叶期结合间苗，带土移栽补苗，并淋定根水。4～5 叶定苗，每穴留 1 苗。7～8 叶抹除分蘖。

（3）重施攻苞肥。抽雄前后是玉米一生中需肥最多的时期。在抽雄前 10～15 天，每亩施尿素 8～10 kg，或碳酸氢铵 20 kg，每隔两株玉米中间打洞深施，施后即盖土。

二、春玉米移栽地膜新技术

春玉米移栽地膜栽培就是实行薄膜拱棚营养钵育苗、地膜覆盖移栽的方法。它是针对玉米苗前期冻害、渍害两大气候性灾害，克服地膜单项栽培早播出苗率低，不易壮苗，而组装配套形成的春玉米壮苗早发新技术体系，使玉米播种基本不受天气条件影响，争得早苗、全苗和壮齐苗，进一步改善春玉米的生态条件，促进玉米始终沿着正常轨道生长发育，从而获得高产。采取移栽地膜栽培春玉米，平均单产可达 642 kg，比单项覆盖地膜栽培增产 9.8%。该方法也是实现以玉米为主多熟制的有效途径。

（一）选用优良杂交种

根据本地常年积温和覆膜增温总和达到 2 650～2 800℃，进行移栽地膜栽培，可选用晚熟类型玉米杂交种。实施玉米双季栽培或单项地膜覆盖栽培，应选用中熟玉米杂交种。这些中晚熟种株型紧凑，透光性好；茎秆粗壮、抗倒能力强；穗大粒多，单株生产力高，增产潜力大；生育期适中，采取移栽地膜栽培，一般在 7 月中旬前后成熟，对后茬玉米等作用影响不大。

（二）适时双膜育苗

在原有单膜棚架育苗的基础上，于床面上加盖一层地膜。双膜育苗增温显著，比单膜增 2～3℃。能够加快苗床内土壤水分循环速度，促使种子吸水均匀，达到出苗整齐健壮。培育出早壮苗，适期移栽，充分发挥早苗早发优势。

（1）培肥苗床：实行肥床育苗，选油菜苗床，旱育秧池为春玉米育苗苗床。同时按比例留足苗床，钵径 5 cm 育苗的，苗床与大田面积的比例为 1∶20；钵径 7 cm 以上大钵育苗的，苗床与大田面积的比例为 1∶（10～15）。要在早春及时翻耕床土，让其充分凌晒，促其床土活化泡松。制钵前，清除苗床杂草，提高做钵的质量和效率。春玉米苗床应富含营养，这就要求一要改良钵床土壤，二要及时供应多元营养配料，三要科学地配制营养土。根据生产实践，春节前作畦宽 1.5 m、长 4.5 m 标准床。用人畜粪 300～400 kg，磷肥 3 kg，碳铵 1.5～3 kg，钾肥 0.5 kg 培肥制成营养土。再加入惠满丰 150 mL，掺和均匀，增加苗床营养，增强幼苗抗逆能力，提高玉米苗素质。

（2）制足钵数：床土、肥料和惠满丰充分拌和均匀，加水适宜后，每亩制钵 4 800～5 000个。保证足够有效株数移栽。

（3）适时播种：育苗播种适期为 3 月 15 日—20 日，苗期 15～20 天，叶龄 2.5～3.5 叶时，于 4 月初移栽到大田地膜上。

（4）培育壮苗：要精心育苗，培植壮苗。苗床浇足底墒水，每钵上播大粒种子 1～2 粒，及时覆盖湿润细土 1.5～2 cm。平铺地膜，再拱棚覆膜，四周盖严，保温保湿促生长。齐苗后揭去平铺地膜。灵活补水，床面发白时及时浇水。高温中午及时通风降温。1 叶 1 心期逐步揭拱棚膜炼苗，一般 3 天左右。栽植前 1 天，用活力素兑水喷苗，增强玉米抗性，培育出健壮抗性强的早壮苗。

（三）及时移栽

本地区气温稳定通过12℃，玉米苗已 2 叶 1 心时即可离床移栽。移栽要及时，成活率高，防止移栽过迟，影响玉米苗素质和栽后成苗，以保证地膜玉米能够充分利用当地热量资源。

（四）下足基肥

玉米苗移栽前 10 天，要施足大田基肥。地膜玉米消耗地力较大，需增施有机肥，平衡使用化肥。根据本地土壤特性，通常玉米一生亩需施腐熟厩肥 2 000～4 000 kg，纯氮 20～25 kg，五氧化二磷 10～15 kg，氧化钾 15 kg，硫酸锌 1～1.5 kg。地膜玉米追肥较难，前期生长快，需肥量大，应增加基肥施用比例。氮肥的 50％，磷、钾、锌肥全部作基肥。精整床面时，均匀施于地膜下。覆膜前，足墒亩用 40％阿特拉津胶悬液 150 g，加 72％都尔乳油 100～150 mL，兑水 50 kg 均匀喷雾地表，能够有效地抑制整个玉米生长期田间杂草。

（五）栽足株数

目前生产上应用的玉米杂交种大多数是一株一穗，少一株就少一穗，直接影响产量提高。一般高产田栽足 4 500 株左右，超高产田栽足 5 000～5 500 株。采取大小行种植，大行 80 cm，小行 40 cm，株距按高产设计栽植。用制钵器在地膜上开穴，再将营养钵苗移栽到穴中。要带肥带水移栽，使营养钵苗与土壤密接，并盖好地膜口，做到栽后就活，生长迅速。

（六）及时追肥

巧施拔节肥，玉米 6 叶展开时，追施拔节肥，氮肥占总氮肥量 15％。重施穗肥，在玉米 10～11 叶展开，大喇叭口期亩追施肥占总氮肥量 35％，促使雌穗小花分化和籽粒形成，并浇足水，满足玉米生长对肥水需要，使穗粒重同步增长。

（七）防治病虫害

移栽地膜玉米，由于改变了土壤环境条件，地下害虫活动早，危害比较重，应及时防治。移栽时要带药下田，亩用 3％呋喃丹颗粒剂配细土 15 kg，于栽前施于地膜下；或用 50％甲胺磷乳油 500 倍液，配制毒饵撒在未覆膜前的地面上。玉米大喇叭口期，用呋喃丹颗粒剂 4～5 kg 加细砂 5～10 kg 制成毒砂灌心，撒于心叶处；或用 90％敌百虫 1 500～2 000 倍液灌心叶，每千克药液可灌玉米 100 株。防治玉米螟，玉米抽雄前后，亩用 50％井岗霉素 100～150 g 兑水 50 kg 喷茎叶，防治纹枯病及大小斑病。

（八）开好沟系

玉米栽植后，及时开挖田间套沟，做到田间沟系畅通，能灌能排，日降雨 200 mm 田间无积水。沟系标准要高，增加田间沟密度，降低地下水，排除地面水，防渍害。干旱时，及时灌水，防干旱，促进玉米健壮生长。

三、秸秆覆盖玉米增产新技术

玉米喜水。播种期，无墒不能出苗；墒欠则出苗不齐。喇叭口期和孕穗期若遇旱，就会导致减产或绝收。因此，水是玉米生产中至关重要的因素。秸秆覆盖，也叫生物覆盖，它是利用物和一切残体覆盖地表，达到蓄水保墒，改土培肥，减少水土流失，进而提高作物单产的一项实用农业技术。通过秸秆覆盖，在地面形成保护层，减少了土壤水分的无效蒸发，防止土壤板结，增加了有机质，改善了土壤结构，使黄土变黑土，瘦地变肥田。据山西省近几年示范推广调查，覆盖田较不覆盖田，一般年份增产10%～20%，大旱年份比不覆盖的增产40%以上，平均亩增产玉米60～70 kg。农民称此项技术为“大旱大增产，小旱小增产，不旱也增产”。

在年降雨量很小的地区，在一年一季春玉米生产上推广此项技术，效果显著。玉米秸秆覆盖技术要点如下。

（一）上年秋季覆盖

玉米棒收获后，将玉米秆割倒或直接踩倒，硬茬顺行覆盖在地面上，留67 cm空带，下一排的根压住上一排的梢，在秸秆交接处或每隔1 m左右的秸秆上压少许土，以免被大风刮走。覆盖量以每亩秸秆500～1 000 kg为宜，即亩产玉米500 kg以上的地块，1亩秸秆可盖田1亩。冬前在空行内施农家肥和磷肥，并撒施防虫药剂后进行深耕壮垡。

（二）春季播种及管理

春季玉米适宜播期内，在空行靠秸秆两边种两行玉米。播种时应选用高产、抗病、抗倒伏的玉米良种，并适当增加播种密度，每亩较常规田多种300～500株。覆盖田早春地温低，出苗缓慢，易感玉米黑粉底，所以播种时应采用种子包衣或用50%甲基对硫磷乳油按药、水、种子1∶50∶500的比例拌种或用40%的拌种双按种子量的0.3%拌种。玉米生长期在空行内中耕、追肥、培土。发现玉米丝黑穗病和黑粉病株要及时清除，最好烧掉。

（三）秋收后再覆盖

秋收后，再在第一年未盖秸秆的空行内覆盖秸秆，这时上一年覆盖的秸秆已基本腐烂。为加速秸秆腐烂，覆盖田要比常规生产田多施15%～20%的氮肥。

四、“一埯（穴）多株”高产栽培技术

于占清经过10年探索与试验，发明了玉米“一埯（穴）多株”高产栽培技术，并于2008年正式获得国家专利。据了解，这种玉米新技术改变了传统单株种植模式，在一穴里种植3株以上玉米，亩保株数6 000株左右，比传统栽培方法多2 000株左右。它采用专用的播种机、良种、肥料和调节剂，科学合理的行距和穴距把玉米地通风透光调整到最佳的合理状态，在株数增加的同时，提高抗倒伏能力，不但超高产而且稳定，

产量增幅一般在20%～50%甚至更多。

五、“二比空”玉米栽培新技术

“二比空”玉米栽培新技术即玉米“双株紧靠”栽培，是玉米栽培技术的重大改进，能够较好地解决密植与通风透光的矛盾，极大地提高玉米的光能利用率，充分发挥密植的增产作用，一般能增产20%以上。

（一）合理密植保证株数

即行距50～70 cm、穴距40～70 cm，亩株数3 800～4 700株，较常规栽培增加三四成苗。

（二）“二比空”双株紧靠为最佳方式

即在小垄（原垄）的条件下种2垄、空1垄，亩密度4 000株以上。

（三）分级精选种子做到匀籽下地

凡是不分枝的品种都适宜双株紧靠栽培。但必须按大小分级选种，做到匀籽下地。这是解决大小株的关键。以中粒（一般是玉米棒中部的籽粒）做种最好。

（四）精（少）量播种

每穴播种2～3粒，粒间不超过1 cm，这是实现紧靠的又一关键。其目的是解决“双株”1个营养中心，保障同时获得养分。

（五）选留苗

出苗后及时定苗。选留棵体均匀、健壮的紧靠苗。缺穴或缺株时，要1穴留3株。

（六）实施条件

选择平整肥沃地块最佳。施肥不低于常规栽培水平，病虫防治等田间管理同常规。

应用玉米双株紧靠栽培技术更容易实行精（少）量播种，可节省种子1/3左右；有利于保全苗，提高保苗率6%～8%；有利于集中施肥，发挥更大肥效；直接经济效益主要表现在省种、省工、增产，双株紧靠新法栽培玉米比常规栽培法，每亩可节省种子2 kg、省工1.5个，增产显著。

六、宽窄行栽培技术

按宽行80 cm、窄行40 cm的规格，覆膜种植。

七、株间留苗栽培

为提高玉米播种密度，可在适当加大株距的基础上，穴内隔穴留单株双株。一般可增加500株/亩。

八、间套作栽培

一般可采用时间、空间上的间套。常见的形式有玉米套地豆、玉米套大蒜、玉米套蔬菜、玉米间小麦复大白菜等。

第四节　玉米的营养价值

一、玉米的营养价值概述

玉米的营养成分比较全面，一般含蛋白质 8.5%、脂肪 4.3%、糖类 73.2%、钙 0.022%、磷 0.21%、铁 0.0016%，还含有胡萝卜素、维生素 B_1、维生素 B_2 和烟酸，以及谷固醇、卵磷脂、维生素 E、赖氨酸等。最新研究指出，玉米中含有一种抗癌因子——谷胱甘肽。国内外营养学家给予玉米很高的评价，他们认为：玉米中所含谷胱甘肽具有抗癌作用，它可与人体内多种致癌物质结合，能使这些物质失去致癌性；玉米中所含纤维素是一种不能为人体吸收的碳水化合物，可降低人肠道内致癌物质的浓度，并减少分泌毒素的腐质在肠道内的积累，从而减少结肠癌和直肠癌的发病率；玉米中所含木质素，可使人体内的“巨噬细胞”的活力提高 2～3 倍，从而抑制癌瘤的发生；玉米中还含有大量的矿物质镁，食物中的镁具有明显的防癌效果。日本遗传学家确认，玉米糠可使二硝基芪致癌物质及煎烤鱼、肉时形成的杂环胺的诱癌变作用降低 92%。

二、玉米油的营养价值

玉米油又称玉米胚芽油、粟米油。玉米胚芽油占全玉米 7%～14%，胚芽含油 36%～47%。

玉米胚芽油的脂肪酸组成中饱和脂肪酸占 15%，不饱和脂肪酸占 85%，在不饱和酸中主要是油酸及亚油酸，其比例约为 1∶2.5。玉米油的脂肪酸组成一般比较稳定，亚油酸含量为 55%～60%，油酸含量为 25%～30%，棕榈油酸含量为 10%～12%，硬脂酸含量为 2%～3%，亚麻酸含量极少（2%以下），其他如豆蔻酸、棕榈油酸、花生酸等脂肪酸含量极微或不存在。玉米不同部分提取的油脂脂肪酸组成略有差别，与其他部分相比，胚芽油的亚油酸含量较高，饱和酸含量较低。成熟期中玉米各部分制取的油脂的脂肪酸组成也有不同的变化。玉米油的亚油酸含量高，其降低血清胆固醇的效能优于其他油脂。

玉米油被称为“健康营养油”“老年长寿油”，是一种理想的保健油。它不仅消化率高，稳定性好，更重要的是含有较多的适合人体需要的不饱和脂肪酸、维生素 E，且不含胆固醇。玉米油在人体中的消化率在 97%以上，在各种食用植物油脂中以玉米油的亚油酸含量为最高，不饱和脂肪酸是人体必需的脂肪酸，而人体不能自行合成，必须从食物中摄取，婴幼儿食品中尤其需要补充。其中，亚油酸能减少血管中胆固醇的沉积，降低血压防止动脉硬化，以降低心脏病的发病率。

食用玉米油还能防止皮肤细胞水分代谢紊乱和皮肤干燥、鳞屑肥厚等病变，具有“柔肌肤美容貌”的作用。玉米油中富含维生素E。维生素E是天然的抗氧化剂，可保护亚油酸双键不被氧化，有加速细胞分裂繁殖、防止细胞衰老、保持肌体青春常在的功效，并能抑制脂质在血管中沉淀形成血栓，防止动脉硬化，长期食用能增强肌肉和血管机能，维持生殖器官正常机能和肌体抵御能力。玉米油中含有较多的维生素A，具有防止眼干燥症、夜盲症、皮肤炎、支气管扩张及抗癌的作用。

第五节　玉米的综合利用

一、玉米油加工技术

（一）玉米胚油

玉米加工过程中所提取的玉米胚芽，含有一定量的油脂，含量为25%～30%。玉米胚油是高亚油酸含量的油脂，油中所含的维生素E非常丰富，达87～250 mg/100 g油。玉米胚油是一种高营养价值的食用油，常食玉米胚油可防止动脉硬化症。

玉米胚油加工工艺流程：

取胚→磨胚→烤胚→榨油→包装

1. 取胚

将泡软的玉米粒送入立磨粉碎，使玉米胚和胚乳分离，将胚取出备用。

2. 磨胚

将分离出来的玉米胚立即送入钢磨进行磨胚。

3. 烤胚

将磨后的玉米胚随即送入平摇筛和吸风分离器中进行选胚，使其纯度达到40%～60%，然后送入烘烤机中烤胚。

4. 榨油

待玉米胚温升高至105～110℃，含水量降至3%左右时，立即送到榨油机上榨油。此条件下出油率最高。

5. 包装

将榨出的玉米胚油按净重规格装瓶封口，存放销售。

（二）精制玉米胚油

精制玉米胚油加工工艺流程：

湿胚芽→洗涤、脱水→干燥→磨碎→烘炒→湿润压榨→粗玉米油→碱炼→真空脱臭→真空脱水→脱色→过滤→冷滤→精制玉米油

1. 粗制

将淀粉排料池中分离出来的湿胚芽用胚芽洗曲筛进行清洗干净，然后进入离心机脱水，再用回转式干燥机进行干燥，经测定水分含量4%、含油45%～50%，进入磨碎机磨碎，送入炼油滚筒烘炒，入榨油机压榨，通过滤筛过滤，制得粗制玉米油。粗制玉米油中含有少量不饱和脂肪酸蜡质及色素，并有辛辣味、微臭味，需进一步精制。

2. 精制机理

用碱中和粗油中游离脂肪酸，形成带负电的色素微粒中和沉降，使玉米油颜色变浅，反应式如下：

$$RCOOH+NaOH \rightarrow RCOONa+H_2O$$

$$2RCOOH+NaOH \rightarrow RCOOH \cdot RCOONa+H_2O$$

皂化的关键是计碱量，计碱量影响碱炼效果，是保证产品质量的关键。经试验总结加碱量公式如下：

固体加碱量=酸价×40/56+超加碱量

加碱浓度与粗玉米油酸价对照表见表7－1。由于粗玉米油着色深，杂质多，要适当增加加碱量，其中超加量为（酸价×40/56）的0.2%～0.3%。算出固体加碱量后再折算为工业用碱量。

表7－1　加碱浓度与粗玉米油酸价对照

粗玉米油中酸价	NaOH加入浓度（%）
3	12～14
5	14～16
10	16～18

3. 碱炼

将粗玉米油通入水化锅内加热20～30℃，由搅拌系统边搅拌边加入配制好的碱液，搅拌速度60～70转/分钟，约30分钟，然后升温到60～65℃，以30～40转/分钟搅拌，并加入5%～7%同温清水，增加油与沉淀分离，然后静置6～8小时，离心分离出油和沉淀物。

4. 真空脱臭

将碱炼分离出来的清油，通入真空罐中，直接通入蒸汽约1小时，油温保持80℃左右，水蒸气由真空抽出，臭味被带走。

5. 真空脱水

在真空罐中脱臭后的玉米油含水呈乳状，再间接通入水蒸气，在真空下蒸除油内水分至乳状消失。

6. 脱色、过滤

将上述脱水过滤后的油降温至75℃，加入油重3%的活性炭，0.5%硅藻土，搅拌30分钟，趁热过滤。

7. 冷滤、成品

脱色后的玉米油含有部分磷脂及高凝固点的脂肪酸类，放至室温又会出现浑浊物，故冷至20℃时再过滤一次，即可得到透明精制玉米油。

二、生产淀粉

（一）玉米原淀粉

淀粉是自然界最丰富的资源之一，由不同原料制造的淀粉统称原淀粉，而由玉米生产的淀粉称玉米原淀粉。它保持了玉米谷粒中原淀粉固有的基本特性，是诸多领域的原料，如在食品中可用作抗结块剂、稀释剂、成型剂、悬浮剂等，在纺织、造纸、制药、建材、淀塑料、味精生产等方面也有广阔的用途。

（二）变性淀粉

原淀粉用途广泛，但随着工业生产的飞速发展，其性质在许多方面的应用中已不适合。因此，人们用化学、物理或酶法来处理原淀粉，改变其物理和化学性质，减少或去掉某些不利的性质，加强某些功能或增加新的性质，使其适应各种要求且效果更好。这种处理后得到的产品都称为变性淀粉。

变性淀粉主要应用在以下一些方面。

1. 用于纸制品生产

国外变性淀粉的最大市场是纸和纸制品工业，美国用于纸和纸制品工业的淀粉占变性淀粉生产总量的60%左右。

2. 用于纺织业

我国纺织工业每年所用变性淀粉只占纺织浆料的10%，相对美国浆料使用69%的变性淀粉的水平，我们的用量还是很低的。除浆料以外，变性淀粉在纺织的印染、织物后整理、无纺布等方面都可以应用，因此其市场前景是广阔的。

3. 用于石油钻井

石油钻井需压裂，我国多用植物胶类，但植物胶价格太高，有的还要进口，若用变性淀粉替代，既可降低成本，又可节约外汇。

4. 用于食品工业

用于食品加工的淀粉应当在高温、高剪切力和低pH值条件下保持较好的黏度稳定性，低温时不易凝沉，脱水或析水，低浓度时能产生光滑的非凝胶结构，有清淡的风味且溶液透明，原淀粉无法满足这些要求，而变性淀粉却可做到。目前，在食品中使用的变性淀粉有酸变性淀粉（糊黏度低，适用于胶姆糖、果冻、蜜饯等）、氧化淀粉（糊稳定性好，适用于蛋黄酱、胶冻和软糖)、淀粉醚（抗老化，用于果冻、冰激凌)、预糊化淀粉（冷水中膨胀，适用于方便食品)，以及一种代替油脂的变性淀粉（使食品有脂类风味却产生很少热量)。

5. 其他用途

随着科技的不断发展，变性淀粉的品种越来越多，用途也愈发广泛。医药工业开始用它生产片剂；羟乙基淀粉用来代血浆；高度交联淀粉用作橡胶制品的润滑剂；淀粉黄原酸酯用于电镀废水处理；淀粉接枝共聚物因吸水力特强而用于卫生巾、面巾纸、婴儿尿布、绷带等，在农业上可用于土壤保墒及种子包衣等。

通过对变性淀粉应用的介绍可看出，变性淀粉的发展为相关工业提供了良好的添加料，对产品质量的提高、成本降低、提高社会及经济效益都起到很好的作用，因此变性淀粉是淀粉工业发展的重要方向，一定会在中国有更大的发展。

三、玉米淀粉制糖

淀粉制糖是运用不同的工艺技术，将淀粉水解而生产出具有不同甜度和功能性质的糖品。随着工业化进程的加速发展，对糖品的要求除甜味之外，还对风味、结晶性、溶解性、吸湿性、保湿性、焦化性、化学稳定性和代谢性有要求，淀粉制糖的品种多，因而具有较大优势。淀粉糖一般甜度低、风味浓、润性好、色泽美且具有保健功能，在制药、食品、饲料等行业都可应用。淀粉制糖可用任何种类的含淀粉农作物为原料，其中以玉米为好，因其淀粉及淀粉糖的成本低，且其副产品多，故收入高，具有竞争力。

（一）麦芽糊精

麦芽糊精是淀粉水解程度最低的产品，几乎无甜。它的甜味、水溶性、吸湿性、褐变性、冰点下降度是淀粉糖品中最低的，而黏度、黏着力、防粗冰结晶、泡沫稳定化、增稠性等方面最强，即使高浓度也不会掩盖其他的香气与味道，消化吸收性好，耐酸碱。主要用于咖啡、汤料等粉末食品，起到赋形、保持风味和防褐变的作用。用在糖果中可防止吸潮、优化口感、维持结晶稳定性。调味品可用它作为增稠剂。另外，麦芽糊精还可在婴儿食品及冷冻食品中应用。

（二）果葡糖浆

葡萄糖经葡萄糖异构酶所催化的异构反应而生成果糖，这样的糖浆为果葡糖冻。由于它含有果糖，因而甜味素质优良。果糖易于代谢，并不受胰岛素控制，适于糖尿病人食用，食用后所产生的血糖增高程度低于葡萄糖。果糖的代谢速度较快，利于手术病人的复原。目前，饮料所用果糖占其总量的 2/3，特别是运动饮料、含维生素的营养饮料。由于果糖稳定性较低，易与蛋白质等含氮物质发生美拉德反应，将其用于焙烤食品（面包、蛋糕、月饼等)，可获得比较理想的色泽与风味。此外，果糖近年来在口服液、甜味果酒、利口酒、除口臭糖果中也开始得到应用。

（三）结晶果糖

结晶果糖是用高纯度果糖液为原料，加入果糖晶体，经冷却结晶、分离、干燥而制得。20世纪60年代，欧洲取得了结晶果糖对人体生理功能的药理方面的研究进展，确证其为一种非凡的单糖。70年代，芬兰、法国、西德和奥地利开始生产。80年代，美国也开始生产，但受产量与价格的限制，目前多用于保健食品、医疗药品。结晶果糖晶体流动性好，水溶性在糖类中最高，保香性好，代谢不受胰岛素影响，对心脏有益，可与金属螯合解毒，分解体内的酒精。

（四）偶合糖

淀粉与砂糖的混合液经环糊精葡糖基转移酶作用而得到的产物为偶合糖。其还原糖含量少，与蛋白质一起加热不易变色，不易被细菌作用，具有抗腐蚀性、防止蛀牙等作用。

（五）麦芽糖品

1. 麦芽糖

麦芽糖是将淀粉用淀粉酶处理，再经脱色、脱盐、浓缩等精制工艺而得到的产品。麦芽糖的甜度为蔗糖的40%，可抑制食品的脱水和淀粉老化，保持产品的柔软，适用于在食品表面挂糖衣，延长食品的货架寿命。

2. 无水结晶麦芽糖

无水结晶麦芽糖于1986年由日本率先生产应用，是将纯度85%以上的麦芽糖原液经浓缩后，在50℃以上结晶，再用挤出法、粉碎法或喷雾干燥而成。无水结晶麦芽糖一般用于低水分食品，可用为特殊的脱水剂，用作各种液体或浆状食品的基料，从而保持食品原有的香味，延缓氧化。目前，无水结晶麦芽糖在浓缩果汁、干酪、稀奶油、调味料、酒类（白兰地、威士忌）和香料生产中已开始使用。

3. 麦芽糖醇

麦芽糖醇是由麦芽糖加氢制成的产品，由日本东和化成株式会社于1981年工业化生产成功。它的特点是低热值，吸收慢，不会使血糖上升；腐蚀性低，不会引起蛀牙；造粒性、压片性好；耐热性强，不易发生美拉德反应。主要用于糖果、营养补助剂、保健食品、糕点、果酱和果汁粉的生产。

4. 异麦芽低聚糖

异麦芽低聚糖因具有双歧因子的机理特性，人们食用后，可增加肠道内双歧乳杆菌数，从而减少有害菌量，极利于人体健康。

四、玉米制酒精

玉米是多种发酵剂制品的原料，其中酒精发酵已有很大发展。酒精作为燃料可以任意比例与无铅汽油混合，使燃烧完全，辛烷值提高，而废气中不含有毒的一氧化碳、二氧化氮及碳氢化合物，减少了对环境的污染。巴西于1975年，美国于1978年分别成立了国家酒精协会，鼓励用酒精代替汽油。玉米发酵酒精消耗的只是淀粉，其他组分不变。发酵副产物含酵母，营养价值很高，是优质饮料。另外，每生产1 kg酒精能得到1

kg 二氧化碳，可用于生产干冰。

五、玉米胚芽的利用

（一）胚芽饼的利用

经过了干燥、压榨或浸渍的工艺，将胚芽中油脂提出而得到的胚芽饼，仍含有一定的蛋白质与氨基酸。此时胚芽的一些生味、异味已被去除，香味增加，适口性特别好，且容易被动物吸收，是高营养的饮料。可使鱼类和动物抗病性增强，增强食欲，从而提高肉蛋白的品质。另外，胚芽饼还可用来提取磷脂。

（二）生产玉米胚饮料

目前，玉米胚除一部分用来榨油外，还有相当部分未得到充分利用。玉米胚的营养是比较丰富的，其中蛋白质 15%～18%，碳水化合物 15%～24%，粗纤维 10%～13%，赖氨酸与色氨酸含量较多，必需氨基酸组成比例比较平衡，其蛋白质价值与鸡蛋相近。另外，玉米胚中还含有丰富的维生素 E 和谷胱甘肽，可抑制癌细胞的生长。将玉米胚通过浸泡、打浆、细磨，加入糖液、稳定剂（黄原胶）、乳化剂（聚甘油酯）和柠檬酸，再经均质与灭菌处理，即可得到玉米胚饮料。该饮料作为一种天然营养保健饮料，保持了玉米中几乎全部营养，具有保健功能。

六、玉米淀粉厂副产品的利用

（一）浸渍水的利用

玉米淀粉厂有大量浸渍水排出，这些含丰富营养物质和有机酸的浸渍水白白流走，既浪费资源又污染环境。多数淀粉厂往往将其浓缩为玉米浆出售，但大部分难达到生产抗生素、酶制剂、味精的要求，只能作配合饲料，但玉米浆中含有植酸，会影响动物对饲料的消化与吸收。因此，就需要扩大对浸渍水的利用，争取变废为宝，既可提高经济效益，又能减少环境污染。

1. 提取菲酊

菲酊又叫肌醇六磷酸钙镁，是一种强壮药，对佝偻病、骨疾患等症有治疗作用。把浸渍水经石灰中和（调节 pH 至 5.8 左右）、静置、除上清液、压滤、干燥、粉碎，即可得到粉末状产品。

2. 制取肌醇

肌醇能促进肝和其他组织中脂肪的代谢，在人体内与脂肪酸、磷脂结合成肌醇磷脂，降低胆固醇，可用于肝炎、肝硬化及动脉硬化的治疗。将菲酊水解就可制得肌醇，其工艺主要包括蒸汽加热（8～12 小时）、中和（至 pH=9～10）、收集滤液、活性炭脱色、冷却结晶 4 小时和精制。

3. 制取植酸

植酸具有广泛的用途，我国的植酸一直依靠进口。尽管国内已开始这方面的研究与生产，但仍未形成产业规模，国内市场供不应求。让纯化的菲町流经强酸离子交换树脂，再经脱色、低温真空蒸发，即可得到含植酸70%以上的产品。

另据报道，乳酸浓度在10^{-9}～10^{-7} mol/L灌溉，可促进植物生长。这一发现对我国农业生产有很大价值。淀粉厂的玉米浆中一般含乳酸1%，若将玉米浆稀释10万倍用于灌溉，则会在一定程度上有利于农作物的生长。

（二）麸质水的利用

1. 生产蛋白粉

玉米麸质水经加工可制成黄色的蛋白粉，蛋白质含量在40%～60%，包括醇溶蛋白及主要氨基酸（谷氨酸和脯氨酸）。此外，还有较多的游离氨基酸，如丙氨酸、甘氨酸、亮氨酸、蛋氨酸，维生素和无机盐类，是很有营养的食品与饮料的添加剂。

2. 生产玉米黄色素

食用色素是用于食品着色一类添加剂，旨在提高食品的商品价值和促进人的食欲。合成色素性质稳定，但可能会在人体内代谢为致癌物质，许多国家已立法限制或禁止使用这类色素。我国使用天然色素的历史比较悠久，北魏的《齐民要术》中就有人们从植物中提取色素的记载。但天然色素在我国的应用还受一定的限制，主要原因是成本较高，用户难以接受。玉米黄色素作为一种油溶性天然色素，无毒安全，含多种胡萝卜素，在人体内可转化成维生素A，具有着色与营养强化双重功效。它可利用蛋白粉经一定的工艺制得，残渣还可作为饮料出售，使其成本大大降低。玉米黄色素的应用范围较广，目前主要在人造奶油、人造黄油、糖果、冰激凌、日用化工及制药工业中使用。

第八章　核桃加工技术

第一节　概述

核桃，原产于近东地区，又称胡桃、羌桃，与扁桃、腰果、榛子并称为世界“四大干果”。核桃既可以生食、炒食，也可以榨油、配制糕点、糖果等，不仅味美，而且营养价值很高，被誉为“万岁子”“长寿果”。其卓著的健脑效果和丰富的营养价值，已经为越来越多的人所推崇。

我国各地有记载的核桃品种和类型有500余个，按其来源、结实早晚、核壳厚薄和出仁率高低等，可将其划分为2个种群、2大类型和4个品种群。

首先，按来源将核桃品种分为核桃和铁核桃（漾濞核桃）两大种群，每个种群再按开始结果早晚分为早实类型、晚实类型两大类群，最后再按核壳厚薄等经济形状将每个类群划分为纸皮核桃、薄壳核桃、中壳核桃、厚壳核桃4个品种群。

第二节　核桃的特征特性

一、核桃的形态特征

核桃属于被子植物门、双子叶植物纲、胡桃科、核桃属，是高大落叶乔木。树干灰白色，表面有纵向裂纹，小枝比较光滑；叶为单数羽毛状复叶，复叶互生，复叶中的小叶为对生，叶子形状为椭圆形，叶边缘有的光滑，有的有锯齿；花为单性花，雌雄同株，即一棵树既有雄花又有雌花；果实扁圆球形，外果皮肉质、光滑，内果皮木质化，比较硬，表面褶皱不平，缝合线明显；种子一般有4片隔膜，把种仁分为4瓣。

（一）根系

核桃根系发达，为深根性树种。在黄土台地上，成年树主根可深达6 m，但主要根群集中分布在20～60 cm的土层中，约占根系总量的80%以上；侧根水平伸展超过14 m，但集中分布在以树干为中心、半径4 m的范围内；根冠比通常为2左右。

实生核桃在1～2年生时主根生长较快，而地上部分生长慢，一年生主根长度为树高的5倍以上，2年生约为树高的2倍，3年生以后侧根数量增多、扩展加快。此时地上部分的生长也开始加速，随着树龄增长，其长度逐渐超过主根。

早实核桃比晚实核桃根系发达，幼树表现尤为明显。调查表明，1年生早实核桃较晚实核桃根系总数多1.9倍，根系总长多1.8倍，细根的差别更大。核桃具有菌根。据研究，核桃菌根是正常吸收根长度的1/8、粗1.3倍，集中分布在5～30 cm的土层中，在土壤含水量为40%～50%时发育最好。

据河北昌黎果树所观察，核桃根系开始活动期与芽萌动期相同，3月31日出现新根，6月中旬至7月上旬、9月中旬至10月中旬出现两次生长高峰，11月下旬停止生长。

（二）芽

以形态结构和发育特点不同，核桃的芽可分为4种类型，即混合芽、雄花芽、叶芽和潜伏芽，相互组合叠生于叶腋。

1. 混合芽（雌花芽）

圆形、肥大而饱满，覆有5～7个鳞片。晚实核桃多着生于结果母枝顶端及其下1～2节，单生或与叶芽、雄花芽叠生于叶腋间；早实核桃除顶芽外，腋芽也容易形成混合芽，一般2～5个，多者达20余个。混合芽萌发后抽生结果枝。

2. 雄花芽

为裸芽，呈圆锥状，似桑葚，实际是雄花序雏形，萌发后抽生柔荑花序，开花后脱落。着生在顶芽以下2～10节，单生或叠生。

3. 叶芽

着生于营养枝条顶端及叶腋或结果母枝花芽以下节位的叶腋间，单生或与雄花芽叠生。早实核桃叶芽较少，以春梢中上部的叶芽较为饱满。萌发后多抽生中庸、健壮发育枝。

4. 潜伏芽

为叶芽，多着生在枝条基部或近基部，一般不萌发，寿命长达数十年至上百年，随枝干加粗被埋于树皮中。

核桃的萌芽力和成枝力品种类型差异较大，早实核桃萌芽、分枝力强，一般40%以上的侧芽都能发出新梢；而晚实核桃只有20%左右能萌发。分枝多、生长量大、叶面积多，有利于营养物质积累和花芽分化，这是早实核桃能够早结果的重要原因。

（三）枝干

核桃的当年生枝有4种类型，即结果枝、雄花枝、营养枝和结果母枝。

1. 结果枝

结果枝由混合芽形成，花序（雌）顶生，营养条件好，顶部仍能形成混合芽，连续结果。早实核桃当年形成的混合芽还可以二次开花结果。

2. 雄花枝

雄花枝是指顶芽是叶芽、侧芽为雄花芽的枝条，生长细弱，内膛或衰弱树上较多，开花后变成光秃枝。

3. 营养枝（发育枝）

营养枝来源于叶芽或潜伏芽，生长中庸健壮（50 cm 以下）者当年可形成花芽，次年结果；内膛由潜伏芽萌发形成的多为徒长枝，应夏剪控制利用。

4. 结果母枝（冬态）

结果母枝是指着生有混合芽的一年生枝。主要由当年生长健壮的营养枝和结果枝转化形成。顶端及其下 2～3 芽为混合芽（早实核桃混合芽数量多），一般长 20～25 cm，而以直径 1 cm、长 15 cm 左右的抽生结果枝最好。

核桃枝条生长受年龄、营养状况等多种因素影响，幼树和壮枝一年中可有 2 次生长，有时还有 3 次生长，形成春秋梢，但 2 次生长现象随树龄增长而减弱，2 次生长过旺，不利枝条成熟，应加以控制。当日均温稳定在 9℃左右时核桃开始萌芽，萌芽后半个月枝条生长量可达全年的 57%左右，春梢生长持续 20 天、6 月初大多停止生长；幼树、壮枝的 2 次生长开始于 6 月上中旬，7 月进入高峰，有时可延续到 8 月中旬。

核桃背下枝吸水力强，容易生长偏旺，即"背下优势"现象，这是核桃与其他果树明显不同之处，其原因可能与顶端结果、叶片大和生长素的分布有关。

（四）花

核桃一般为雌雄同株异花，即一棵树上既有雄花又有雌花，雄花和雌花的花期大多不一致，雄花先开的称为雄先型，雌花先开的称为雌先型，以上两种情况都称为雌雄异熟型，有少数雄花和雌花一起开的，称为雌雄同熟型。根据观察，雌先型要比雄先型晚 5～8 天开花，因为一棵树上的雄花和雌花开花时间不一致，所以在栽培时要考虑授粉问题，应该有两个以上的品种搭配，这样结果才多。核桃为风媒花，即花粉是靠风传播的。一般情况下，授粉距离在 100 m 以内，超过 300 m 的几乎不能授粉。

（五）果实

核桃果实生长发育大体可分为果实速长、果壳硬化、油脂迅速转化、果实成熟 4 个时期。

1. 果实速长时期

一般在 5 月初到 6 月初，30～35 天，是果实生长最快的时期。这段时期果实的体积和重量迅速增加，体积达到成熟时的 90%以上，重量达到 70%以上，随着果实的迅速增长，核桃壳逐渐形成，但还比较嫩。

2. 果壳硬化时期

6 月初到 7 月初，约 35 天，坚果核壳自果顶向基部逐渐变硬，种仁由浆状物变成嫩白的核桃仁，营养物质迅速积累，果实基本定型。

3. 油脂迅速转化时期

7 月初到 8 月下旬，50～55 天，为坚果脂肪含量迅速增加期，同时核仁不断充实，重量迅速增加，核桃仁含水量下降，含油率上升，核桃风味由甜变香。

4. 果实成熟时期

8月下旬至9月下旬，约15天，果实各部分已达该品种应有的大小，坚果重量略有增加，青果皮由绿变黄，有的出现裂口，坚果容易剥出，表明核桃果实已充分成熟。

二、核桃的生长发育过程

核桃树寿命长，几百年老树仍能结果，根据树体的发育特点，可将其划分为以下4个时期。

（一）生长期

从苗木定植到开花结果之前这段时期称为生长期，晚实核桃一般5～8年，早实核桃3～4年。这段时期树体生长旺盛，是积累营养物质的重要时期。

（二）生长结果期

从开花结果到大量结果以前这段时期称为生长结果期，大概10～20年。这段时期结果量增多，树体稳定。

（三）盛果期

盛果期的主要特征是果实产量逐年达到高峰，并持续稳定，一般20～25年。这段时期是核桃树一生中产生经济效益最大的时期。

（四）衰老更新期

衰老更新期的特点是果实产量明显下降，骨干枝开始枯死，后部发生更新枝，表明进入了衰老更新期，一般80～100年。这段时期树势明显下降，产量递减，但可以采取老树复壮措施进行改造，提高产量。

第三节　核桃的栽培和管理

一、核桃苗木繁育

（一）育苗

1. 苗圃地的选择和整理

应选择地势平坦、土壤肥沃、土层深厚疏松、背风向阳、排水良好、有灌溉条件和交通方便的地方。苗圃地应于冬前深翻晒土，以促进土壤风化，利于消除杂草和害虫卵块。第二年春季播种前每亩用农家肥1 500～2 500 kg以及50 kg碳铵、100 kg磷肥作底肥，并结合施肥再翻犁一次，使肥料与土壤混合均匀。

2. 种子选择和贮藏

一般选用普通核桃或野核种子培育核桃砧木。要选择生长强健、无病虫害的壮龄树采种，种子要充分成熟。采用秋播的在种子采收后即可播种；春播的种子要及时贮藏，以沙藏为好，也可干藏。其具体方法如下。

（1）露天坑藏：选择地势高、干燥、排水良好的背阴处，挖宽 100 cm 左右、深 80～100 cm、长度视贮藏数量而定的坑。先在坑底铺河沙一层，厚约 10 cm，再将栗、沙分层交互放入坑内；或 1 份栗 2 份沙混合放入坑内。堆至距地面 12～15 cm 时，用沙填平，上面加土成屋脊状。为了降低坑内温度，可于坑中间每隔 100 cm 左右，立放秸秆一束，以利通气。

（2）室内堆藏：在阴凉室内地面上，铺一层玉米秆或稻草，再于其上铺以手捏不成团的适湿河沙一层，然后按 1 份栗果 2 份沙的比例，将果沙混匀后堆放其上。同时，也可将栗果和河沙分层交互放置，每层 4～7 cm 厚。最后在堆的上部再覆湿河沙一层，厚 4～5 cm，沙上再盖以稻草。堆高以 80～100 cm 为宜。沙藏期间每隔 3～4 周翻动检查一次。

（3）干藏：核桃种子采收后，在通风的地方晾干，装入袋内，放置室内储藏。忌烘干或在水泥场上曝晒，以免核桃种子丧失发芽能力。干藏的种子在播种前要用热水浸种 5～7 天，有裂口后播种。

3. 播种期、播种方法和下种量

播种时期分春播和秋播两种。春播 2 月中旬播种，秋播采种后即可播种。

播种方法采用横行条播。在经过耕翻平整的圃地上，做成宽 2～3 m 的畦，畦高 20～25 cm，畦长视圃地大小而定。按 40～60 cm 的行距开沟，然后按 10～15 cm 的株距，将种子横放沟内，覆土 5～10 cm 厚，稍加镇压，使种子与土壤密接，以利出苗。

每亩播种量：大粒种子（60 粒/千克）150 kg，中小粒种子（100 粒/千克）100 公斤。

4. 苗圃地的管理

（1）防治鼠害及地下害虫。核桃播种后，常遭受田鼠及地下害虫的为害，应采取措施进行防治。

（2）中耕除草。在幼苗出土后立即进行一次。在以后生长季节内进行 2～3 次。

（3）施肥和灌水。6 月上旬和 8 月上旬进行 2 次追肥，以腐熟的人粪尿为主，先稀后浓，并适量施入速效氮肥。生长停止前（9—10 月）以磷钾肥为主，有利于幼苗木质化和越冬。干旱季节要及时灌水，霖雨季节要注意排水。

（二）嫁接技术

1. 嫁接前的准备

（1）砧木准备：核桃苗木嫁接前 1～2 个月，将核桃苗挖出假植，在室内嫁接后进行栽植；外购砧木可先栽植，在圃地嫁接。

（2）接穗选择：选择适宜当地栽植的优良核桃品种为主栽品种。接穗应从无病虫害、生长健壮的成年树上采集，采集部位以生长发育良好、组织充实和有饱满芽的结果母枝或发育枝为好。接穗的粗度以 0.8～1.2 cm 为宜，过粗过细都不宜采用；长 18～20 cm，有 3 个以上饱满芽，并对接穗进行全蜡封处理。

（3）蜡封方法：接穗经蜡封处理，可以防止水分蒸发，节省其他保湿材料，简便易行，嫁接成活率大大提高。嫁接前将采集的接穗用清水洗净晾干，将接穗的一头在100℃的蜡液中速蘸一下，甩掉表面多余的蜡液，再蘸另一头，使整个接穗表面包被一层薄而透明的蜡膜。蜡封时要注意以下几点：

①蘸蜡前一定要将穗条洗净晾干，否则，穗条表面的灰尘、沙粒和水分会影响蜡液的黏附力。

②蜡液温度要控制在95～100℃，温度过低（低于80℃），蜡液变黏稠，蘸后蜡膜过厚发白，既浪费蜡，又在存放和运输中稍一撞动，蜡膜容易脱落。蜡温过高（高于120℃），容易烫伤穗条表皮和芽子。一般只要适时补充熔蜡容器下层的水（5 cm深），蜡水比例适当，蜡液的最高温度就可控制在98℃左右。

③蘸蜡要迅速（1～2 s），一蘸即取，不能重复蘸蜡。接穗在蜡液中超过2 s，生命力就会下降。凡因蜡液温度过高或蘸蜡时间太长而烫伤的穗条要及时剔除。蜡封好的接穗应当是蜡膜层薄，表面着蜡均匀且无遗漏，能透过蜡膜看到接穗的正常颜色。

2. 嫁接季节

春季是核桃嫁接的主要时期。由于核桃树的特性，核桃春季嫁接在4月初进行；夏季皮芽接是核桃苗木嫁接的最新方法，在6—8月进行，成活率可达90%以上。嫁接时应选择晴天，雨天及风沙天均不适宜嫁接。

3. 主要嫁接方法

为了便于群众掌握核桃嫁接技术，这里将核桃大树品种改良嫁接和苗木嫁接技术一并介绍。

（1）皮接：又称插皮接，适于春季树液流动时进行，嫁接时，要求砧木已经离皮，具体步骤如下。

①削接穗：在接穗上部留2～3个饱满芽，下端削一个马耳形大削面，长3～5 cm，入刀部位稍陡峭，深达髓部，再平直向前斜削下去。削去的部分，视接穗粗细而定，细接穗削去一半左右，粗接穗削去多一半。最后将马耳形切面的背面前端0.5 cm处稍削一刀，再于马耳形背面两侧各轻削一刀，深达韧皮部。

②砧木开口：在嫁接处将砧木剪断或锯断，随后削平断面；选树皮光滑的地方，由上向下直划一刀，深达木质部，顺刀口用刀尖向左右挑开皮层。

③插接穗与绑扎：砧木开口后，把接穗迅速插入切口，使削面在砧木的韧皮部和木质部之间。插接穗时，马耳形的斜面向内紧贴，要轻轻地插入，使接穗削面和砧木密接为止；同时，不能把削面全部插进去，要有0.3 cm的“留白”，为愈合组织的生长留下一定位置，如未“留白”，接合部位就容易长出一个大疙瘩。接穗插好后，用塑料条扎紧绑好即可。

（2）插皮舌接：这种嫁接方法适用于较大砧木嫁接，高接时亦可应用。嫁接时期与插皮接相同，但要求砧木和接穗均离皮。

在嫁接处剪断或锯断砧木，并削平锯口；接穗下端削成5～7 cm长的单马耳形斜面，用手指捏开皮部，含入口中，以免风干。然后在砧木光滑的一侧，削去一层老皮，深度见绿（韧皮），长度和宽度与接穗的削面相当。随即将接穗的木质部轻轻插入砧木的皮层与木质部之间，让接穗的皮敷在砧木的削面上，并使两者密切结合。注意插至微露出接穗削面（留白 0.3 cm）即可，然后用塑料带扎紧绑好。

以上两种嫁接方法，在大砧嫁接时，用报纸或硬纸做一个成“喇叭口”，下端绑在嫁接部位下边，将地面细土装于“喇叭口”内，以不见接穗为宜，在外面套一塑料袋，下端固定即可。

（3）单芽切接：此法适宜于小砧嫁接，砧木干径以 1 cm 左右为好。此外，此法也是苗圃地培育嫁接核桃苗的主要嫁接方法，具有省接穗、易于操作、成活率较高等特点。

①砧木开口：砧木宜在距地面 5～8 cm 处剪断，用切接刀在光滑的一侧，自外向内削成一个短斜面，并削平剪口处，然后在短斜面上向下直接削一刀，长约 3 cm，深度以稍带木质部为好。

②削接穗：在接穗饱满芽背面，选平整光滑的地方，平削一刀，深达木质部，削面要平整光滑；在芽上部 0.5 cm 及下部 2～2.5 cm 裁短，接穗长 2.5～3 cm；将接穗削面背面下端削成 0.5～0.8 cm 长的小斜面。

③切砧木：在离地面 5～8 cm 的地方剪除砧木，选择皮厚、光滑、纹理顺的地方，在皮层及木质部之间由上到下垂直切口，长 3 cm 左右，将切开的薄皮切除 1/2。

④插接穗：将接穗插入砧木的切口中，使接穗的长斜面两边的形成层和砧木切口两边的形成层对准、靠紧，如果接穗细，必须保证一边的形成层对准；同时，将砧木切口皮贴在接穗的小斜面上。

⑤接口包扎：用塑料薄膜条包扎接口，将芽微露。

（4）双舌接：该方法成活率高，需接穗蜡封处理。

①削接穗：在接穗下端削长 3 cm 左右的斜面，在斜面中间平开一刀，形成“双舌”状。

②切砧木：在离地面 5 cm 左右的地方剪除砧木，选择皮厚、光滑、纹理顺的地方，用削接穗的方法，削一个与接穗形状、长度相同的“双舌”状。

③插接穗：将接穗与砧木“双舌”状切面交叉相互插入，使形成层对准，如果接穗细，必须保证一边的形成层对准。

④接口包扎：用塑料薄膜条包扎接口，要求扎紧包严。

（5）夏季大方块皮芽接。该方法具有方法简单、易于操作、成活率高（90%以上）、嫁接时间长（6～8 个月）等优点。

①削接穗：在当年萌发的嫩枝上，在饱满芽上方 0.5 cm 及芽下方 2.5 cm 处各横切一刀，在芽的左右各竖切一刀，拿住芽横向稍用力，取下一个长 2.5 cm、宽 0.6～0.8 cm 的长方形芽皮。

②切砧木：在离地面 10～20 cm 的地方，选择皮厚、光滑、纹理顺的地方横切一刀，用右手拇指及食指指甲在刀口下，掐住与芽皮同样宽度的皮，向下拉至 2.5 cm 长，用刀切去 1/2。

③贴芽皮：将芽皮贴于砧木皮切口，上面及左右形成层密接对齐，下面将砧木切口

皮覆盖在芽皮下端上面。

④接口包扎：用塑料薄膜条包扎接口，将芽微露。

在接口上面留 2～3 轮叶，其上的砧木剪掉；当嫁接芽萌发至 10 cm 左右时，在芽上方 1 cm 处剪掉砧木。

(6) 高接换头：用于大树改良，利用 3～5 cm 粗的主、侧枝条嫁接，一般每株树可嫁接多根接穗，可利用原有树干主侧枝条，接后成形快，投产早。高接换头主要用插皮接和切接，当年生小枝可用夏季大方块皮芽接法。

应特别注意的是，核桃树“伤流”现象严重，极大地影响着核桃嫁接的成活率。因此，核桃苗木嫁接前进行断根、苗木假植或在嫁接部位以下割 2～3 刀；大砧嫁接或高接换头嫁接，在嫁接前 3～5 天在嫁接部位以下螺旋状砍 2～2 刀，深达木质部，或在树干基部锯口放水，或在芽接时撕出“放水沟”。

4. 嫁接后的管理

(1) 除萌芽：在嫁接后 10 多天，砧木接口下部即开始萌芽，要及时将其除掉。除萌芽须进行多次，直到嫁接新梢正常生长。

(2) 绑保护支架：大砧木嫁接时，为了防止风折，用 1 m 长的粗棍，下部固定在砧木上，在接穗长到 30 cm 高时，把新梢绑在棍上即可。

(3) 适时解除接口上的绑扎物：当嫁接部位已经愈合牢固，要及时地解除接口上的一切绑扎物。如果解除过晚，可造成嫁接部位的缢伤；如果解除过早，接口愈合不牢，容易造成嫁接树新枝死亡。

(4) 适时摘心：大砧木嫁接时，为了促进嫁接树多分枝，早成形和保持树冠矮小、紧凑多结果，当新梢 30 cm 左右时摘心；嫁接当年可摘心 2～3 次。

二、建园与栽植

(一) 园地选择

核桃对环境条件要求不高，只要年平均气温 9～16℃以上，年降雨量 800 mm 以上均可种植。核桃对土壤的适应性比较强，但因其为深根性果树，且抗性较弱，应选择深厚肥沃、保水力强的壤土较为适宜。核桃为喜光果树，要求光照充足，在山地建园时应选择南向坡为佳。

(二) 整地

整地是提高核桃栽培成活率和生长发育的重要环节。整地时间一般在造林前半年进行。整地方式可根据造林地立地条件选择，一般有全面整地、反坡梯地整地、鱼鳞坑整地等。

(三) 品种选择

选择好品种是保证产量的关键。目前，优良核桃品种有西扶、西洛、西林品系及香玲、鲁光、辽核等。

（四）栽植

核桃栽植时间分为春栽和秋栽。春栽在土壤解冻后至苗木发芽前进行。秋栽在11月上旬至12月底前进行，如汉中气候特点是春节干旱，秋季多雨，核桃栽植应以秋季栽植为主。为了提早结果和提高单位面积产量，应推行矮化密植栽培，并选用嫁接苗，方可提早丰产。嫁接苗定植后2～3年即可挂果，4～5年即可进入丰产期，而实生苗需8～10年方能挂果，15年才能进入丰产期。栽植的密度由立地条件和经营水平决定，一般为5×6（亩栽22株）或5×5（亩栽27株）。目前，密植园以3×5（亩栽44株）为宜，以提高早期产量。核桃为雌雄同株异花果树，且同一植株上雌花与雄花一般不同时盛开，要求不同植株间进行授粉，因此，只有成片栽植的核桃园才能获得丰产。在栽植前可先挖大穴（长、宽各80～100 cm，深50～60 cm）分层压入有机肥、磷肥、泥土，苗木根系用ABT生根粉或保水剂进行处理，然后定植于穴上，浇足定根水，并用1 m^2的塑料薄膜树盘保湿、提高地温，以利成活。

在地势平坦或土壤黏重的地方，一定要浅栽，并形成一个小土包，以免造成核桃树根系腐烂整株死亡。栽后要及时定干，并用稻草、玉米秆或塑料薄膜包裹，防止冬季苗木冻伤和干旱死苗。

三、核桃园管理

（一）耕作

核桃园进行深耕压绿或压入有机肥是提早幼树结果和大树丰产的有效措施，深耕时期在春、夏、秋三季均可进行，春季于萌芽前进行，夏秋两季在雨后进行，并结合施肥和将杂草埋入土内。应从定植穴处逐年向外进行深耕，深度以60～80 cm为宜，但须防止损伤直径1 cm以上的粗根。核桃幼树生长较慢，行间土地可间作豆科作物或绿肥（退耕还林地块不得间作农作物）。成年果园每年4—9月用除草剂除草2～3次，于秋冬中耕一次。

（二）施肥

春秋两季结合深施有机肥进行园地深翻熟化、培肥土壤，夏季适时除草和树盘松土，增加土壤透气性，促进生长发育，提高产量和品质；雨季注意排水，尤其是山地丘陵核桃园在6—10月雨水集中、降水量大时应及时排出过多雨水，防止山洪冲毁果园及水土流失，搞好水土保持工程。有条件的地方，每年2—5月干旱季节进行浇水，防止干旱死亡或灼伤，促进枝梢生长和开花坐果。

每年秋季施用基肥，以有机肥为主，幼树每株施20～30 kg，初果期每株施50～100 kg，盛果期大树每株施150～200 kg；施肥方法用环状、条状、穴状均可，但最好用穴状施肥法，即在树冠滴水线外挖4～6个直径30 cm、深40 cm的洞穴，施入肥料盖土后浇水，这种方法既省工、省力，施肥效果又好。追肥每年进行2～3次，第一次在开花前，以氮肥为主，促进萌芽生长；第二次在盛花期进行叶面施肥，即在全树60%～70%的花开放时，喷施0.5%尿素+0.2%硼砂+0.3%硫酸锌+0.2%磷酸二氢钾，以促进开花整齐、授粉受精、提高坐果率；第三次在 6 月幼果快速生长期，以磷肥、钾肥为主，目的是促进果实发育，减少落果，提高产量和品质。

（三）要及时疏除部分雄花花序

核桃是雌雄同株异花植物，雌花着生在结果枝顶端，雄花着生在同一结果母枝的基部或雄花枝上，靠风力传播花粉后让雌花受精。科学研究证明，在核桃树雄花序和雄花发育过程中，需要消耗大量树体内贮藏的营养，尤其是在雄花快速生长和雄花大量开花时，消耗更为突出，故生产上在核桃雄花序发育和开花过程中，采取人工剪除或喷施“核桃化学去雄剂”，疏除 1/3～1/2 雄花序，均能减少树体养分的无效消耗，促进树体内水分养分集中供应开花、坐果，因而能大幅度提高产量和质量。

（四）灌水

核桃喜湿润，抗旱力弱，灌水是增产的一项有效措施。在生长期间若土壤干旱缺水，则坐果率低，果皮厚，种仁发育不饱满；施肥后如不灌水，也不能充分发挥肥效。因此，在开花、果实迅速增大、施肥后以及冬旱等各个时期，都应适时灌水。

（五）秋季管理

秋季管理主要工作有以下几个方面：

（1）秋翻。在果实采收后至落叶前进行深翻，深度为 30～40 cm，同时捡出土中的核桃举肢蛾幼虫，集中消灭。

（2）施基肥。以腐熟的有机肥为主，在果实采收后到落叶前这段时间尽早施入（可以结合深翻一同进行）。

（3）树干涂白。可有效防治一些病害及危害，其配方为：硫黄粉、石灰、动物脂肪、水按 1∶10∶1∶40 的比例配制。

（4）浇水。土壤封冻前浇封冻水。

（5）幼树越冬保护。根据冬季寒冷程度不同，可分别采取土埋、捆草把、捆报纸等越冬防寒措施。

四、整形修剪

（一）修剪时期

休眠期间，核桃有伤流现象，故不宜进行修剪，其修剪时期以秋季最适宜，有利于伤口在当年内早愈合。幼树无果，可提前从 8 月下旬开始，成年树在采果后的 10 月前后，叶片尚未变黄之前进行为宜。

（二）幼树整形

核桃树干性强，芽的顶端优势特别明显，顶芽发育比侧芽充实肥大，树冠层性明显，结合此特性，以采用主干疏层形为宜，且整形极易。其整形方法为：干高 50～80 cm（若当年幼苗不够高，可待苗木生长一年后再整形），定植当年不做任何修剪，只将主干扶直，并保护好顶芽（若顶芽损坏，可先用一壮芽代替），待春季发芽后，顶芽将向上直立生长，将其作为中心干，顶芽下部的 5～6 个芽将萌发侧枝（其余芽不能萌发），5—6 月选分布均匀生长旺的 3～4 个侧枝为第一层主枝，将其余新梢全部抹去。第二年按同样的方法培育第二层主枝，第二层保留 2～3 个主枝（与第一层相距 60～80 cm），第三年选第三层主枝，保留 1～2 个主枝，与第二层相距 50～70 cm。1～4 年主枝不用修剪，可自然分生侧枝，扩大树冠。一般 3～4 年成形，成形时树高 3～5 m。

（三）初结果树的修剪

核桃自开始结果到大量结果，其树体营养生长较旺，冠逐年显著扩大，结果数量逐年增多。这时修剪，除要继续培养多极骨干枝外，还要注意保留辅养枝，疏去无用的密挤枝、徒长枝和细弱枝；使各类枝条分布均匀，树冠内膛要适当多留结果枝，并要保持稀密适度以加大结果面积，用去强留弱的办法来调整各级骨干枝的生长，以保持树势均衡发展，培养成丰满的树冠。

（四）盛果期的修剪

核桃进入结果盛期，树冠仍在继续扩大，结果部位不断增加，容易出现生长与结果之间的矛盾，保证核桃达到高产稳产是这一时期修剪的主要任务。此时修剪以保果增产、延长盛果期为主，对冠内外密生的细弱枝、干枯枝、重叠枝、下垂枝、病虫枝要尽量从基部剪除，改善通风和光照条件，促生健壮的结果母枝和发育枝，对内膛抽生的健壮枝条应适当保留，以利内膛结果。对过密大枝，要逐年疏剪，剪时伤口削平，以促进良好愈合。因此在修剪上应经常注意培养良好的枝组，用好辅养枝和徒长枝，及时处理背后枝与下垂枝。

（五）衰老树的修剪

核桃树的长势衰退时，要重剪更新，以恢复树势，延长结果年限。着重对多年生枝进行回缩修剪，在回缩处选留一个辅养枝，促进伤口愈合和隐芽萌芽，使其成为强壮新枝，复壮树势。对过于衰弱的老树，可逐年进行对多年生骨干枝的更新，利用隐芽萌发强壮的徒长枝，重新形成树冠，使树体生长健旺。在修剪的同时，与施肥、浇水、防治病虫害等管理结合起来，效果就更好。

（六）丰产树形

经多年观察和测定，核桃丰产性较好的树形为主干疏层形和多主枝自然圆头形。

1. 主干疏层形

干高 1.2～1.5 m，第一层三大主枝，层内距 10～20 cm，主枝基角 70°，每个主枝上有 3～4 个一级侧枝，第二层两大主枝，每三四层主枝着生在中心杆上，第一二层主枝相距 80～120 cm，树高 5～6 m。此树形树冠大，产量高，寿命长。

2. 多主枝自然圆头形

主杆高 1.2～1.5 m，没有明显的中心杆，主枝自然分层排列，全树 2～3 层，共有 5～8 个主枝，每个主枝不相互重叠，每个主枝上分别着生 2～3 个一级侧枝，树高 5 m 左右。此树形修剪量轻，成形快，结果早，有利于幼树早产、丰产。

总之，核桃树的修剪，从结果初期开始，就应有计划地培养强健的结果枝组，不断增加结果部位。防止树冠内膛空虚和结果部位外移。进入盛果期后，更应加强枝组的培养和复壮。培养枝组可采用“先放后缩”和“去背后枝，留斜生枝与背上枝”的修剪方法。徒长枝在结果初期一般不留，以免扰乱树形，在盛果期可培养为枝组，乱向枝要及时控制，以免影响骨干枝和结果母枝。下垂枝多不充实，结果能力差，徒耗养分，应根据具体情况处理。

第四节　核桃的营养价值

一、核桃的营养价值概述

国内外大量研究报道证实，核桃仁的营养成分丰富，其含有较多的优质蛋白、不饱和脂肪酸以及种类齐全并具有重要生理功能的维生素，且不含胆固醇，具体营养成分见表 8－1。此外，其磷脂含量较高，每 100 g 核桃仁中总磷脂含量为 438.46～528.85 mg，并含有少量矿物质（如铬、锰、硒等）、维生素 K、维生素 E 等。

表 8－1　核桃仁营养成分含量（可食部 100 g 含量）

营养成分	含量	营养成分	含量
脂肪（g）	58.80	锌（mg）	2.17
蛋白质（g）	14.90	硒（mg）	4.62
碳水化合物（g）	10.00	锰（mg）	3.44
膳食纤维（g）	9.50	维生素 A（μg）	5.00
磷（mg）	294.00	维生素 B_1（mg）	0.15
钙（mg）	56.00	维生素 B_2（mg）	0.14
钾（mg）	385	维生素 C（mg）	1.00
铁（mg）	2.70	烟酸（mg）	0.90
镁（mg）	131	维生素 E（mg，α－TE）	5.06

美国农业部公布的核桃营养成分数据显示，其蛋白质含量最高可达 29.7%，一般约为 15%，由于核桃仁的蛋白质消化率和净蛋白比值较高，故核桃蛋白为优质蛋白。而蛋白质中所含氨基酸的种类和数量是蛋白质营养价值优劣的决定因素，核桃仁蛋白中含有 18 种氨基酸，具体含量见表 8－2。由表 8－2 可知，8 种必需氨基酸的含量合理，接近世界卫生组织（WHO）和联合国粮农组织（FAO）规定的标准，是一种良好的蛋白质。

表 8-2　核桃仁中氨基酸种类的含量（可食部 100 g 含量）（单位：mg）

氨基酸种类	含量	氨基酸种类	含量
谷氨酸	3 166	蛋氨酸	227
精氨酸	2 599	苯丙氨酸	735
天冬氨酸	1 562	苏氨酸	517
亮氨酸	1 183	色氨酸	198
丝氨酸	753	缬氨酸	770
异亮氨酸	632	组氨酸	383
赖氨酸	494	—	—

人体主要通过脂溶实现对维生素的吸收利用，而核桃仁中维生素和脂肪是共存关系，恰好符合人体生理需要，极易于对维生素进行代谢吸收。因此，核桃是一种集脂肪、蛋白质、维生素、纤维素、糖类五大营养要素于一体的优良坚果类食品，膳食营养价值丰富。

核桃仁富含人体必需的脂肪酸，且不含胆固醇，是优质的天然“脑黄金”。核桃脂肪酸的具体组成为亚油酸 63.0%、油酸 18.0%、α-亚麻酸 9.0%、棕榈酸约 8.0%、硬脂酸 2.0%、肉豆蔻酸 0.4%，不饱和脂肪酸（即亚油酸、亚麻酸及油酸的总量）高达 90%，其中亚油酸含量为普通菜籽油含量的 3~4 倍，亚麻酸是 ω-3 家族成员之一，也是组成各种细胞的基本成分。

核桃是益智健脑、预防心血管疾病、乌发美容和益寿的天然保健食品，据李时珍所著《本草纲目》中记载，核桃味甘性平，具有治肺润肠，调燥化痰，补气益血的疗效。核桃还对记忆功能衰退、神经衰弱等病症有一定的治疗效果，《食疗本草》中记载核桃有“通筋脉，润血脉，常服骨肉细腻光滑”的功效。儿童、青少年多食核桃益于骨骼发育，强身健脑，保护视力；青年人经常吃核桃可使肌肤光润，身型健美；中老年人常吃核桃可益智延寿，保心养肺。

二、核桃油的营养价值

核桃油的营养价值极高，可以与橄榄油相媲美。每 100 g 的核桃仁里面含有脂肪量为 63~76 g，而其脂肪的主要成分为亚油酸甘油酯、亚麻酸以及油酸甘油酯，这些都是我们人体所必需的脂肪酸。因此，如果将日常所用的食用油替换成核桃油的话，对人体健康是非常有益处的。

核桃油性平、味甘，具有通便、亮发、健脑、补肾、润肠的功效。将核桃仁经过榨油之后，新鲜纯正、营养丰富、口感清淡，其所含有的脂肪酸组态与人类的母乳非常接近，而且容易被人体消化吸收，是正处于发育期的儿童以及女性妊娠、产后康复的高级保健食用油。

(一) 增强免疫力，延缓衰老

核桃油中含有丰富的角鲨烯、黄酮类物质、多酚化合物，这些物质具有促进血液循环、活化身体细胞、消炎杀菌、降低血脂、胆固醇等功效，可以全面提高人体自身的免疫力，起到延缓衰老的功效。

(二) 降低胆固醇

胆固醇是人体必需的脂质，但是如果坏胆固醇过多的话，就会增加人体患上中风、心肌梗死、痴呆等疾病的风险。而核桃油中油酸、亚油酸、亚麻酸等不饱和脂肪酸可以增加好胆固醇的含量，降低坏胆固醇，从而有效预防“富贵病”。

(三) 健脑

人的智力水平与DHA含量息息相关，而DHA可以由亚麻酸分解得到。如果人体缺乏DHA的话，就会导致智力发育缺陷，引发生长发育迟缓、不育、智力障碍等一系列疾病。而核桃油中所含有的亚麻酸高达12.2%，可以有效为人体补充DHA，尤其是对孕妇以及胎儿有着重要的作用。

(四) 润肠通便

核桃油中的亚油酸和亚麻酸含量分别高达64%和12.2%，可以增加人体内双歧杆菌的含量，而双歧杆菌可以将肠道内的糖类分解为乳酸、醋酸，使肠道呈酸性，还能够刺激肠道蠕动，起到润肠通便、缓解便秘的效果。

(五) 促进骨骼生长

婴幼儿骨骼、牙齿等的生长离不开钙、锌等微量元素的参与，如果缺乏这些微量元素会引起食欲不振、佝偻病、牙齿畸形、骨质疏松等疾病，而核桃油含有丰富的钙、锌、磷、钾等矿物质元素，对促进骨骼生长发育、乌黑头发等起重要的作用。

(六) 补肾固精

核桃油中的营养成分具有补肾固精的作用。

第五节　核桃的综合利用

一、核桃油加工技术

(一) 核桃油

核桃富含脂肪，当然就可以榨油，据分析，每100 g核桃仁的脂肪含量为63～76 g。其脂肪主要成分是亚油酸甘油酯、亚麻酸及油酸甘油酯，这些都是人体所必需的脂肪酸。核桃油是将核桃仁通过榨油、精炼、提纯而制成，色泽为黄色或棕黄色，是人们日常生活中理想的高级食用烹调油。核桃油加工程序包括：预处理、压榨、过滤、沉淀、脱酸、水洗、脱色、脱臭、成品过滤、分装等。

1. 核桃油制取方法一

核桃油加工工艺流程一：

选料→除杂→预处理→压榨→过滤→沉淀→脱酸→水洗→脱色→脱臭→成品过滤→分装

（1）选料、除杂。核桃经过专业去壳工具去掉外壳后，露出的核桃仁就是进行核桃加工所需要的原料了。原料进厂后要按照原料验收标准进行检验，原料验收标准为：水分小于5%，酸价小于0.3 mg/g，过氧化值小于3 mmol/L。酸价是衡量油质好坏的重要标准，是反映油脂酸败程度的一个重要卫生指标，国家《色拉油卫生标准规定》（GB 13103—1991）每克油脂的酸价值不大于0.3 mg，大过0.3 mg的就对人体有害了。过氧化值是指一种物质中的过氧化物含量的多少，比如说一种食物中过氧化值过高，说明这种食物已经酸败，吃了会导致腹泻。

进厂的原料除了指标上的检验还包括去除杂质，核桃仁的杂质分为一般杂质、不熟粒、损伤粒。其中，一般杂质指的是脱落的核桃仁档皮、褶皮和碎果壳；不熟粒是指仁粒皱瘪萎缩，果仁干枯，尚未变质的核桃仁；损伤粒是指果仁受霉菌侵害，有明显丛生菌的核桃仁。

（2）预处理。压榨前要对核桃仁进行预处理。预处理就是利用烘干池的物理处理使核桃仁中的含水量达到最低，以便提高核桃油的出油率及出油质量。先将烘干池擦干净，再将核桃仁倒入烘干池，然后用热风炉将烘干池内的核桃仁升温到50～70℃，受热10分钟左右。在升温过程中不断搅拌，保证核桃仁受热均匀，预处理减少了核桃仁水分的含量，提高了油的品质。

（3）压榨。经过预处理的核桃仁，就可以进入压榨环节了，就是人们常说的榨油。这一工序可以说是核桃油生产过程中最关键的环节。

压榨前，先准备一些无毒无味、耐高温高压的网状过滤袋，过滤袋同时还必须干净。压榨时，工作人员将核桃仁放入过滤袋中，然后将过滤袋装入液压榨油机樘内，盖好榨油机樘的上盖，就可以开始压榨了。随着液压泵压力的升高和降低，这样反复2～3次，核桃仁中的油基本被压干净了，从樘中取出核桃粕，然后重新填料压榨。压榨时随时检查，防止油道被堵。经过压榨过的核桃仁，为脱脂核桃仁，可以用来生产脱脂核桃粉。这一阶段的核桃油被称为毛油，毛油顺着管道进入了过滤容器。

（4）过滤。过滤是为了除去毛油的杂质，提高精炼率。通常采用空气压缩机进行过滤。通过给毛油加压，加压的同时毛油经过滤布，达到了过滤的效果。过滤12小时清洗一次滤布，以保证过滤质量。

（5）沉淀。过滤后的油还要在锥形罐中进行沉淀，以除去残留在油中的油渣。沉淀一般需要12小时，沉淀后将油抽到碱炼罐中进行脱酸处理，将油渣从下面的阀门中放出。

（6）脱酸。毛油中含有一定量的游离脂肪酸，达不到食用油的标准，因此要去除毛油中的游离脂肪酸。指标上以酸价小于0.3 mg/g为标准，酸价越低，油的质量越好。

植物油加工中应用最为广泛的脱酸方法是碱炼方法，其基本原理就是用碱来中和游离脂肪酸。进行碱炼时要先检测毛油的酸价，根据酸价计算出加入碱的量。将油温升到

70℃，开始加入对应量的碱，加完碱后，沉淀6～8小时，再对油进行水洗。

（7）水洗。脱酸过程中加入的碱，部分残留在油中，会严重影响油的质量，需要去除。将脱酸后的油用自吸泵抽到水洗罐内，将油温升到95℃，用比油温稍高的热水进行洗涤，用水量为油重量的10%～15%，根据情况洗涤1～2次。水洗完成后，就要对油进行脱色处理了。

（8）脱色。脱色就是利用某些对色素具有强选择性作用的吸附剂除去油脂内的色素及杂质。核桃油用的吸附剂为活性炭，活性炭对色素，尤其是叶绿素及其他胶性杂质吸附能力很强。脱色过程在真空条件下进行，先脱去油中的水分，然后加入已经用油溶解的活性炭，在真空状态下，搅拌40分钟，油的温度为125℃，然后降温到70℃过滤，除去油中的活性炭。

（9）脱臭。核桃油脱色处理后，还需要进行脱臭处理。脱臭就是脱除包括溶剂在内的所有气味。其原理是利用高温高真空条件下，借助水蒸气蒸馏来脱除臭味物质。脱臭不仅可以除去油中的臭味杂质，改善食用油风味，还能有效降低污染。因为在脱臭的同时，还能除去过氧化物及其分解产物，除去霉烂油料中蛋白质挥发性分解物。

（10）成品过滤、分装。经脱臭完的油要经过过滤，然后贮存于不锈钢储油罐中。过滤完的油还需经过检测合格才可以罐装，不合格的要作废弃处理。

成品油经过过滤就可以分装了。分装采用自动罐装机，根据包装规格进行分装，罐装完成后过灯检、扣盖、封口、贴商标、装箱等工序，就可以入库了。如果在灯检时检测出有污点或者杂质等问题，还要进行返工或者作废弃处理。

2. 核桃油制取方法二

核桃油加工工艺流程二：

核桃筛选→剥壳筛选→破碎筛选→软化、轧胚→蒸炒榨油→干燥中和→密封包装

（1）核桃筛选。清选出泥沙、石子、砂粒、皮壳、茎叶及金属等杂质。

（2）剥壳筛选。采用圆盘剥壳机先将核桃破碎，力求破壳率高（一般效率大于80%）、漏子少、粉末度小。由于种仁颗粒大小不一，小颗粒种仁往往未经破碎就和皮壳混在一起，损失太大。粉末度大仁壳分离比较困难，造成种仁中含壳和皮壳中含仁较多，给生产带来不利。破碎后用振动筛选使壳、仁分离，除去皮壳。

（3）破碎筛选。分离出的种仁利用石磨碾或圆盘破碎机压碎，破碎后的粒度要均匀，不出油，不成团，少出粉。取出碾碎的种仁进行筛选，筛选出的粗粒再复碾。

（4）软化、轧胚。用破碎好的油料放入软化锅中进行软化，调整油料的温度和水分，防止粉末度过大。软化后的油料立即进行轧胚，胚要薄，粉末度要小，胚厚0.3～0.5 mm，厚薄要均匀，不漏油。

（5）蒸炒榨油。将轧胚后得到的生胚油料，经过加水湿润，加热至90～100℃蒸胚，炒胚而得到熟胚油料。再经过压榨得到粗油产品。

（6）干燥中和。粗油中含有不同量的非油物质，易酸败。加热干燥可除去油脂中的水分，以防酸败。水分含量不得超过0.2%。用碱液进行中和除去粗油中过多的游离脂肪酸，使其成为肥皂而沉淀下来，同时还能除去磷脂和部分色素等杂质。

（7）密封包装。不让水分进入油中，避免油与空气及阳光接触。采用木桶或对油脂

影响小的金属桶包装即可。

（二）水代法制取核桃油技术

核桃油的生产，过去应用较多的是传统的机榨制油，少部分采用浸出法制油。由于核桃仁油脂和蛋白质含量较高，质地细腻，在榨膛内摩擦系数较小，出油呈浆状，出饼呈流质，出油率很低，掺拌入其他辅料（如稻壳等）又影响核桃油饼的综合利用，而且效果也不理想。浸出法制油设备投资很大，无专用的核桃油浸提溶剂，用菜籽油、大豆油浸出溶剂提取核桃油，脱溶效果差，营养成分损失较多。

采用水代法制取核桃油，是利用核桃仁中非油成分对油与水的亲和力不同，以及油及水之间的比重不同，而将核桃油分离出来。水代法制取核桃油设备投资少、耗能少、操作容易、出油率高、油的质量好、渣粕利用率高，是较好的核桃油制取方法。

水代法工艺流程：

核桃→破壳→去杂→去皮→炒料→磨浆→兑浆搅油→震荡分油→静置沉淀→分装→装成品核桃油

（1）去杂。将破壳机分出的核桃仁通过筛理和分拣，除去碎壳、隔膜及霉变的核桃仁。

（2）去皮。将去杂后的净核桃仁浸入70℃左右、0.6%～0.8%的NaOH溶液中，浸泡15～20分钟，然后用清水反复冲洗直至洗液呈中性。

（3）炒料。去皮后的核桃仁晾除水分、加入旋转式炒锅中炒料，开始炒料温度100℃左右，当达到80%成熟度时，随时检查核桃仁的熟化程度，出锅时温度达到130℃左右。一般炒料30分钟左右，炒后的核桃仁含水5%以下。炒料使核桃仁中的蛋白质变性和凝聚，分布于细胞中的微小油滴受热后聚集，因此，炒料的好坏直接影响到出油的多少。

（4）磨浆。将炒酥的核桃仁加入电动石磨中磨成浆状，以充分破坏细胞组织。核桃仁磨细后成为浆状，要求磨得越细越好。以料酱涂于薄纸上，对着太阳光不显黑点者，即达到细度要求。

（5）兑浆搅油。搅油将沸水加入料酱中，随之搅拌把油从料酱中取代出来。兑浆时加入的沸水量为料酱的80%左右，边加水边搅动，转速为30转/分钟，连续搅拌40～50分钟，搅拌后，大部分油均浮至表面，底部呈流质状。此时将表层的油“撇”出，撇油后保持7～9 mm的表面油层，以利于料酱中油滴上浮凝聚。

（6）震荡分油。兑浆撇油后，还有部分油包含在料酱中，将兑浆搅油机上的搅拌器换成能上下震动的油葫芦，在料酱中作上下冲击，转速为10转/分钟左右，经40～50分钟震荡，“撇”出料酱中分出的油脂。

（7）静置沉淀。提取的核桃油静置沉淀10～12小时，分离出不溶性杂质，得到的核桃油经分装密封即得到成品。提取核桃油后的渣浆，经喷雾干燥可制得脱脂核桃粉，用作冲剂、饮料和食品添加剂。

（三）核桃油间歇式物理精炼

由于核桃油物理精炼工艺加工、精炼过程简约，回避了高温过程，从而使制取的核桃油、核桃粕保持了原有油脂和蛋白质的性质；而且间歇式精炼操作在技术、管理上易于掌握，适合当前我国核桃油加工中、小规模的特点，避免了连续精炼中要求规模大、投资多、能耗大、技术管理高等缺点，同时间歇式物理精炼也是适合于核桃油精炼的一种工艺，满足绿色产品新时尚，具有能耗低、无污染的特点。

间歇式工艺流程：

核桃毛油→粗滤→脱胶→脱酸→脱色→精密过滤→抗氧化处理→灌装

（1）核桃毛油。选用肉质饱满、无损伤、无虫蛀、无霉变或无变质核桃仁，并除去碎壳和隔膜等杂质，核桃含水量不超过10%，采用螺旋榨油机或液压榨油机榨取核桃毛油。

（2）粗滤。将制取的核桃毛油采用板框过滤机在0.4 MPa的压力下过滤，去除部分饼粕、草屑等杂质。

（3）脱胶。采用常温水化法脱胶。首先将过滤后的核桃毛油送入水化罐，搅拌转速控制在60～70转/分钟，温度控制在40～50℃，然后慢慢加入核桃油质量2%～3%、质量分数为10%的食盐溶液，持续搅拌25～30分钟，看液面出现比较明显的油路时停止搅拌，静置24小时左右，最后从水化罐底部放出胶体、盐水等杂质。

（4）脱酸。脱酸即用碱中和核桃油中的游离脂肪酸，以降低核桃油的酸价。如果毛油的酸价（以KOH计）低于1 mg/kg，这一步操作可以省略。进行碱炼时，先将核桃油加热升温到65～70℃，然后加入NaOH溶液，碱液浓度为4%～6%，搅拌转速控制为55～60转/分钟，控制升温速度大约为1℃/min，将核桃油加热到80～85℃时停止搅拌，然后进行水洗，在上层油面喷洒入核桃油重8%左右的盐水，保温静置6～8小时，等沉淀比较完全时从罐底放出，然后再用8%的软水清洗，沉降2～3小时，从罐底放出废水，直至核桃油清亮无杂质为止。

（5）脱色。采用凹凸棒黏土进行吸附色素。油脂工业上常用的活性白土在脱色时往往会残留少许土腥味，必须在脱臭阶段除去，这样脱臭工序就必不可少，而核桃油的物理精炼可以不需要脱臭，因而采用凹凸棒黏土更合适。凹凸棒黏土是一种含镁比较丰富的纤维状矿物，其主要成分为二氧化硅，与活性白土相比，使用量更少，脱色效果好，价格便宜，没有异味，只是由于颗粒太细，过滤相对困难。将水洗后的核桃油泵入脱色罐内，加入2%左右的凹凸棒黏土，温度维持在80～85℃，调节真空度在0.08～0.1 MPa，搅拌转速55～60转/分钟，脱色30分钟左右。脱色完成后，颜色达到了要求，同时核桃油中的水分被蒸发，也达到了干燥的目的。将脱色后的核桃油放入暂存罐，通过精密过滤器进行过滤。

（6）精密过滤。采用滤袋式精密过滤器过滤核桃油中的微小杂质。

（7）脱臭。由于核桃油是压榨制取的，没有溶剂残留，同时也没有采用活性白土脱色，因而没有异味，在脱色时油脂被干燥，水分含量也达到了要求，因而可以省略脱臭工序。由于采用间歇式脱臭，脱臭时间应由原来的3～4小时减少到1～2小时。

（8）抗氧化处理。对精炼后的核桃油添加天然抗氧化剂茶多酚，以保证油的品质，延长保质期。

（9）灌装。采用自动灌装机进行灌装，同时充氮保鲜，进一步减少核桃油的氧化。

二、核桃营养粉的制作

核桃能榨油，同样也能做成粉，核桃仁经过磨浆，采用先进的微细化技术处理后，经喷雾干燥可制成速溶核桃粉。

核桃营养粉的生产工艺流程：

煮制→配料→磨浆→研磨→杀菌→均质→干燥→冷却→过筛→包装入库

1. 煮制

经过严格的选料后，生产核桃粉的原料有了，不过还要对它进行煮制。

煮制的目的主要是去除核桃仁的涩味及部分微生物。

具体做法：先将夹层锅中的水用蒸气烧开，然后将核桃仁放入锅中，等水完全沸腾后再蒸煮5分钟，这时停止加热，用笊篱将核桃仁捞出，放入冲淋车中进行冲淋，一边捞一边冲水，直至下面有清水流出。

这一环节主要是控制好蒸煮时间，以免蒸煮时间过长造成核桃仁营养的流失。

2. 配料

为了克服单一原料营养上的不足，需要在核桃粉的基础上，配以其他营养物质。例如，广受消费者欢迎的牛奶口味核桃粉，它的配料主要以奶粉为主，奶粉添加的多少要根据消费者的口味而定，但奶粉的比重应不大于核桃粉的10%。

为了使奶粉易于溶解，要将奶粉倒入盛有温开水的搅拌罐，用水量和奶粉的比例为2∶1，一边倒一边搅拌，待奶粉完全溶解后，就可以使用了，但此时不要停止搅拌，直至用完。

3. 磨浆

配料奶粉溶解后，下一步就要磨浆了。磨浆使用砂轮磨，我们也称为粗磨。

将核桃仁倒入砂轮磨中，使溶解后的奶粉与核桃仁一起进行磨浆，奶粉与核桃仁的配比为7∶3，磨浆的时候要调节好奶粉溶液的流量，使磨出的浆液稀稠合适。

4. 研磨

由于砂轮磨磨出的浆太粗，并伴有颗粒状核桃仁，必须进行更为细致的研磨。胶体磨磨出的浆，如胶体状黏稠，颗粒比较细腻，业内也称之为细磨。

砂轮磨磨出来的浆液进入大胶体磨中进行第二次研磨，然后再进入小胶体磨中进行第三次研磨，最终使浆液的粗细度达到可以喷雾的要求。

5. 杀菌

经过砂轮磨和胶体磨研磨之后，把浆液用螺杆泵打入冷热罐进行杀菌处理。

浆液完全打入冷热罐后，启动搅拌开关，打开蒸汽开始加热，直到浆液温度达到90℃时停止加热，开始计时杀菌10分钟后，打开冷水阀给冷热罐降温，冷热罐设计上为双层，内层为热罐、外层为冷罐，冷水通过在外层流动从而达到降温的效果。待温度降至50℃，停止降温，开始均质。

6. 均质

食品加工中的均质，是指液料在挤压与冲击的作用下混合更加均匀，从而使整个产品性状更加稳定。

均质是利用高压泵将浆液混合均匀。在操作时一定要注意，当打开冷热罐下端的阀门，开启均质机时，一定要等均质机运转正常后，再进行加压。

加压时要使压力均匀上升，切勿使压力忽大忽小，最后将压力控制在 40～50 MPa。均质时间为 1～2 分钟。

7. 干燥

浆液均质完成后进入干燥塔进行干燥。

干燥的原理是由高压泵将浆液喷成雾状，从干燥塔上方落下，在降落过程中进行干燥。

干燥时，干燥塔进风温度应保持在 220～240℃，混合温度应为 90～100℃，操作员根据温度显示器上温度的变化情况控制喷雾压力，确保喷出的粉末干燥不焦煳，大约喷半个小时后，启动振动电机，打开接粉阀门，将粉送到冷却车间进行冷却。

8. 冷却

从干燥塔干燥出来的粉要送入冷却车间进行冷却，将核桃粉倒在不锈钢工作台面上，为了防止核桃粉之间的粘连、结块，首先要使用不锈钢棍进行搅拌，然后再用不锈钢制的横板均匀摊开，可增大散热面积，加快冷却速度。

9. 过筛和包装入库

待核桃粉降至室温时，还要进行过筛，过筛使用自动过筛机进行操作，将冷却好的核桃粉盛入过筛机上，随着震动的频率，把杂质和大的颗粒筛出来。

核桃粉要求的细度为 80～100 目，小于 80 目的核桃粉从过筛机的另一侧流出，这部分核桃粉要进行二次过筛，直至符合要求。

最后称量、封口，入箱包装。

三、琥珀核桃仁的生产加工

为了满足核桃食用的便携性，还可以将核桃仁制成琥珀核桃仁。核桃仁制成琥珀核桃仁后，具有琥珀色泽，保持了核桃仁的自然形态，食用时香甜适口，老少皆宜。

琥珀核桃仁的生产工艺流程：

水煮→冲淋→二次挑选→糖煮→油炸→第一次冷却→第二次冷却→分拣→包装

1. 水煮

琥珀核桃仁的原料经过选料、去杂、分拣后，进行水煮。水煮的工序和核桃粉中的煮制相同，主要是去除核桃仁的涩味以及部分微生物。

2. 冲淋

经过水煮的核桃仁还需用清水冲淋。

冲淋10分钟左右，将核桃仁放入用滤网制成的袋子中，置入离心机开始脱水，脱水完成后就可以进入二次挑选工序了。

3. 二次挑选

原料在水煮过程中，个别原料可能会出现皮肉分离、碎瓣等现象，或者在冲淋脱水时夹杂一些异物，这些碎屑或者异物都会影响琥珀核桃仁的质量和档次，因此冲淋后要进行二次挑选。

4. 糖煮

糖煮前，首先要制备糖液。糖液的制备很关键。

方法是将食用白砂糖和水以10∶3的比例放入夹层锅内，打开蒸汽阀开始加热，水开以后，加热20分钟就可制成糖液。同时，为了保证糖液的质量，还要对其进行还原测定。还原测定是通过测定糖液的折射率、比重来最终测出糖液中固形物的含量。还原测定要经常进行，通常每隔2小时检测一次。

糖液制好后就可以糖煮了。当糖液煮沸后，加入洗好的核桃仁，温度控制在140℃左右，糖煮时间为10～15分钟，最后将核桃仁从锅中捞出。

5. 油炸

糖煮完的核桃仁还要进行油炸，因为糖煮完的核桃仁湿度较大，不易存放，且口感较差，通过油炸后会使核桃仁变得口感酥脆香甜，而且还易于存储。

将糖煮完的核桃仁放入带孔的不锈钢筐内，每筐放入约10 kg核桃仁，然后将筐放入盛有食用植物油的油锅内进行油炸。这一工艺主要是控制油炸焦煳。

油的温度为145～155℃，油炸时间4分钟左右。措施是生产中每隔2小时检测一次油的酸值，油消耗以后要不断添加新油，在酸值超过0.3 mg/g时，立即把油换掉，以使产品达到食用健康标准。

6. 第一次冷却

油炸之后的核桃仁要马上进行冷却，冷却时将核桃仁放在冷却工作台上，冷却过程中要不断翻动核桃仁，以防止结团。

将冷却之后的核桃仁放入用高温滤网制成的袋子中，然后启动离心机，开始甩油，直至离心机再无油出来，甩油完毕。

7. 第二次冷却

把经过第一次冷却的核桃仁放在传送带上，进行第二次冷却。第二次冷却主要依靠安装在输送带上方的电风扇达到冷却降温目的，排风扇沿输送呈单列式带排放，距离核桃有80 cm，距离太近容易把核桃吹散，太远又达不到降温的目的。

输送带由不锈钢丝网制成，这样有利于通风干燥。

8. 分拣

第二次冷却之后就进入了分拣工序。分拣就是将核桃仁中的焦煳核桃仁和可能残留的异物及杂质挑出。

分拣完成后过一遍金属探测仪，确保没有金属异物就可以进行包装了。

9. 包装

我们选择容易携带的易拉罐进行包装。包装前要先对空易拉罐进行消毒，方法是用蘸有75%的酒精和医用纱布擦拭易拉罐进行消毒，晾干后方可使用。然后根据包装要求称重，将称完重量的易拉罐送入半自动真空封口机内进行真空封口，并进行打码，标注生产日期及批号。

第九章　向日葵加工技术

第一节　概述

向日葵属菊科向日葵属，为一年生或多年生草本油料植物，起源于北美洲，在16世纪末或17世纪初传入我国，是我国除大豆外的第三大油料作物，种植面积次于油菜和花生。

向日葵在我国是具有地区特色和优势的油料作物，具有较强的抗旱、耐瘠薄特性，是华北北部和西北地区居民食用植物油及农民收入的主要来源，也是中轻度盐碱地改良的首选作物。发展向日葵生产对节约水资源、保护生态环境、保障农产品有效供给、保持地方经济社会可持续发展、促进农业增效、农民增收均具有重要作用。

第二节　向日葵的特征特性

一、向日葵的形态特征

一年生草本，高1.0～3.5 m，对于杂交品种也有半米高的。茎直立，粗壮，圆形多棱角，被白色粗硬毛。叶通常互生，心状卵形或卵圆形，先端锐突或渐尖，有基出3脉，边缘具粗锯齿，两面粗糙，被毛，有长柄。头状花序，极大，直径10～30 cm，单生于茎顶或枝端，常下倾。总苞片多层，叶质，覆瓦状排列，被长硬毛，夏季开花，花序边缘生黄色的舌状花，不结实。花序中部为两性的管状花，棕色或紫色，结实。瘦果，倒卵形或卵状长圆形，稍扁压，果皮木质化，灰色或黑色，俗称葵花籽。性喜温暖，耐旱。原产北美洲，世界各地均有栽培。

向日葵的植株由根、茎、叶、花、果实五部分组成。

（一）根

向日葵的根由主根、侧根和须根组成。主根入土较深，一般为100～200 cm；侧根从主根上生出，水平方向生长；侧根上长有许多须根。侧根和须根上着生根毛。向日葵根系发达，在土壤中分布广而深，其中60%左右的根系分布在0～40 cm土层中。向日葵根的生长速度一直比茎快，花盘形成前后根生长最快，到种子开始成熟时，根不再生长，以后便逐渐枯萎。此外，在适宜条件下可长出大量的水根（似玉米的气生根）。

（二）茎

茎秆圆形直立，表面粗糙并被有刚毛。茎由皮层、木质部和海绵状的髓组成。生育后期，茎秆木质化，而茎内的髓部则形成空心。向日葵的胚茎有绿色、淡紫色、深紫色等，是苗期识别品种的重要标志。茎的高度，不同类型的品种差异较大。同一品种，株高受播期及栽培条件的影响，差异也很大。茎的生长速度以现蕾到开花最快，此时生长的高度约占总高度的55%，以后生长速度减慢，仅占5%左右。向日葵的分枝性，一种是由遗传性决定的，另一种是由环境条件引起的。

（三）叶

向日葵的叶分为子叶和真叶。子叶一对。真叶在茎下部1～3节常为对生，以上则为互生。真叶比较大，叶面和叶柄上着生短而硬的刚毛，并覆有一层蜡质层。叶片数目因品种不同而异，早熟种一般为25～32片，晚熟种为33～40片。茎下部叶片在开花前制造养分，主要供给根部生长，到开花时其功能基本结束。中上部叶片制造的养分主要供给花盘促使种子形成。

（四）花

向日葵为头状花序，生长在茎的顶端，俗称花盘。其形状有凸起、平展和凹下3种类型。花盘上有两种花，即舌状花和管状花。舌状花1～3层，着生在花盘的四周边缘，为无性花。它的颜色和大小因品种而异，有橙黄色、淡黄色和紫红色，具有引诱昆虫前来采蜜授粉的作用。管状花，位于舌状花内侧，为两性花。花冠的颜色有黄色、褐色、暗紫色等。

（五）果实

果实为瘦果，习惯称为种子。果实包括果皮、种皮、子叶和胚4部分。食用型种子较长，果皮黑白条纹占多数，果皮厚，占种子重量的40%以上，千粒重100～200 g。油用型种子较短小，果皮多为黑色，皮薄，占种子重量的20%～30%，千粒重40～110 g。

二、向日葵的生长发育过程

向日葵的生育期是指从出苗到种子成熟所经历的天数，一般为85～120天以上。生育期长短因品种、播期和栽培条件不同而有差异。向日葵整个生育期分为幼苗期、现蕾期、开花期和成熟期4个生育时期。

（一）幼苗期

从出苗到现蕾，称为幼苗期。一般需要35～50天，夏播28～35天。此时期是叶片、花原基形成和小花分化阶段。该阶段地上部生长迟缓，地下部根系生长较快，很快形成强大根系，是向日葵抗旱能力最强的阶段。

（二）现蕾期

向日葵顶部出现直径 1 cm 的星状体，俗称现蕾。从现蕾到开花，一般约需 20 天，是营养生长和生殖生长并进时期，也是一生中最旺盛的阶段。这个时期向日葵需肥、水最多，占总需肥水量的 40%～50%。此期如果不能及时满足向日葵对水肥的需要，将会严重影响产量。

（三）开花期

田间有 75%植株的舌状花开放，即进入开花期。一个花盘从舌状花开放至管状花开放完毕，一般需要 6～9 天。从第二天至第五天是该花序的盛花期。这 4 天开花数约占开花数量的 75%。花多在早晨 4—6 点开放，次日上午授粉、受精。未受精的枝头可保持 7～10 天不凋萎。向日葵自花授粉结实率极低，仅为 3%左右，而异花授粉结实率高。

气温高，雨水多，湿度大，光照不足，土壤干旱等会使结实率降低。因此，调节播期，适时施肥、浇水，防治病虫害，以及采取放蜂或人工辅助授粉等措施，可提高结实率。

（四）成熟期

从开花到成熟，春播 25～55 天，夏播 25～40 天，不同品种有差异。开花授粉后 15 天左右是籽粒形成阶段。此期需天气晴朗，昼夜温差较大和适宜的土壤水分。

第三节　向日葵的栽培和管理

我国向日葵产区主要集中在盐碱、风沙、干旱和瘠薄地区。向日葵不但耐盐力强（强于甜菜、高粱、棉花等），而且是生物治碱的主要作物之一。

一、向日葵栽培新技术

（一）品种选择

一季春播区宜选用中熟、中晚熟品种，一般单位面积产量和生育期呈显著正相关；向日葵属短日照作物或中日照作物，对日照时数不敏感，油葵更不敏感，所以远距离引种易成功；盐碱地应选用耐盐品种，一般食葵比油葵耐盐性强；植株较矮、株型紧凑、盘径中等（20～25 cm）的品种适宜丰产栽培和提高品质；蜂源不足的，可选择自交结实率高的品种；成熟期花盘略凸或平，并高于所有叶片的品种产量高、病害轻、降水快；机械化收获，要求株高 150 cm 以下、株型紧凑、茎秆坚硬、抗倒伏、花盘倾斜度小的品种；妥善保存 3 年的种子仍可用于生产，但以上年产的新种子为最佳。

（二）种子购买量

机械单粒精播需种量＝公顷计划留苗数×（1＋田间损耗率）×百粒重÷100 000÷发芽率

田间损耗率一般按 10%～20%取值。人工穴播一般每穴播 3～5 粒，需种量为机械单粒精播的 3～5 倍。

（三）选地、整地、施底肥

1. 土壤选择

除了低洼易涝、纯砂和盐碱过重的土壤外，在 pH=5.5～8.5 的各类土壤上均可种植，但以 pH=6.0～7.2、肥力较高的壤土或砂壤土为最佳。向日葵耐盐性强，全盐量<1%的氯化物或硫酸盐盐土、全盐量为 0.3%～0.4%的苏打盐碱土，仍能达到全苗并正常生长，获得较高的产量。为防鸟害，应避开林地种植；为防农药气味影响蜜蜂活动，尽量远离菜地种植。

2. 茬口

向日葵对前茬要求不严，豆科作物、玉米、麦类、高粱和谷糜等茬均较好，但豆茬不能感染菌核病；黄萎病和菌核病严重发生的地区，马铃薯、烟草、甜菜、苜蓿等深根作物不宜做向日葵的前茬。

向日葵不宜连作，要求最低轮作周期为 3 年。其中，列当和霜霉病严重的地块轮作周期应在 8 年以上；灰霉病严重的应在 6 年以上；菌核病严重的应在 4 年以上。盐碱地为改良盐碱土的特殊需要，可以连作 2～3 年。

3. 深耕整地

秋季深翻或深松，翻深 20～25 cm，松深 30～40 cm。土层深厚、土质黏重、盐碱地需耕翻深些，以深松效果最好，松后及时耙耢。深翻（松）一般每隔 2～3 年进行 1 次。深耕是改良盐碱地的基本措施。盐碱较重的需先灌水洗盐再翻地。盐碱地土质黏、坷垃多，需反复耙地，尤其晚春耙地可有效抑制盐碱上升。盐碱地必须整平，以免形成盐斑。

4. 施底肥

一般每公顷施用农家肥 35～45 t。

（四）播前种子处理

1. 种子精选

先过一遍细筛，再过一遍粗筛，剔除大、小粒，只留中等大小的饱满籽粒做种，并挑出杂色粒和异型粒。

2. 发芽试验

机械单粒精播要求发芽率在 98%以上，穴播发芽率要求 90%以上。简易发芽试验方法：从精选后的种子中分层多点取样，样品混匀后数取 3 份，每份 50 粒。温水浸泡 4 小时后捞出用新毛巾卷起，置于 23～25℃温度下发芽。分别于第 3 天、第 7 天计算发芽势和发芽率。

3. 晒种

播前晒种 2～3 天。

4. 包衣或拌种

（1）防治菌核病：每 100 kg 种子用 2.5%咯菌腈悬浮种衣剂 15~20 g 包衣。

（2）防治霜霉病：每 100 kg 种子用 35%精甲霜灵种子处理乳剂 35～105 g 拌种，晾干后播种。

（3）种子肥育：用 0.02%～0.05%硼砂溶液浸泡 4～6 小时，晾干后播种。

（4）耐盐锻炼：取盐分较重的盐碱土 1 kg，加 5 L 水搅拌至盐分溶解，取澄清液浸种 12 小时后捞出，用清水漂洗干净放在 3～5℃条件下待 5～7 天后播种。

（五）播种

1. 把握好最佳播期

因为播种期对花期发病起决定性影响，而花期病害将严重降低产量和品质，甚至绝产，所以必须调整好播种期，使容易感病的花期提前或错后于适宜发病的高温高湿雨季。

春播要狠抓适时早播。播种适期为 5 cm 地温连续 4～5 天稳定在 8～10℃。食葵和油葵的播种适期分别为 4 月 25 日—5 月 5 日、5 月 15—25 日。

在盐碱地种植向日葵的关键是播种保苗。适宜的播种期应在 5 cm 地温连续 4～5 天稳定在 8～10℃的前提下，选在土壤含水量较多、含盐量较少的有利时机抢墒早播。早春土壤返浆，表层土壤含水量较多，早播有利于种子吸水萌发，出苗率高。此期一旦错过，土壤将进入返盐期，盐分急剧向土壤表层积聚，无法播种。但如果当地盐碱地低洼下湿，水分充足，可在播种前翻地压碱（翻深 15 cm 左右），在返碱末期播种。

盐碱、旱地可在化冻初期（4 月初）抢墒顶凌播种。向日葵种子耐低温，早播也不存在粉种问题。

2. 确定合理密度

合理密植的原则如下：

（1）品种与密度。食葵宜稀，油葵宜密；高秆、大叶、长叶柄品种宜稀，反之宜密；早熟品种宜密，晚熟品种宜稀。

（2）水、肥与密度。土壤肥力高、施肥量大、雨量充沛或水浇地宜密，反之宜稀。盐碱地适当稀植。

（3）食葵。常规品种为 3 万～3.75 万株/公顷；杂交种由于植株矮，为 4.5 万～5.25 万株/公顷。

（4）油葵。根据株高不同，为 4.5 万～6 万株/公顷。

向日葵密度越小，花盘越大，空秕粒越多；合理密植，花盘大小适中（盘径 20～25 cm），丰产性好，籽实饱满，皮壳率低，空秕盘心小，含油率高。利用矮秆紧凑品种，增施肥料，高度密植是向日葵生产发展的方向。

3. 底肥数量

向日葵需肥量较大，需钾量尤多。每生产 100 kg 食葵籽实，需吸收 N 6.22 kg、P_2O 51.33 kg、K_2O 14.6 kg；每生产 100 kg 油葵籽实，需吸收 N 7.44 kg、P_2O 51.86 kg、

K_2O 16.6 kg；增施磷肥可提高含油率；向日葵需要较多的硼肥，需锰也较多，对缺钼敏感。碱性土壤容易缺硼、锌和铁（一般以出现5%畸形头状花序为缺硼的标志）。底肥施用量：每公顷施磷酸二铵150～300 kg、氯化钾（或硫酸钾）225～375 kg、硫酸锌15～22.5 kg、硼砂7.5～10 kg、硫酸锰15～22.5 kg。

4. 播种技术

单粒精播采用气吸式精量播种机。因向日葵成熟时90%以上花盘朝向东方或略偏东南方向，所以采用东西垄向方便机械收割。行距60～80 cm，足墒播种。向日葵幼苗顶土能力较强，正常播深3～5 cm，不要播得过浅，否则幼苗"带帽"出土。底墒不足或砂质土应加深至5～7 cm，黏土和盐碱地播深3.3 cm。播后镇压。

盐碱地盐分多积于表层，可耢掉表层土再播种；碱往高处爬，沟下种可以躲碱。穴播后先覆土2 cm，其上再压2 cm细沙，可有效减少盐分上升。盐碱地出苗难，死苗多，应增加20%～50%的播种量。

向日葵播种出苗和幼苗阶段最不耐盐碱，因此盐碱地必须狠抓播种出苗这个关键，并采取保苗技术，只要能抓住出苗并保住苗，以后盐碱对植株生长发育的影响就不是太大的问题。

5. 化学除草

播后苗前每公顷用64%扑丙滴丁酯乳油3 L，或960 g/L精异丙甲草胺乳油1 440～1 872 g，兑水750 L喷施。

（六）田间管理

1. 出苗—现蕾期

（1）查田补苗。春播从播种到出苗需12～16天。向日葵出苗后对倒春寒的忍受力很强，能经受住几小时－4℃的冻害，霜冻过后能很快恢复生长，即使气温短时降至－6℃，也不致破坏生长点。子叶期幼苗比真叶期幼苗更耐冻。缺苗地块补栽比补种好，以1对真叶期进行最好，移栽成活率可达90%以上。如果补种，先用温水浸种3～4小时后捞出，在15～20℃的条件下放置一昼夜，待部分种子露白，大部分都萌动时即可补种。

（2）早间苗、早定苗。1对真叶期间苗，每穴留2株，同时以幼茎颜色区分间掉杂株。2对真叶期定苗，缺苗处在邻穴（行）留2株。盐碱及虫、鼠、鸟害严重的，可推迟至3叶期定苗。

（3）中耕。一般中耕3次，间苗前后进行第一次，浅趟10 cm，不培土；第二次在定苗1周后进行，少量培土；封垄前（株高60 cm左右）结合追肥、浇水进行第三次中耕，此次要大培土，把土壅到茎基部，防止后期倒伏。如果进行行间深松，应在5叶前进行，松深一般30 cm以上。苗期小雨过后，盐碱土表层盐分随水下渗到侧根层，最易碱蚀幼根，发生大面积死苗，因此，苗期小雨后要及时铲地松土。

（4）蹲苗。出苗至现蕾是向日葵一生中最抗旱阶段，要控水蹲苗。但盐碱地要在2对真叶前灌水洗盐，灌水量要大些，把表层的盐分压到根层以下。向日葵苗期对水涝甚至被水浸泡具有较强的忍耐力，但不同品种间差异较大，油葵的耐涝力明显强于食葵。

（5）追肥。油葵在现蕾（花蕾直径 1 cm）前几日追肥，食葵在 8 叶期追施。每公顷追施尿素 225 kg、氯化钾 150 kg。肥料须施在距茎基部 10 cm 处。

（6）喷施叶面肥。在出苗—现蕾期分别喷施 0.2%～0.5%硫酸锌溶液或 0.1%～0.2%硼砂溶液 2～3 次。

2. 现蕾—开花结束

此期植株生长最旺盛，株高增长极快，是向日葵一生的黄金期，是决定结实率和产量的关键时期。

（1）打杈。现蕾后 10 天打第一次，以后每隔 10 天进行 1 次，需进行 2～3 次。杂交种无分枝，食葵分枝多于油葵。

（2）人工辅助授粉。向日葵单株花期为 8～12 天，田间群体花期可延续 14～17 天。向日葵是典型的虫媒异株异花授粉作物，风媒传粉极其有限，自花授粉率仅有 0.36%～1.43%，主要依赖昆虫（主要是蜜蜂）传粉，1 个花盘上有 1 只蜜蜂即可得到满意的产量。检查蜜蜂密度时，大约一半花盘上有蜂为好。田间 70%以上植株始花 2～3 天时进行第一次授粉，每隔 3 天进行 1 次，共进行 2～3 次。授粉时间为上午 9—12 时、下午 3—6 时，以上午为佳。大面积规模化生产，人工授粉不现实，必须饲养蜜蜂，依靠田间放蜂，可分 2～3 批错期播种，以延长花期。

（3）喷施叶面肥。向日葵开花时，植株下部叶片已经开始变黄和脱落，因此，生育后期需喷施叶面肥防衰、保叶。一般在花期—灌浆期喷施 0.2%～0.3%磷酸二氢钾溶液、0.5%～1%尿素溶液。

（4）灌溉。向日葵需水量较大、对水分较敏感。需水量仅低于水稻和大豆，分别是玉米、小麦的 2 倍和 1.5 倍。从现蕾到开花结束需水量最多，占总需水量的 60%以上，为向日葵的需水临界期，但此时正处于七八月份，恰好与雨季相吻合。在正常情况下，现蕾后浇第一遍水，开花期、灌浆期再浇 2 次关键水。现蕾前 7～8 片叶期遇旱应及时浇水。浇水指标：叶片中午萎蔫，傍晚尚能恢复时及时灌溉。盐碱地通常采用大水灌溉，但必须有灌有排，把多余的盐碱水排出地外。

3. 开花终期—成熟

此期以晴朗、日照充足的天气为好，较大的昼夜温差有利于油分形成。此期虽然时间较长，但需水量仅占总需水量的 20%左右。必须强调的是，此期尽管需水量不大，却对子实产量和含油率有极大的影响。籽实灌浆期，植株头部越来越重，为防倒伏，尽量少浇或不浇，浇水要浅浇。向日葵灌浆结实期能抵御秋天的早霜侵袭。

（七）适时收获

向日葵授粉后 30～40 天成熟。适宜收获的形态标志：花盘背面变成黄色，花盘边缘微绿，舌状花凋萎或脱落，苞叶黄褐，花盘发软，茎秆变黄，上部仅存的几片叶片黄绿，种皮呈现品种固有色泽、坚硬，种仁水分显著变少。联合收割机收获，须待 70%～80%花盘变成黄褐色时进行，收获过晚容易落粒损失。

食葵的安全含水量是 10%～12%，即手按较易破裂的程度，油葵为 7%。

二、油葵高产栽培技术

（一）育苗技术

1. 选地整地

可以选择土地平整、肥力中等、灌排水方便、土壤黏性相对较小的地块进行育苗。这里要注意的是，油葵切忌连作或隔间种植，同一块地至少要间隔 3 年以上，连作会导致病虫害发生及土壤营养失衡，减产严重。一般前茬为小麦、玉米、瓜类等农家作物较理想。

选择好土地后先准备好播种床。深翻整地有利于主侧根生长，减少地下害虫危害，翻耕深 20～30 cm。

2. 施底肥覆膜

选用葵花专用肥作为底肥，把肥料倒入覆膜机中，准备开始施底肥和覆膜。覆膜时，一个人进行覆膜机的操作，另一人将薄膜的一端用土压实。这时，放下覆膜操作转轮，在机器的前进过程中，肥料撒入薄膜下面的泥土，葵花专用肥每亩的施用量为 20～25 kg。需要注意的是，施肥时种子与肥料要分开，避免烧种。如没有条件使用覆膜机，可以在整完地后直接撒施底肥，只要覆好土就可以了。

一般种植油葵，我们可以采用大小行的种植方式。大行的规格在 80 cm 左右，小行的规格在 40 cm 左右，深度为 3～4 cm。在播种时，要在覆膜的两边缘进行播种。这样做有利于成熟后的油葵植株之间的透风、光照，防止病虫害的蔓延。

3. 选种

一般可以从市场购买进口的油葵种子，选择优质、高产、抗逆性强的品种，如 G101、S33、奥册 4 号、KWS303 等。筛选下来的种子，要求整齐饱满，形状、大小、色泽一致。将购买回来的种子进行数量和品种的登记，然后就可以准备对种子进行处理了。

4. 播种前准备

播种前 4～5 天，可以选用 50％的多菌灵可湿性粉剂 500 倍液，按种子重量的 0.3％～0.5％进行称量。然后，准备好一盆清水，将称量好的多菌灵可湿性粉剂和油葵种子倒入水中进行搅拌，浸种 6 小时左右，可以有效地防治葵花菌核病。浸种后将它们取出，晾晒 2～3 天。此外，还可以用 40％辛硫磷乳剂 100 mL，兑水 300 mL 稀释，对晒干的种子再进行拌种，这样做可以预防地下害虫。有了这两次对种子的处理，也就相当于上了“双保险”了。将它们晾晒 2～3 天，以提高种子发芽率。种子处理好后，我们就可以播种了。

5. 播种

播种时间，4 月上旬到 5 月下旬最为适宜，春播播种期的选择以花期避开高温期为原则，夏播则以早为宜，盐碱地种植向日葵，其播期应安排在返盐之前。因为种子的售价成本比较高，一般都采用人工精量点播的方法。先将播种器前端的尖嘴插入土中，在播种器的入口放入 1～2 粒种子，再拉动一下把手，种子便自己掉入洞中了。注意将株距控制在 27 cm 左右，因为油葵相比起食用葵，葵盘更小一些，栽植的株距适当地缩小，增大油葵密度，可以增加每亩油葵的产量。一般每亩种植油葵不超过 4 500 株，遵循"肥地宜稀，瘦地宜密"的原则，适当控制密度。

6. 覆土保墒

播种完后，在种子上面培一些土，将土覆盖住播好种的小坑，并用脚踩实土壤，给种子创造出温暖舒适的环境。

（二）田间管理

1. 幼苗期的管理

从油葵出苗到现蕾，称为幼苗期。一般春播的情况下幼苗期需要 35～50 天，夏播需要 28～35 天。这个时期是叶片、地下部根系形成的阶段。

当播种 4～5 天，地温达到 8～10℃以上、土壤含盐量在 0.4%左右时，就能满足种子发芽出苗的需要。出苗的小油葵只有 1～2 对真叶，这个时期不需要对它们进行任何的管理。

等到了 6 月上旬，经过一个月的时间，葵花地里的薄膜差不多降解，几乎看不到了。这时幼苗高已经达到 8～10 cm 了，茎干粗度为 0.5～1 cm。这时油葵苗也增加到了 7～8 片叶。

（1）施肥。

此时，幼苗根部的肥料已经吸收得差不多了，要对它们再次进行施肥。油葵幼苗喜欢氮、磷、钾含量较高的肥料。每亩撒施复合肥 25～30 kg，补充油葵幼苗对养分的需求。撒施在每株苗的根部附近就可以了，施用量要严格遵循国家指定标准，防止"多施滥施"，以免造成环境污染、烧死幼苗的现象。

（2）培土锄草。

施完肥后，还要进行适时培土，对幼苗周围的土进行深锄、细锄。操作时将肥料覆盖，深度在 3～4 cm，通过开沟培土，保证次生根生长发育，防止倒伏，减少子叶节以下基部分枝。同时，我们也要清理周边的杂草，给油葵提供良好的生活环境。

（3）灌水。

油葵在整个生育期总共浇 3 次水。第一次浇水在幼苗阶段。第二次浇水在现蕾期。第三次浇水在向日葵不同生育阶段对水分的要求差异很大。从播种到现蕾，比较抗旱，需水不多，仅为总需水量 1.9%。可以选在无风、阳光充足的晴朗天气，使用沟灌的方法，在葵花地的一角，挖一条蓄水沟，将水引入葵花地，浇水时遵循"浅浇快浇"的原则，要注意水灌入量不可过多，防止倒伏。等到油葵幼苗"吃饱喝足"就可以了，这样一次的灌水可以补充整个幼苗期间油葵对水分的需求。如果有条件的话，还可以利用滴灌浇水。滴灌的使用可以有效控制水量，避免低洼积水现象。

2. 现蕾期的管理

又过了一些日子，时间已经到了 6 月下旬了，经过将近一个月的生长，油葵的高度已经达到 35～50 cm，茎干粗度增加到了 1.5～2 cm。这个时候，向日葵顶部出现直径 1 cm的星状体，俗称现蕾。从现蕾到开花，一般约需 20 天，这是营养生长和生殖生长并进时期，也是一生中最旺盛的阶段。

此外还长出了青绿色的花苞，正式进入了现蕾期，也就是油葵花盘的形成阶段。我们在这个阶段的管理工作，同样为施肥、培土锄草、灌水和打杈等。

（1）施肥。

现蕾期的油葵需肥、水最多，占总需肥水量的 40%～50%。此期如果不能及时满足油葵对水肥的需要，将会严重影响产量。我们要注意的是，对于肥料的用量可以增加一些，以供油葵现蕾对养分的大量需求，每亩追施复合肥 30～40 kg。

（2）培土锄草。

同时，因为油葵苗苗高和茎干粗度的增加，要结合深锄培土 10 cm 左右。培土时还要进行锄草，有条件的种植户还可使用 50%的草甘膦可溶性粉剂，每亩用量 150～300 g。喷雾时应防止药液接触油葵作物，以免产生药害。

（3）灌水。

从现蕾到开花，是需水高峰期，需水量约占总需水量的 43%。此期缺水，对产量影响很大。此阶段恰逢雨量较多，基本上能满足向日葵生长发育对水分的需要。如过于干旱，需灌水补充。灌水时，同样量不可过多，使用沟灌即可。

（4）打杈。

现蕾期除了以上的日常工作外最重要的就是打杈。当现蕾后就意味着油葵开始进入生育期，需要将分枝下面多余的花苞一并摘除，每个植株只留一个花苞，以保证葵花的正常生长，防止油葵长大后出现一株多个花盘的现象，抢夺主要花盘上果实需要的养分。打杈遵循的原则是“只打杈不打叶”。打杈时手要轻拿轻放，不要伤害主干的茎叶。叶子是进行光合作用，为花盘提供养分的，一般不要打叶，防止减产。

3. 开花期的管理

油葵的开花期在 7 月中旬。当田间有 75%油葵的舌状花开放的时候，就进入开花期。一个花盘从舌状花开放至管状花开放完毕，一般需要 6～9 天。从第二天至第五天是该花序的盛花期。盛花期开花数约占开花数量的 75%。

选择正确的开花周期跟人工授粉有很大的关系，一般盛花期和刚刚进入花末期的花盘最适合进行人工授粉。进入花末期的油葵，基本上完成了授粉。

开花期的田间管理跟前面提到的幼苗期、现蕾期管理方法大致相同，在这里就不重复介绍了。值得一提的是葵花在开花期的人工辅助授粉。因为向日葵是异花授粉，也就是说，在人工授粉时我们要用不同植株之间的花进行授粉。可以在油葵种植地附近养殖蜜蜂，利用蜜蜂进行自然授粉。蜂箱设置的数量以每亩 4～5 箱蜂最好。同时，在蜂源不足的情况下，及时进行人工辅助授粉。

这里要注意的是，在开花盛期进行人工辅助授粉，每隔 3～5 天进行一次，共授粉 2～3次，时间尽量选择在上午的 9—11 时，下午 4—6 时最好。因为这时的花粉粒较多，活力比较旺盛。阴天和雨天时禁止人工授粉，这样可以降低葵花子的空壳率。

4. 灌浆期的管理

从开花到成熟要经历的时间，要根据播期来决定，春播要经历是25～55天，而夏播是25～40天。一般开花授粉后15天左右是油葵籽粒形成阶段。授完粉后，8月上旬进入灌浆期，老百姓俗称这是葵花“坐月子”的时期。这时期油葵植株的高度和花盘大小都不会变化了，而且籽粒形状已经基本形成。灌浆初期果实为乳白色、空壳，要特别注意鸟类及牲畜对油葵果实的偷吃，每天定期在葵花地中巡查，发现问题早解决。随着时间的推移，果实变黑、变硬。这个时期为了避免空壳率，还可视降雨、风力情况而定，遵循“水过地干”的原则，对“坐月子”时期的油葵进行浅浇快轮，适当地补充它的水分。同时补施尿素，每亩的施用量为20～25 kg。

（三）收获

当时间进入9月下旬，这时油葵的茎秆、花盘背面等许多部分都变成了黄色，大部分叶片枯黄脱落，花盘边缘的舌状花也全部脱落，籽实变硬，这时候油葵就算进入了成熟期。

收获葵花，老百姓形象地称之为“割头”。在收获的时候，用镰刀轻轻地将沉重的花盘割下，割取的部位选择在已经弯曲的花托部，注意成熟的葵花比较扎手，要小心割取。可以将割下的油葵花盘暂时储存在地里，等到积攒了一定量时，统一装车运输，运送到晒场进行翻晒和脱粒。

（四）加工

卸下的油葵花盘，堆放不能过厚，防止发霉。经过1～2天的晾晒后，晒干的花盘就可以进行脱粒了，我们可以选用脱粒清选机，一边将晒干的葵花放进入料口，启动脱粒清选机，葵花籽就自动进行了脱粒和筛选，选出优质的葵花籽。而剩下的废料，也就是脱完粒的花盘，还可以作为牲畜的适口饲料。

筛选好的葵花籽要在附近的晒场，再次进行晾晒，晾晒时每隔4～5小时要用耙子对它们进行一次翻动，这样可以保证里里外外的葵花籽都受到均匀充足的日晒。当葵花籽晾至含水量为13%时，就符合要求了。

三、食葵优质高产栽培技术

（一）土地选择

宜选择倒茬2年以上地块种植，病害较重的区域还应选择抗病性较好的品种，如LD7009，产量、收益会更有保证。

（二）施足底肥

一般亩施磷酸二铵20 kg，钾肥15 kg，也可亩施2 000～3 000 kg农家有机肥做底肥。

（三）播种

播种前进行拌种，根据实际情况选择杀虫剂、杀菌剂进行拌种，做土壤杀虫、杀菌处理。播种不宜过深，一般播深 3 cm 左右即可。

播种时间：5 cm 地温稳定超过 10℃时即可播种，根据不同区域气候条件，合理选择播种时间。播种时间过早、地温低，容易造成出苗不好；播种时间过晚，病虫害多，锈斑、虫眼加重，空壳增多，产量、品质都会受到影响。

（四）合理密植

根据品种不同选择合理种植密度，是充分发挥该品种高品质、高产量的关键。合理降低种植密度，既有利于提高品质（颗粒大），又有助于提高通风透光条件，减轻病虫害的发生，产量、收益有保证。

（五）田间管理

1. 浇水

浇水一定要及时，掌握好时间。一般在现蕾期浇头水，头水一定要浇足浇透；花期、灌浆期分别为 2 水、3 水，根据实际情况（土壤条件、降雨量等），水量不宜过大，浇到即可。

2. 追肥

可伴随浇水分批追施尿素 15 kg，现蕾期前后应喷施硼钾肥（欧士硼钾）2～3 次，病害严重地区还应结合杀菌剂（绿享 2 号）一起喷施。

（六）适时收获

合理掌握收获时间，及时收获。收获不宜过晚，过晚容易造成减产，并且皮色不好。建议采用插盘收获，不用上晾晒场，省工省钱，缩短收获时间。

第四节　葵花籽的营养价值

一、葵花籽的营养价值概述

葵花籽，即向日葵的果实，可供食用和油用。葵花籽富含不饱和脂肪酸、多种维生素和微量元素，加上其味道可口，因而成为一种十分受人们欢迎的零食和食用油源。葵花籽作为零食，是一种健康零食，富含营养。

每 100 g 葵花籽含热量 597 kkal，蛋白质 23.9 g，脂肪 49.9 g，碳水化合物 13 g，钙 72 mg，铁 5.7 mg，磷 238 mg，钾 562 mg，钠 5.5 mg，铜 2.51 mg，镁 264 mg，锌 6.03 mg，硒 1.21 μg，维生素 A 5 μg，维生素 B_1 0.36 mg，维生素 B_2 0.2 mg，维生素 E 34.53 mg，胡萝卜素 0.03 mg，叶酸 280 μg，烟酸 4.8 mg。

葵花籽中脂肪含量可达 50%左右，其中主要为不饱和脂肪，而且不含胆固醇；亚油酸含量可达 70%，有助于降低人体的血液胆固醇水平，有益于保护心血管健康。

丰富的铁、锌、钾、镁等微量元素使葵花籽具有预防贫血等疾病的作用。葵花籽是

维生素 B_1 和维生素 E 的良好来源。

据说每天吃一把葵花籽就能满足人体一天所需的维生素 E，对安定情绪、防止细胞衰老、预防成人疾病都有好处。此外，它还具有治疗失眠、增强记忆力的作用，对癌症、高血压和神经衰弱有一定的预防功效。

除富含不饱和脂肪酸外，葵花籽中还含有多种维生素、叶酸、铁、钾、锌等人体必需的营养成分。葵花籽当中有大量的食用纤维，每 7 g 的葵花籽当中就含有 1 g，比苹果的食用纤维含量比例高得多。

美国癌症研究所在有关实验当中已经证明，食用纤维可以降低结肠癌的发病率。葵花籽当中铁的含量是葡萄干和花生的 2 倍，因此也可以预防贫血的发生。美国生物学、医学的专家们对葵花籽的医疗作用进行了研究，证实葵花籽能治疗抑郁症、神经衰弱、失眠症及各种心因性疾病，还能增强人的记忆力。

葵花籽的蛋白质当中含有精氨酸。精氨酸是制造精液不可缺少的成分。因此，处在生育期的男人，每天食用一些葵花籽对身体是非常有好处的。

葵花子种仁的蛋白质含量为 30%，可与大豆、瘦肉、鸡蛋、牛奶相比；各类糖的含量为 12%；脂肪的含量优于动物脂肪和植物类油脂，因为它含有的不饱和脂肪酸，其中亚油酸占 55%；钾、钙、磷、铁、镁含量也十分丰富，尤其是钾的含量较高，每 100 g 含钾量达 920 mg；还含有维生素 A、维生素 B_1、维生素 B_2，每 15 g 就含维生素 E 31 mg；葵花子种仁含油率为 50%～55%，已成为仅次于大豆位居第二的油料作物。

二、葵花籽油的营养价值

葵花生长的环境自然纯净，不用施化肥，害虫不侵，不用施农药，无公害，是天然的绿色健康食品。葵花籽油富含人体必需的不饱和脂肪“亚油酸”，含量高达 58%～69%，在人体中起到清道夫的作用，能清除体内的“垃圾”；青少年、儿童经常食用，有助于生长发育，健脑益智；孕妇经常食用，有利于胎儿发育和增加母乳，并对“孕期糖尿病”的治疗起辅助作用；中老年人经常食用，有助于降低胆固醇、高血压、高血脂和有助于防治心脑血管疾病、糖尿病等“富贵症”。

通常 500 g 葵花籽油的营养价值相当于 2 000 g 普通色拉油。菜籽油含有 44%的芥酸，对人体不利，葵花籽油绝无芥酸。

精炼后的葵花籽油呈清亮好看的淡黄色或青黄色，其气味芬芳，滋味纯正。葵花籽油中脂肪酸的构成因气候条件的影响而不同，寒冷地区生产的葵花籽油含油酸 15%左右，亚油酸 70%左右；温暖地区生产的葵花籽油含油酸 65%左右，亚油酸 20%左右。葵花籽油的人体消化率 96.5%，它含有丰富的亚油酸，有显著降低胆固醇，防止血管硬化和预防冠心病的作用。另外，葵花籽油中生理活性最强的生育酚的含量比一般植物油高。而且亚油酸含量与维生素 E 含量的比例比较均衡，便于人体吸收利用。因此，葵花籽油是营养价值很高，有益于人体健康的优质食用油。

第五节　葵花籽的综合利用

一、葵花籽油加工技术

葵花籽也是高含油的油料作物，其油脂提取工艺有压榨工艺和预榨—浸出工艺两种。其中，压榨工艺用于生产机榨葵花籽油，而预榨—浸出工艺主要是生产浸出葵花籽油，以提高出油率。当然，许多中小油厂生产规模小，根据自身特点以采用压榨工艺为主。葵花籽油的压榨工艺及预榨—浸出工艺与菜籽油、花生油的加工工艺有许多相似之处，但是在精炼工艺中需要增加脱蜡工序，这是由于葵花籽蜡质含量较高的原因。无论是压榨工艺还是预榨—浸出工艺，都必须经过一定的精炼过程才能达到食用标准。

葵花籽压榨工艺流程：

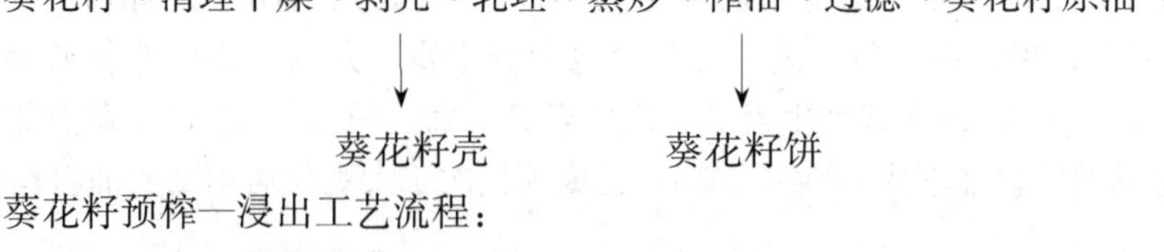

葵花籽预榨—浸出工艺流程：

葵花籽壳（↑剥壳）　　　　浸出毛油（↑蒸发汽提）

葵花籽→清理干燥→剥壳→破碎→轧坯→蒸炒→预榨→预榨饼→浸出→过滤→蒸发汽提

预榨毛油←过滤←预榨油（↓预榨）　　　　湿粕→脱溶→花生粕（↓浸出）

葵花籽油精炼工艺流程：

葵花籽毛油→过滤→水化（脱胶）→碱炼（脱酸）→脱色→脱臭→脱蜡→成品油

（一）葵花籽前处理工序

1. 清理干燥

加工厂收购的葵花籽常含有一定量的杂质，包括尘土、柴草、沙石、金属、麻绳等杂物。如不清理掉，不仅会影响正常生产，而且还会影响油脂和饼粕的质量。因此，在葵花籽油制取过程中，应该预先把这些杂质除去。杂质分离的方法很多，有风选分离法、筛选分离法、相对密度分离法和磁性分选法等。由于葵花籽油制取的原料需要剥壳，因此需要对个别含水量高的葵花籽进行干燥处理，使葵花籽脱水至适宜的水分，以便于葵花籽的仁、壳分离。经过清理后的葵花籽（带壳），其含杂质限量应小于1.0%；

清理的下脚料含葵花籽限量不大于 1.0%，检查筛金属丝直径 0.55 mm；圆孔筛直径 1.70 mm。

2. 剥壳

葵花籽在制油之前需要进行剥壳处理，其目的是减少果壳对油脂的吸附，提高制油设备的生产效率，有利于葵花仁轧坯，提高葵花籽毛油和饼粕的质量。葵花籽的剥壳主要采用剥壳和壳仁分离相连进行，才能体现剥壳效果。在葵花籽剥壳过程中，应尽量避免将葵花仁破碎，力求保持仁粒完整。葵花籽剥壳后，要求剥壳率为 90%以上，仁中含壳率用 3.94 目/平方厘米筛检验为 10%以下，壳中含仁率不超过 1.0%。当采用榨油机压榨葵花籽仁时，葵花仁中有适量的壳存在有利于形成挤压力和油路通畅。

3. 轧坯

轧坯是将葵花仁压制成薄片状的过程，目的是破坏葵花仁的细胞组织结构，缩短葵花仁的油路，不仅为蒸炒创造有利的条件，而且有利于压榨或浸出效果。在制油生产中，一般将轧坯后得到的薄片称为生坯，生坯经蒸炒处理后称为熟坯，熟坯有利于提高出油率。轧坯应薄而均匀，粉末少，不漏油，手捏发软。一般葵花仁轧坯厚度不要超过 0.5 mm。

4. 蒸炒

葵花仁坯蒸炒分为蒸坯和炒坯两个过程，使其发生一定的物理化学变化，并使其内部的结构改变，即由生坯转变成熟坯的过程。蒸炒效果的好坏，对整个制油生产过程、出油率的高低以及油品和饼粕质量都有直接关系。葵花仁坯蒸炒是根据以水定汽和高水分蒸炒的原则，根据经验葵花仁坯的蒸坯水分一般为 8%～10%，蒸坯温度为 95～100℃。如果采用立式蒸炒锅，蒸炒后的出料水分为 6%～7%，出料温度为 110℃。关于蒸炒时间，一般控制在 1 小时左右为宜。

（二）提油工序

1. 压榨和预榨

压榨工艺比较简单，是我国传统的葵花籽油的加工方法。采用该工艺，主要是用于生产机榨葵花籽油。其原理与其他油料作物的压榨工艺大同小异，只是不同物料的压榨工艺参数有所不同而已。也就是说，葵花籽的压榨过程，就是通过机械压力使葵花仁坯中的细胞壁破裂，从而使油脂释放出来。而预榨则是为预榨—浸出工艺而配置的生产工序，采用该工艺主要是为了对高出油率进行的有效设置。对葵花仁坯的预榨和压榨相比，主要是压榨的时间缩短，只需要预先压榨出一部分油脂即可，葵花仁坯中的剩余油脂则通过浸出过程来提取。预榨和压榨所采用的设备，其工作原理和结构大致相同，只是其工作参数有所差别。

2. 浸出

对葵花仁坯的油脂浸出问题，主要是继续使用其预榨后的饼粕进一步提取剩余的油脂。其浸出原理与其他油料的浸出比较类似，即通过溶剂溶解或萃取的方法将葵花籽饼粕中的油脂提取出来，其不同之处只是相关工艺参数有所不同。葵花籽饼粕浸出过程完成以后，经固—液分离所得的液体为葵花籽混合油，绝大部分溶剂都在混合油中。因此，必须采取措施把混合油中溶剂分离出去。其分离过程有3个：首先采用介质过滤或离心分离的方法，将混合油中的残余固形物分离出去，以利于后续的工作质量；其次是采用加热蒸发的方法，使混合油中的溶剂气化从而把大部分溶剂去掉；最后是采用汽提的方法，通过水蒸气对残留的溶剂进行蒸馏，使其中残余的溶剂进一步除去。此时所得到的油脂为葵花籽原油（毛油）。蒸发和汽提获取的溶剂，可通过冷凝进行回收和循环利用。而浸出工序所排出的葵花籽饼粕因含有一定的溶剂，则可通过蒸烘措施将其除去。

（三）葵花籽油精炼工序

1. 过滤

葵花籽毛油中有部分固态悬浮物质及部分胶溶性物质等杂质，会影响葵花籽油的产品质量，在精炼过程中应该首先将其除去。一般采用过滤介质或离心分离的方式将这些杂质去掉。如果将这些杂质进行一定的凝聚再进行过滤，其分离效果则更佳。

2. 水化

葵花籽毛油中含有水溶性杂质，这些水溶性杂质以磷脂为主。水化时，使用一定量的热水或稀碱等溶液加入毛油中，随着水化过程中磷脂吸水量的增加而膨胀，并且相互凝结成胶体。由于该胶体的相对密度比油脂大得多，所以毛油中水溶性杂质凝聚沉淀而与油脂进行分离。

3. 碱炼

葵花籽毛油中含有游离脂肪酸，属于酸性物质。根据酸碱中和原理，一般采用碱溶液使其和游离脂肪酸结合成盐类（皂脚），由于皂脚不溶于中性油脂，因此静止后皂脚即能从葵花籽油中分离出来，从而降低了葵花籽毛油的酸度。此外，所生成的皂脚具有很强的吸附能力和吸收作用，它能把一些其他杂质带入沉淀，部分不溶性的杂质也被吸附而沉淀。

4. 脱色

葵花籽毛油中含有某些色素，其颜色较深影响油品的色泽质量。脱色的方法一般采用吸附脱色法，即使用酸性活性白土、漂白土和活性炭等具有选择性吸附作用的物质加入油脂中，利用吸附剂固体的表面张力作用，吸附油脂内的色素及其他不纯物质，使油脂中的色素吸附在吸附剂上，以达到油脂脱色的目的。

5. 脱臭

葵花籽毛油中含有的各种异味统称臭味，会影响油品质量。脱臭的方法是在毛油中通入水蒸气，利用油脂不挥发而臭味易挥发的原理，从而可使臭味从毛油中蒸馏出来。由于脱臭过程是蒸馏的过程，因此对工作温度的要求较高，同时也需要采用较高的真空度，其目的是增加臭味物质的挥发性。应该指出的是，在脱臭之前必须先进行水化、碱炼和脱色过程，这是良好的脱臭条件，有利于油脂中残留溶剂及其他气味的除去。

6. 脱蜡

葵花籽毛油中含有一定的蜡质，在温度较高时，蜡分子以分散状态溶解于油脂中。因其熔点较高，当温度逐渐降低时，蜡质会从油相中结晶分离出来，使其呈不透明状态而影响油品的外观。当蜡质随油脂进入人体后，也不能为人体所消化吸收，因此有必要将其除去。脱蜡一般采用冷却结晶的方法，就是将脱臭油先送入冷凝结晶罐内进行冷却结晶，然后将冷却好的油放入过滤设备进行分离，从而实现脱蜡目的。

二、葵花籽饮料加工技术

日本食品研究者经过广泛深入的研究发现，当将葵花籽加工为乳品时，可以成为上乘乳品饮料，这是因为它没有豆乳的草腥味；相反，它的亚油酸以及生理活性很高的α－生育酚含量都很高，而且α－生育酚与亚油酸的含量比也很高，足以抑制高血脂。

通常情况下，在葵花籽乳中添加酸性饮料或有机酸会降低该乳品的pH值，引起葵花籽乳中的蛋白质凝聚，在蛋白质的等电点附近，蛋白质聚沉十分明显，以至于失去作为食品和饮料的价值。与此相反，经乳酸发酵的葵花籽乳制得的酸奶，用作食品和饮料无论在风味还是稳定性方面均为上乘的，即使与酸性饮料或有机酸混合也不会引起沉淀。

（一）葵花籽乳酸发酵饮料

在葵花籽乳中接种乳酸菌进行乳酸发酵，制得乳酸发酵葵花乳，可以根据需要添加酸性饮料或有机酸，必要时可添加稳定剂或增稠剂，还可以加入果肉等，均视风味要求而定。

制饮料时，最好控制适当的黏度（流动性），便于饮用，有时需加水稀释。在乳酸发酵所得的凝乳与酸性饮料或有机酸混合后，必要时加入增稠稳定剂，此混合物应当用高压均质机进行均质处理，然后进行灭菌处理，这样就可得到有特殊香气的、风味及稳定性上乘的酸奶或酸奶型饮料。

生产葵花籽乳可用葵花籽或添加其他油料籽实，也可添加奶蛋白。一般是将这些原料加水磨浆，然后在65℃至沸点间，边搅拌边调至pH＝6.5～7.5，经一段时间的热处理后降温，再次磨浆。

根据风味设计的要求在葵花籽中可以掺入一定量的大豆、花生、松子、可可豆等油料中的一种或几种，不作特别限制，只要求葵花籽的质量比不得低于20％，以便突出葵花籽的芳香。

葵花籽乳与其他油料的混合方式，可以先混合籽实后磨浆，也可以单个油料磨浆后再按比例混合。在该植物乳中添加奶蛋白，一般不超过15％（以植物乳为基准）。

植物葵花籽乳中添加奶蛋白不仅可以防止发酵时各组分沉淀，使发酵物均匀、组织细腻，而且可以增加产品的蛋白质含量。

“奶蛋白”是指含有奶蛋白的物质，包括奶蛋白制品，根据风味可以使用牛奶、山羊奶等，其中以牛奶最好，来源丰富、性质稳定。发酵用的乳酸菌并无特殊限制，任何常用的乳酸菌均可用。然而，建议最好下列一种或几种联用：嗜酸杆菌、嗜热链球菌、保加利亚杆菌、乳酸链球菌。

发酵方法按常规方法，最佳发酵条件为：35～50℃，3～20小时，而最好为50℃，4～16小时，发酵后熟化过程不高于10℃。

在发酵中，添加各种糖、蜂蜜、脱脂奶粉等可以促进发酵，但并不总是必要的。

根据风味设计要求，可以加入各种果汁、咖啡等作为酸性饮料。可用的果汁有橘汁、柠檬汁、葡萄汁、凤梨汁、草莓汁等，可以单用或几种联用。所用果汁和咖啡的形式也无特殊限制，最好用鲜果汁或粉末果汁等。

至于酸性饮料加入量并无特殊要求，如果要突出葵花籽乳的香气时，则加果汁量为5%～20%；要突出果汁味时，果汁量为60%～80%。所加的有机酸，对品种和比例均无特殊要求，一般按风味要求可酌量加入柠檬酸、苹果酸、乳酸等。

所用的增稠剂为果胶、琼脂、鹿角菜胶、明胶等，可以加一种或几种联用，数量视要求而定，饮料和酸奶的要求不同。如做饮料时只加果胶0.1%～1%，而做酸奶食品要高于1%。通过添加增稠剂，可使饮料有良好的稳定性，使酸奶有较高的胶凝强度和较好的持水性，可得到半固体酸奶食品。按上述方法制成的乳酸发酵葵花籽乳或其他酸奶食品和饮料是具有特殊芳香、优良风味和稳定性（保型性）的美味食品。然而，根据一定的风味要求还可以加入香精、着色剂、甜味剂等常用的食品添加剂。

（二）向日葵乳饮料

向日葵乳饮料以向日葵籽为原料，经乳酸菌发酵，再加入配料制成。也可与其他籽油植物种子一起加工而成，但向日葵籽的用量不得少于20%。

向日葵乳饮料加工工艺流程：

原料浸泡→微细化处理→灭菌、均质→接种、发酵→调配、均质、灭菌→成品

（1）原料浸泡。脱皮的向日葵籽60 g，加300 mL沸水浸泡5分钟，令其吸收水分，然后沥去多余的水。

（2）微细化处理。将吸水后的向日葵籽加到含有0.2%抗坏血酸钠和0.4%钠酪蛋白的540 g水中，用湿式微粒化机处理两次后，将制成的乳浊液用$NaHCO_3$调节pH值到7，在80℃温度下搅拌10分钟。

（3）灭菌、均质。用湿式微粒化机和高压均化器进行微细化处理，再用离心机除去不溶性固形物，加热灭菌后进行均质化处理，即制得向日葵乳。

（4）接种、发酵。取向日葵乳500 g，加5 g蜂蜜，接种保加利亚乳杆菌和嗜热链球菌的混合种子液，在45℃温度发酵6小时，即制成乳酸发酵凝乳。

（5）调配、均质、灭菌。将乳酸发酵向日葵乳，取350 g在搅拌条件下，加到含有10 g果胶、100 g砂糖、25 g蜂蜜的10℃的1 070 g水中，再用高压均化器进行均质化处理，灭菌后即为向日葵乳饮料。

无豆乳的豆臭味，不仅富含亚油酸，而且生理活性高的仅生育酚含量也多。另外，亚油酸与生育酚含量比很高，这对预防过氧化脂效果较好，因此实为一种保健饮料。除此之外，其嗜好性和稳定性以及营养成分等都比较理想。

三、葵花籽食品加工技术

（一）五香瓜子

原料配方是瓜子 100 kg，桂皮 125 g，小茴香 65 g，牛肉精粉 100 g，八角 250 g，食盐 5 kg，花椒 32 g，植物油 1.25 kg。

五香瓜子加工工艺流程：

瓜子→石灰液浸泡→漂洗→加香煮制→拌香料→烘烤→磨光、拌油、摊晾→包装→成品

（1）瓜子筛土，去除杂质、剔去劣质和不能加工的瓜子，备用。用水充分搅拌溶解石灰。待多余的石灰沉淀后，取澄清的石灰液入储槽中，再将筛选过的瓜子倒入石灰液中浸泡 24 小时。经浸泡的瓜子捞出盛入粗铁筛内，用饮用水冲洗干净，并除去杂质和劣质的瓜子。

（2）取生姜、小茴香、八角、花椒、桂皮，装入二层纱布袋内，纱袋要宽松，给辛香料吸水膨胀时留空隙。辛香料需要封装若干袋，备用。

（3）将浸泡清洗过的瓜子倒入夹层锅内，再倒入相当于瓜子 4 倍的水量，煮沸 1 小时捞出。

（4）锅中加入 150 L 水，加入 10%水量的食盐，并加入辛香料、牛肉精粉，倒入煮后的瓜子，再加热煮沸 2 小时。需要经常补充水至原体积。然后捞出沥干水。

（5）把 5 kg 食盐和 2 kg 白糖拌入刚煮出的瓜子中，搅拌均匀。取洁净的竹算，上面铺塑料编织网，将瓜子均匀地撒在上面，每算上放瓜子约 1 kg，将装有瓜子的竹算送入烘房。烘房的温度一般在 70～80℃，烘烤约 4 小时。烘烤过程中，应经常启动排气机排潮，间隔 30 分钟排 1 次，每次 1～2 分钟；同时经常翻动瓜子，以利于烘干。

（6）将冷却后的瓜子倒入磨光机内，上料量约占磨光机容量的 2/3，打磨 30 分钟后，添加瓜子质量 2%～3%的食用色拉油，然后继续打磨 100 分钟，至瓜子光亮、平滑、美观，没有白边（不含有盐分）即可。如果瓜子表面有部分灰边，则说明色拉油欠缺，应再加入少量色拉油继续打磨至满足质量要求；若色拉油添加过量，瓜子经过打磨后表面发污，没有光泽，则应再加入少量待磨瓜子继续打磨，直至达到产品光洁度后即可。色拉油中可添加适量抗氧化剂 BHT（2，6－二叔丁基－4－甲基苯酚）或 BHA（丁基羟基茴香脑）。然后送入保温库均匀摊开。晾至表面略干，即可进行包装。瓜子表面允许食盐反渗出的白色存在。值得注意的是，现在市场上有些大板瓜子虽然外观很光亮，但不是打磨所致，而是有些不法商人添加工业石蜡等化工原料伪造而成的。两者之间鉴别的方法是，打磨的瓜子手感光滑、干爽、不黏手，添加工业石蜡的瓜子手感腻、涩、发黏。

（二）多味葵花籽

原料配方是葵花籽 100 kg，花椒 200 g，食盐 10 kg，桂皮 1 kg，八角 1 kg，甜蜜素 50 g，小茴香 1 kg，奶油香精 50 mL，胡椒粉 50 g，水 150 L，姜粉 30 g。

多味葵花籽加工工艺流程：

选择原料→煮瓜子→磨光→干制瓜子→炒瓜子→成品

调味液　奶油香精

（1）调味液制备。将八角、桂皮、小茴香、花椒、胡椒粉、姜粉等配料用纱布袋装好，放入沸水中煮沸 30 分钟。将调味料捞出即为调味液。

（2）煮瓜子。把瓜子、食盐、甜蜜素与调味液一同大火煮沸，然后改用文火连续煮 1～2 小时，每隔 10～15 分钟翻动一次，1 小时后开始频繁翻动，使所有葵花籽成熟一致，入味均匀，直至锅内水分基本炒干。

（3）磨光、干制瓜子。将瓜子起锅，趁热装入麻布口袋（一次不宜装太多），进行搓揉，尽量使每粒葵花籽都摩擦掉黑皮，然后再洒上奶油香精，倒进热锅炒干或烘烤干，也可以在烈日下暴晒至干脆易嗑。

（4）炒瓜子。将已经磨光与干制的瓜子筛选分级，再用文火炒制，使白皮稍呈黄色为好。这样制出的多味葵花籽，食而不燥，甘甜生津。

（三）奶油瓜子

原料配方是瓜子 100 kg，食盐 10 kg，香兰素 50 kg，奶油香精 0.1 kg，甜蜜素 500 g，炒制用白砂 150 kg（左右）。

奶油瓜子加工工艺流程：

选择原料→炒瓜子→浸泡瓜子→复炒瓜子→成品

增香剂

（1）选择原料。选取无霉烂变质、无虫咬、大小较均匀、干净的瓜子。

（2）炒瓜子。在滚筒炒锅内放入白砂，炒热后投入瓜子，启动鼓风机催火炒 10 分钟，待瓜子烫手时出锅，筛去砂子。

（3）浸泡瓜子。在铁锅中加入 30 kg 水和 10 kg 食盐，加热至起盐霜，然后溶入甜蜜素，冷后待用。将炒过的瓜子趁热倒入盐水中，令其及时吸收盐水，使咸味能渗透到瓜子里，然后捞起沥干。注意盐水要浸透瓜子，否则成品色味不佳。泡好的盐水使用几次后浓度降低，需添加盐和甜蜜素。

（4）复炒瓜子。调味后的瓜子要复炒，要用文火，火力要均匀，使瓜子水分逐步蒸发，咸甜味逐渐被瓜子肉吸收。约炒 50 分钟，待瓜子表面有白霜，倒入用少量水溶化的香兰素及香精，翻炒均匀，即可出锅。

参考文献

[1] 董海洲，李新华. 粮油加工学 [M]. 北京：中国农业大学出版社，2009.
[2] 何东平. 芝麻栽培与制油技术 [M]. 北京：化学工业出版社，2011.
[3] 李丹，李晓磊. 大豆加工与利用新技术 [M]. 吉林：吉林大学出版社，2007.
[4] 刘玉兰. 植物油脂生产与综合利用 [M]. 北京：中国轻工业出版社，2000.
[5] 刘玉兰. 油脂制取与加工工艺学 [M]. 北京：科学出版社，2009.
[6] 陆启玉. 粮油食品加工工艺学 [M]. 北京：中国轻工业出版社，2005.
[7] 卢晓黎. 玉米营养与加工技术 [M]. 北京：化学工业出版社，2015.
[8] 彭阳生. 植物油脂加工实用技术 [M]. 北京：金盾出版社，2003.
[9] 染少华. 植物油料资源综合利用 [M]. 南京：东南大学出版社，2009.
[10] 王国扣，王海. 油料产地加工与贮藏 [M]. 北京：中国农业科学技术出版社，2006.
[11] 王强. 花生深加工技术 [M]. 北京：科学出版社，2014.
[12] 汪强. 芝麻科学栽培 [M]. 合肥：安徽科学技术出版社，2010.
[13] 王兴国. 油料科学原理 [M]. 北京：中国轻工业出版社，2011.
[14] 吴远彬. 油料产地加工与贮藏 [M]. 北京：中国农业科学技术出版社，2006.
[15] 周瑞宝. 特种植物油料加工工艺 [M]. 北京：化学工业出版社，2010.
[16] 周瑞宝，周兵，姜元荣. 花生加工技术 [M]. 北京：化学工业出版社，2012.
[17] 曾洁. 粮油加工实验技术 [M]. 北京：中国农业大学出版社，2009.
[18] 曾洁，夏小乐. 油料类食品加工技术 [M]. 北京：科学技术文献出版社，2011.
[19] 曾洁，赵秀红. 豆类食品加工技术 [M]. 北京：化学工业出版社，2011.